한국인을 위한
슬기로운 와인생활

한국인을 위한
슬기로운 와인생활

외국 술이지만
우리 술처럼 편안하게

이지선 소믈리에의
섬세하고 친절한
한국형 와인클래스

브레인스토어

잘 구워진 소고기 등심 한 점을 입에 넣고 까베르네 소비뇽으로 만든 레드 와인 한 모금을 머금어 보세요. 저는 매번 '행복은 멀리 있지 않다'는 말이 틀리지 않았음을 깨닫습니다. 좋은 사람들, 맛깔나는 음식, 향기로운 와인 이렇게 삼박자가 맞아떨어질 때, 여러분들 역시 겪어 보지 못한 또 다른 행복을 느끼게 되실 겁니다.

와인은 마시기 어렵거나 호화로운 문화적 상징이 아닌 그저 맛있는 '술'입니다. 그냥 편하게 즐기기만 해도 충분하죠. 다만, 좋아질수록 더 어렵게 느껴지는 술인 것도 분명합니다. 와인에 대한 기본적인 지식과 암호 같은 레이블의 해석이 동반되어야 정말 원하는 와인을 구매할 수 있습니다. 그리고 와인에 대한 지식이 가장 중요한 이유는 와인은 알면 알수록 더욱 맛있게 느껴지기 때문입니다.

와인은 먼저, 많이 마셔봐야 알 수 있습니다. 개인의 취향을 찾고 가성비 좋은 와인을 발견하기 위해 다양한 와인을 마셔보는 시도를 해야만 하죠. 그래야 진열대에 있는 수많은 와인들 앞에서 좌절하지 않을 수 있습니다. 이러한 경험은 가장 필요한 정보를 주지만, 기회비용과 시간의 한정적인 조건 속에선 쉽지 않은 일입니다. 와인 이름이 어려워 기억하지 못하고 사진으로만 보관하는 것도 어느 순간 답답해집니다. 왜 와인에서 이런 맛이 나는지 궁금해지고, 맛있게 마신 와인과 유사한 와인을 구매하고 싶어지죠. 그래서 와인은 강의를 듣고 책을 읽으며 공부하게 되는 특별한 술이기도 합니다.

소비자의 입장에서는 동일한 와인이 왜 판매처마다 가격의 차이가 큰지, 가격구조가 형성되는 과정도 궁금할 수밖에 없습니다. 그래서 국내의 와인소비자를 위한 지침서를 만들겠다는 목표가 생겼습니다. 그렇게 시작된 『한국인을 위한 슬기로운 와인생활』은 한국의 현실을 반영하여 현명한 와인 구입부터 제대로 마시는 노하우까지, 생활 속의 유용한 모든 지혜를 전달하기 위해 탄생한 책입니다. 불과 몇 년 전만 해도 국내에는 전문가뿐만 아니라 와인애호가를 위한 책이 많지 않아 찾아보기가 쉽지 않았습니다. 그나마 번역서로 접할 수밖에 없었던 것이 현실이었죠. 최근 나날이 와인의 인기가 올라가며 와인 서적에 대한 관심도 함께 증가했습니다. 이제는 국내에서도 좋은 와인 서적들이 다수 출간되고 있어 무척 뿌듯함을 느낍니다.

한국에서 와인이 대중적으로 사랑받기 시작한 것은 다른 어떤 의미보다도, 국내의 음주

문화가 달라지기 시작했다는 기분 좋은 신호입니다. 와인은 단순히 취하기 위해 마시는 술이 아니라 사람들과 여유롭게 소통하며 즐기는 음료이기 때문입니다. 의도치 않게 집에서 홀로 혹은 친구, 가족들과 '홈술'을 하게 된 요즘, 와인 소비는 기하급수적으로 증가했습니다. 이러한 실정이 와인의 성격을 잘 보여주는 예가 아닐까요?

수년간 와인 강의를 하며 어림잡아도 8천 명 이상의 수강생들을 만났습니다. 아마도 이렇게 와인 강의를 듣는 사람들이 많은 것에 놀라는 분들도 있을 것 같네요. 극소수만 즐기던 와인이 점차 많은 이들의 삶에 자연스럽게 녹아들고 있습니다. 그것을 현장에서 몸소 체험하고 있죠. 또한 와인을 알게 된 후에 많은 이들의 생활방식, 더불어 사고까지도 긍정적인 방향으로 바뀌는 것을 보며 성취감과 사명감을 동시에 느끼고 있습니다. 제가 와인을 만나고 삶의 많은 부분이 변하였듯이 저의 독자들과 수강생들의 삶에도 긍정적인 물결이 퍼지길 바랍니다.

이 책을 통해 나에게 맞는 와인스타일을 찾고, 수많은 판매점과 와인들 속에서 합리적으로 와인을 구매하는데 조그마한 도움이 되면 좋겠습니다. 집에서 편하게 마실 때도 제대로 와인을 다룰 줄 아는 '홈 소믈리에'도 되어보세요. 와인을 즐겁게 즐길 수 있는 현명한 와인소비자가 되길 바라며, 이 책을 '와인을 좋아하는 모든 한국인'에게 바칩니다.

아직도 여러 방면에서 많은 변화가 필요한 식음료업과 서비스업에 종사하고 있는 모든 분들을 항상 응원합니다.

『한국인을 위한 슬기로운 와인생활』 집필에 도움을 주신 많은 수입사 관계자분들과 마감까지 고충을 함께 해준 양은지 에디터님, 페이스 메이커 조내진 소믈리에, 최현석 셰프님, 여경래 셰프님, 이지원 셰프님, 정구현 대표님, 7년간 함께 분투한 임경원 대표님 그리고 이 와인 지침서를 볼 기대에 벌써부터 저보다 들뜬 가족과 친구들, 정인호님에게 사랑과 고마운 마음을 전합니다.

차례

PART 1

PART 1

CHAPTER 1

현명한 와인 소비자가 되는 법

최근 '홈술 문화'가 확산됨에 따라 상대적으로 도수가 낮고 편하게 즐길 수 있는 와인의 판매량이 기하급수적으로 증가했다. 백화점뿐만 아니라 대형마트, 집 근처 와인숍, 온라인 결제 등 다양한 구매 경로가 생겼고, 기존의 고급 이미지를 탈피하여 편의점에서도 쉽게 사 마시는 음료가 되었다. 우리 삶 속에 점점 깊이 자리잡는 와인, 현명하게 구매하고 즐기는 방법을 소개한다.

1. 국내 와인마켓 이해하기

국내 와인마켓 현황

코로나19로 인해 자리 잡은 '홈술 문화'로 상대적으로 도수가 낮고 편하게 즐길 수 있는 와인의 판매량이 기하급수적으로 증가했다. 2020년 한 대형마트의 연간 매출 순위에서 와인은 9위인 요구르트를 제치고 무려 8위를 차지했고 와인 매출만 1,200억 원을 넘겼으며 대다수 업체의 와인 매출 역시 전년 대비 30~40% 이상 급상승하였다. 이 상승률이 더 큰 의미를 갖는 이유는 기존 소수의 VIP 단골들이 매출을 올리던 것과 달리 보다 많은 대중들이 중저가 와인을 구매하며 상승에 크게 일조했기 때문일 것이다. 최근 와인은 고급 이미지를 탈피하여 편의점에서 쉽게 사 마시는 음료가 되고 있고 PB와인(자사 브랜드 상품)도 큰 인기를 끌고 있다.

동네마다 와인소매점들이 앞다퉈 생기고 있으며 최근에는 전통 시장 내의 일반 마트에서도 와인을 아주 합리적인 가격으로 판매하기 시작했다. 이렇듯 많은 유통 업체들이 발 벗고 뛰어들고 있는 와인 시장은 이미 레드오션에 진입했다. 치열한 가격 경쟁으로 대다수의 수입사에서는 판매 최저가를 정해 위반할 시 소매점과 거래를 중단하기도 한다. 이에 대해 의견이 분분하지만 수입사에서 적당한 판매가를 제시하고 공평성을 갖는다면, 가격의 마지노선이 정해지는 것이 판매자뿐만 아니라 소비자에게도 가격에 대한 투명성을 주고 혼동을 줄여줄 수단이 될 수 있을 것이다.

변화하는 시장에 대한 판단은 온전히 소비자들의 몫이다. 대형마트와 소규모 판매점은 소비자들의 다양한 니즈만큼 차별화된 상품구색과 서비스를 바탕으로 아직은 공생의 길을 걷고 있다. 그러나 바뀐 주류법으로 인해 와인의 온라인 예약과 결제가 가능해지며(아직 배송은 금지되어 있다) 일반 소매점이 새로운 돌파구를 찾아야 하는 시기가 되었다.

스마트 오더

현 주류법상 수입 와인은 대면 픽업만이 가능하고 배송 서비스가 불가한 상품이다. 그렇기에 최근 스마트 오더는 가장 편리한 와인 구매 서비스로 떠오르고 있다. 사이트나 앱을 통해 와인을 미리 예약 및 결제한 다음 해당 매장에서 신분증을 제시하고 픽업하는 서비스로 대형마트와 편의점에서 이용이 가능하다. 보통 오전에 모바일앱을 통해 원하는 와인을 주문하면 당일 오후 지정 매장에서 와인을 구매할 수 있어 원하는 와인을 손쉽게 찾거나 갑작스럽게 와인이 필요한 때에 빠르게 구매할 수 있다는 장점이 있다. GS25, CU, 이마트24 등의 편의점 앱 및 대형 마트의 온라인 몰에서 진행 중이다.

최근 대중적으로 큰 인기를 얻고 있는 배달 앱에서는 성인 인증을 거치면 주류 역시 주문이 가능하다. 그러나 와인을 주문하기에는 식비를 포함한 금액이 조금 부담스러울 수밖에 없다. 국세청에서 주류 배달 기준을 '1회당 총 주문받은 금액 중 주류 판매 금액이 50% 이하인 주류는 음식과 함께 통신판매 가능한 것'으로 명시했기 때문이다. 예를 들어 치즈 안주 15,000원짜리와 20,000원짜리 와인을 시키면 주류 금액이 총 주문 금액의 50%를 넘어가기 때문에 배달이 불가능하다. 아직은 혼란스럽겠지만 주류 배달 관련 법규를 잘 참고하여 다양한 서비스를 이용해보자.

와인 장터란?

대형마트를 비롯해 일반 와인 판매점에서는 일정 시기마다 와인 할인행사를 진행한다. 이런 행사는 보통 '장터'라고 표현하기도 하는데 수입 와인 행사에 이렇게 한국적인 이름이 붙었다는 사실이 재미있다. 일부 대형마트에서는 미끼 상품인 인기 와인들을 초저가로 판매하는데, 이 상품을 노린 고객들이 해당 마트 앞에 아침부터 줄을 서 장사진을 이루기도 한다. 와인을 저렴하게 구매하고 싶다면 주목해야 할 행사이다.

왜 와인 가격은 천차만별일까?

와인은 1병에 7천 원부터 2천만 원이 넘는 것까지, 어떤 소비재보다도 가격의 간극이 크다. 와인 가격을 결정짓는 요소는 다양하지만 주로 이 와인을 만들 때 얼마나 많은 시간과 인력이 투자되었는지에 따라 달라진다. 예를 들면, 포도를 수확할 때 정교화된 기계가 딴 것과 사람이 한 송이 또는 한 알씩 따서(특정 와인의 경우) 만든 와인의 가격이 다르다. 또한 값비싼 오크통 대신 오크칩

을 와인 숙성에 사용하거나 포도 품질의 엄격한 선별 없이 대량생산하는 등 생산 과정에서도 차이를 만들 수 있다. 세계적인 명성과 역사를 지닌 와인, 와인평론가로부터 높은 평가를 받은 와인 및 성공적인 마케팅으로 인기를 끈 와인도 매해 가격에 변동이 있을 수 있다. 그러나 이 모든 원인의 바탕에 깔려 있는 것은 '소비자의 수요'이다. 한 해의 생산량이 제한적일 수밖에 없는 와인은 전 세계의 수요에 의해 가격이 결정된다.

와인숍과 와인수입사의 차이

많은 소비자들이 와인숍에서 직접 와인을 수입하여 판매하는 것으로 오해한다. 물론, 근래에는 수입한 와인을 팔기 위해 와인수입사에서 직영숍을 차리는 경우도 많지만 대부분의 와인숍은 와인수입사나 도매업체로부터 와인을 구매하여 판매하고 있다. 와인수입사는 해외의 와이너리와 직접 거래하거나 소규모 생산자들의 와인을 대신 판매해 주는 중개상(네고시앙) 등으로부터 와인을 발굴한다. 정식 절차를 밟아 선적이나 비행기로 들어오면 검역 및 통관을 통해 국내에 와인이 입고된다. 그러면 와인숍은 수입사와의 직거래나 도매업체를 통해 와인을 받아 판매하게 되는 것이다. 와인숍 역시 좋은 와인을 선정하기 위해 수입사나 특정 기관에서 개최하는 다양한 시음회에 참가해 수많은 와인을 시음하며, 직원들 중에는 해박한 와인 지식을 지닌 레스토랑의 소믈리에 못지않은 와인 어드바이저들도 많다.

대형마트 vs 일반 와인숍

규모의 이익을 위해 와인 수입사는 대형마트에 납품 시, 와인 원가를 현저히 낮게 책정한다. 이와 차별을 두기 위해 로드숍, 백화점 등에 유통되는 와인과 중복되지 않는 특정 상품을 대형마트 전용으로 따로 관리하기도 한다. 재미있는 점은 와인의 이미지와 신념의 문제로 대형마트로의 공급을 거부하는 와이너리도 있다는 것이다. 대형마트에 입점되는 와인들은 보통 대규모 공급이 가능하고 가성비가 좋은 와인들이며 특히 대량생산하는 큰 회사의 브랜드 와

인들이 이에 속한다. 가장 대표적인 예로 는 과거 와인 시장에서 고가로 거래되던 모엣 샹동, 뵈브 클리코 같은 샴페인이 있 다. LVMH라는 대형그룹의 와인들인데, 대형마트에서는 이들을 합리적인 가격으 로 판매하고 있다. 페르노리카 소유의 멈, 페리에 주에 등 대형 하우스의 샴페인도 이제는 꽤 합리적인 가격으로 만나볼 수 있다.

로드숍이나 백화점 같은 일반판매점에서는 이런 대중적인 와인도 판매하지만 소량 생산 하는 생산자의 와인도 많이 구비하고 있다. 따라서 와인을 고를 때, 저렴한 가격에 접근하기 쉬운 와인들은 마트에서 구매하는 것이 소비자 입장에서도 편하다. 대신에 와인 생산자나 지 역을 더욱 폭넓게 접하고 가성비 좋은 와인을 직접 추천받고 싶다면 세심한 응대와 다양한 상 품군이 있는 소규모 판매점이 도움이 된다. 특히, 샴페인이나 부르고뉴의 와인 중에는 생산량 이 극히 적어 희소성 있는 와인들이 많다. 이런 와인은 각국의 수입사에 한정수량만 할당되어 판매되고 이를 '얼로케이션 와인Allocation Wine'이라고 부른다. 일반판매점에 배분되어 판매되 는 경우가 많은 얼로케이션 와인들은 보통 가격대가 높지만 모두 그런 것은 아니며 5만 원 이 하의 엔트리급 와인도 존재한다. 다만, 프랑스 보르도의 그랑 크뤼급 와인들은 보통 독점 수 입보다 병행 수입의 형태로 들어오므로 수입사, 빈티지 등에 따라 가격이 천차만별이다. 때문 에 판매처별 가격 비교 후 구매하는 것이 좋다.

증가하는 와인 소비에 발맞춰 와인숍과 유통채널이 다양하게 변모하는 요즘, 시장의 흐름 을 읽고 더욱 현명하게 와인을 구매하는 소비자가 될 수 있길 바란다.

데일리 와인과 엔트리급 와인
평상시에 편하게 마시는 와인을 '데일리 와인'이라 부르며 한 생산자가 생산하는 여러 와인들 중 가장 값싸고 접근성이 좋은 와인을 '엔트리급 와인'이라 부른다. 와인숍에 가서 데일리 와인을 추 천해달라고 하면, 일반적으로 3만 원대 이하의 와인을 추천해 줄 것이다. 대부분의 데일리급 와인 은 장기 숙성이 필요하지 않아 바로 따서 마셔도 좋은 와인이니 얼마나 숙성시켜야 하는지에 대 한 고민은 내려놓아도 좋다.

2. 와인 정보 검색 사이트 & 애플리케이션

와인을 검색하는 다양한 방법

와인을 구매하기 전, 혹은 지금 마시는 와인이 궁금할 때는 와인 소비자와 업계 관계자들이 애용하는 사이트와 애플리케이션을 참고하자. 아래 소개하는 사이트에서는 대략적인 와인 가격 정보와 테이스팅 노트, 선호도, 와인평론가 점수 등을 확인할 수 있다. 와인 정보를 검색할 때는 한글보다 영문으로 검색하는 것을 추천한다.

비비노 VIVINO

☺ 비교적 신생인 애플리케이션 기반의 서비스 비비노는 카메라로 와인레이블을 찍어 정보를 검색할 수 있다는 것이 가장 큰 장점이다. 국내외의 사용자들이 자발적으로 참여하여 생성한 와인 평

점, 테이스팅 노트 등을 볼 수 있다. 또한 이러한 데이터베이스를 기반으로 국내에서 가장 인기 있는 가격대별 와인들을 추천하며 와인 산지의 간략한 설명과 지도를 제공한다.

와인의 빈티지별 평점과 가격, 특징적인 캐릭터, 어울리는 음식에 대한 정보를 확인할 수 있으며 내가 마신 와인을 사진과 함께 기록으로 남길 수 있어서 매번 마셨던 와인을 기억하기 어려운 애호가들에게 아카이브가 되어준다. 또한 내가 남긴 기록을 친구들과 공유할 수 있어 SNS처럼 활용이 가능하다.

☹ 와인 가격은 비비노에 제공되는 소수 숍의 평균가이므로 왜곡이 발생할 수 있다는 점을 기억하자!

와인 서처 www.wine-searcher.com

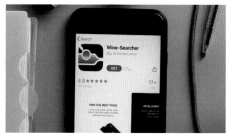

☺ 와인 서처는 20년 이상 와인 데이터를 제공해 온 가장 오래된 웹사이트 기반 서비스이다. 와인 산지, 품종, 와이너리 등 풍부한 정보를 포함하고 있으며 중저가 이상의 와인에 대한 다양한 전문가들의 점수를 확인해 볼 수 있다.

96,000개 정도의 소매점과 생산자가 등록되어 있어 이로부터 전 세계 와인소매점의 해외 평균가를 제공한다. 국내 소매점들이 와인 가격을 책정할 때 참조하기도 하며 특히, 고가의 와인을 구매할 때 전문가들의 점수와 해외 평균가를 참고하기에 좋다.

비비노와 마찬가지로 와인레이블의 사진만으로도 검색이 가능하다. '와인 서처 Pro'라는 연간 유료가입서비스가 존재하며 가입 시 더욱 많은 전문가들의 점수와 정보에 접근할 수 있다.

☹ 와인 서처에서 제공하는 해외 평균가는 세금이 미포함 된 가격임을 알아 두자. 세금 체계와 유통 구조 등의 차이로 해외 평균가와 국내 판매가에 격차가 존재하며 보통 국내 판매가가 해외보다 비싸다. 그래서 와인 서처의 가격을 토대로 일부 와인을 해외가보다 저렴하게 판매한다고 홍보하는 판매점도 있다.

와인닷컴 www.wine.com

☺ 역사가 오래된 와인 브랜드나 고가의 와인에 대한 빈티지별 전문가 점수 및 코멘트를 확인하기

에 적합한 사이트이다. 정리된 와인생산자와 전문가들의 테이스팅 노트는 와인을 시음할 때 큰 도움이 되며 해당 와인에 대한 평가를 한 눈에 파악하기에 유용하다.

☹ 다루는 와인의 범위가 좁으며 서버 접속이 조금 느린 편이니 인내심을 가질 필요가 있다. 직접 와인 판매도 하고 있는 사이트이다.

와인21닷컴 & 미디어

☺ 국내의 가장 대표적인 와인 정보제공 서비스로 검색 사이트에서 특정 와인을 검색하면 뜨는 정보 또한 와인21의 자료이다. 생산자, 지역, 품종, 알코올 도수, 등급, 추천 음식 등 와인의 기본 정보와 수입사에서 제공한 간략한 와인 설명이 있다.

☹ 간략한 기본 정보만을 제공한다.

수입사 & 생산자 홈페이지

☺ 정식 절차를 밟아 수입되는 모든 와인의 뒷면에는 수입사 정보가 기재되어 있으며 대부분의 수입들이 공식 홈페이지나 블로그를 통해 와인 정보를 제공하고 있다. 생산자에게 직접 받은 자료로 채워지는 콘텐츠는 신뢰도가 높으며 수입사에 따라 아주 상세한 자료를 제공하기도 한다.

☹ 제대로 사이트가 구축되지 않았거나 검색으로 찾기 어려운 수입사가 많으니 검색엔진에 해당 와인명으로 찾아보는 것도 좋은 방법이다.

기타 해외 와인 정보 사이트

» bourgogne-wines.com
  부르고뉴 AOC별 와인스타일과 떼루아

» bordeaux.com
  보르도 AOC별 와인스타일과 떼루아

» vinepair.com
와인에 대한 기초부터 고급 정보까지 다양한
이야기

» winemag.com
『와인 인수지애스트』의 공식 사이트, 와인 평가
점수와 빈티지 차트 등의 확인이 가능하며 유
료 서비스도 진행함

» winespectator.com
『와인 스펙테이터』의 공식 사이트, 매거진의 다
양한 정보 제공

» winefolly.com
초보자에게 유익한 와인 기본 정보를 인포그
래픽으로 제공

와인 폴리?

와인의 전반적인 이론적 지식을 검색할 수 있는 '와인 폴리 Wine folly'는 인포그래픽을 활용한 교
육용 자료를 제공하는 블로그로 유명하다. 특히, 품종별 설명과 산지 지도를 참고하기에 바람직
하며 이 자료들을 엮은 간단한 와인 지침서 『Wine Folly: The Essential Guide to Wine』를 국
내에서도 출간하였다.

3. 와인의 가치를 발굴하는 와인평론가와 매체

RP 90, JS 93, WS 92, WE 91… 와인에 매겨지는 점수들

와인을 구매할 때 가장 많이 참고하는 것은 바로 전문가들의 점수이다. 마치 암호처럼 영문 약자와 숫자로 이루어진 이 점수들은 와인평론가들이 직접 와인을 시음한 후 매기는 것으로, 와인을 홍보하는데 큰 강점으로 작용하며 소매점에서 판매되는 와인에 스티커로 부착되어 있는 경우도 있다. 이 암호 같은 점수를 해독할 수 있다면 와인을 구매할 때 큰 도움이 된다.

와인평론가

로버트 파커 Robert Parker(RP)

"백만 달러짜리 보험에 가입된 코를 가진 사나이"

미국인인 로버트 파커는 50~100점까지의 점수로 와인을 평가하여 수치적인 와인 채점을 체계화하고 대중화한 가장 대표적인 평론가이다.

1970년대 와인 평점과 관련 글을 기고하는 와인 구독지인 『더 와인 애드버킷 The Wine Advocate』을 설립했고 특히 프랑스의 보르도와 론 밸리, 미국의 캘리포니아 와인에 있어서 그의 평가는 절대적인 영향력을 행사한다. 와인평론가 중 가장 유명하며 그의 말 한마디가 와인의 시장 가격을 결정한다고 해도 과언이 아닐 정도로 모든 와인 평가의 척도를 마련한 인물이다. 그는 '백만 달러짜리 코'라는 별명을 가지고 있는데 실제로 후각과 미각에 백만 달러짜리 보험을 들었다는 사실이 알려지며 이슈가 되었다.

그는 캐릭터가 확실하고 풀바디하며 파워풀한 와인을 선호하여 해당 스타일의 와인 평가를 많이 하는 편이다. 와인애호가들은 로버트 파커 점수를 통해 와인스타일을 유추하기도 한다.

젠시스 로빈슨 Jancis Robinson(JR)

"세계에서 가장 존경받는 와인평론가이자 저널리스트"

와인 자격 중 최상위인 MWMaster of Wine를 취득

한 영국인 평론가로 그녀의 평점은 20점 만점으로 이뤄진다. 세계적인 와인평론가들 중 그녀처럼 MW자격을 취득한 인물들이 많은데 MW자격 자체가 곧 최고의 와인전문가임을 증명해 준다.

엘리자베스 여왕 2세의 와인셀러에 대해 조언을 주기도 한 젠시스 로빈슨은 로버트 파커 다음으로 파급력이 있으며 이 두 비평가들의 의견 차이는 와인애호가들에게 논쟁의 여지를 일으키기도 한다.

와인 매거진 『디캔터 Decanter』는 그녀를 '세계에서 가장 존경받는 와인평론가이자 저널리스트'로 표현했으며 와인 서처에서는 유료로만 그녀의 평가 점수를 확인할 수 있을 정도로 와인 평가에 있어 공신력이 높은 편이다. 웹사이트인 JancisRobinson.com에 와인 칼럼을 지속적으로 연재하고 있다.

앨런 메도우 Allen Meadows

"부르고뉴 와인은 내게 맡겨!"

앨런 메도우는 금융업 종사자이자 오랫동안 프랑스 와인의 열정적인 수집가였다. 그는 와인에 보다 더 집중하기 위해 2000년 와인 매거진 『버그하운드 Burghound(BH)』를 창간한다. 『버그하운드』는 부르고뉴 와인, 샴페인, 미국산 피노 누아만을 다루는 계간지이다. 부르고뉴 와인에 있어서 가장 많이 언급되는 전문가로, 위의 전문가들보다

국내에서의 인지도는 낮은 편이나 부르고뉴 와인 애호가들에게 그의 점수는 꽤 중요한 지표로 여겨진다.

지니 조 리 Jeannie Cho Lee
"아시아 최초의 마스터 오브 와인, 한국계 미국인"

가장 주목해야 하는 평론가는 2008년 아시아인 최초로 MW를 획득한 한국계 미국인, 지니 조 리 (이지연)이다. 하버드대 대학원에서 석사과정을 마친 후 현재 홍콩에서 활동하고 있으며 아시아 음식과 와인의 페어링에 관한 책 등을 출간하였다. 커져가는 아시아의 와인시장에서 중요한 가교 역할을 하고 있으며 앞으로의 행보가 더욱 기대되는 인물이다.

제임스 서클링 James Suckling(JS)
"전 세계에서 와인 시음행사를 진행하는 행동형 전문가"

제임스 서클링은 와인 매거진 『와인 스펙테이터 The Wine Spectator』의 유럽 사무국장이었으며 와인업계에서 30년 이상의 경력을 쌓았다. 와인

스펙테이터에서 근무하는 동안 매년 평균 4,000개 이상의 와인을 시음하였는데 그중 절반이 이탈리아 와인이었다. 보르도, 이탈리아 와인을 주로 다루는 전문가이며, 스스로도 인터뷰에서 보르도와 이탈리아 와인을 좋아한다고 밝힌 바 있다. 아시아에서 활발히 활동 중이며 미국, 중국, 태국 등 매년 전 세계 주요 도시에서 다양한 와인 시음 행

사를 진행한다. 가장 큰 규모의 'GREAT WINES OF THE WORLD'가 대표적으로, 2019년 서울에서도 최초로 개최되어 큰 이슈가 되었다. 이탈리아 와인애호가인 만큼 이탈리아 와인만을 시음하는 행사 역시 개최하고 있다. 한국인 부인과 함께 한국에 자주 방문하며 국내에서 관심을 받고 있는 평론가이다.

그 외 평론가

로버트 파커가 설립한 『더 와인 애드버킷』의 시음 멤버로 시작하여 와인 매거진 『비누스 Vinous』를 설립한 **안토니오 갈로니**Antonio Galloni, MW인 **팀 앳킨**Tim Atkin, 그 외에도 **스티븐 탠저**Stephen Tanzer(ST)와 샴페인 전문 평론가 **리처드 줄린** Richard Juhlin(RJ)까지 여러 평론가가 있다.

와인 구입 시, 전문가들의 평점은 와인의 품질을 어느 정도 보장하는 잣대가 되기 때문에 선택에 있어 고려 사항이 될 수는 있지만 가장 중요한 것은 본인 스스로의 스타일을 찾는 것이다. 실패가 두려워 다른 와인 구매를 주저하거나 잘 맞았던 한 가지 와인만 고수하는 것보다 여러 스타일의 와인에 도전해보자. 직접 느껴보며 자기만의 와인리스트를 만들어가는 것이 현명한 와인 구매를 위한 첫걸음이다.

와인 매거진 & 대회

Wine Spectator (WS)

와인에 중점을 둔 미국의 라이프스타일 매거진인 『와인 스펙테이터』는 편집자들의 블라인드 테이스팅을 통해 100점 만점으로 와인 평점을 부여한다. 매년 'TOP 100' 와인을 선정하며, 100대 와인에 선정된 것만으로도 중요한 홍보 수단이 된다. 특히, 1위를 차지한 와인은 증가하는 수요로 품귀현상을 빚거나 가격 상승에도 영향을 받는다.

Wine Enthusiast (WE)

『와인 인수지애스트』는 와인과 주류에 관한 정보를 제공하는 미국의 와인 매거진이다. WE라는 약자로 평점을 표기한다. 『와인 인수지애스트』에서는 '빈티지 차트'를 제공하는데, 이 차트는 연도별로 해당 산지의 와인 품질에 점수를 매기고 와인의 시음 시기까지 알려주어 굉장히 유용한 자료이다.

Decanter (DEC)

가장 대표적인 와인 매거진 중 하나로 매년 '올해의 와인' 선정과 더불어 15,000개 이상의 와인이 출품되는 세계 최대 규모의 와인 대회인 'Decanter World Wine Awards(DWWA)'를 주최한다. 디캔터에서 제공하는 콘텐츠는 대부분 유료로만 접근 가능하다.

The International Wine & Spirit Competition (IWSC)

1969년 신설된 와인 및 주류 대회로 전 세계 90개국 이상에서 출품작을 받는다. 매년 런던에서 개최되며 금상, 은상, 동상을 포함하여 다양한 상이 수여되며 입상된 와인은 큰 명예를 얻게 된다.

CHAPTER 2

상황에 맞는
추천 와인

와인, 어떤 기준으로 어떻게 골라야 할까? 어떤
상황에서 어떤 와인을 마셔야 할까? 이 물음들에
해답이 되어줄 챕터이다. 와인숍에서 와인을 선택
하는 방법부터 상황별 선물 와인 고르는 방법, 캠
핑지에서 즐길 수 있는 방법까지 소개한다.

1. 와인숍에서 와인 선택하기

포도 품종 정하기

와인의 맛을 결정하는 가장 큰 요인은 포도 품종이다. 가장 흔하게 볼 수 있는 까베르네 소비뇽과 메를로, 쉬라즈로 시작해 이탈리아의 산지오베제와 네비올로, 아르헨티나의 말벡, 스페인의 템프라니요 등 각국의 대표 품종을 먼저 시도해보는 것이 좋다. 화이트를 좋아한다면 달콤한 모스카토와 리슬링으로 입문하는 경우가 많다. 달지 않은 화이트 와인은 대중적인 소비뇽 블랑과 샤르도네를 먼저 마셔보고 차츰 보다 덜 유명한 품종으로 경험을 쌓는 것을 추천한다. 또한 음식과 함께 즐길 와인을 고를 때도 함께 조화를 이룰 수 있는 품종을 정하는 것이 먼저이다.

와인 산지 고려하기

와인 산지는 오랫동안 와인이 생산되어 온 유럽이 속한 구세계와 뒤이어 등장한 미국, 호주, 칠레 등의 신세계 산지로 나뉜다. 이 두 세계의 스타일 차이를 알면 원하는 와인의 선택이 보다 쉬워진다. 일반적으로 구세계 와인들은 잘 익은 과일보다는 새콤하고 단단한 열매, 꽃 향과 같이 시간이 갈수록 피어나는 섬세한 아로마가 특징이다. 감초, 정향, 후추 같은 독특한 향신료와 가죽, 흙 향과 같이 음성적인 아로마가 느껴지기도 한다. 또한, 상대적으로 바디감이 가볍고 드라이하며 타닌이 더 선명하게 느껴질 수도 있다.

반면에, 신세계의 와인들은 신선하거나 잘 익은, 선명한 과일 향이 강하게 느껴지며 종종 미국산 오크 나무와 같이 바닐린 성분이 강한 오크를 와인 숙성에 사용해 바닐라나 캐러멜같이 달콤한 향이 느껴지는 와인도 많다. 일조량이 좋은 산지가 많아 타닌이 부드럽게 완숙하며 산도도 부담스럽지 않게 느껴진다. 높은 당도로 인해 알코올 도수가 높은 와인들 또한 많으며 입에서 꿀물처럼 유질감이 느껴지고 단맛이 느껴지기도 한다.

경험이 더 쌓인다면 세계지도를 펼쳐 놓고 와인을 고르게 될지도 모른다. 산지의 위도와 고도, 기후 등 다양한 자연적 요소를 고려할 수 있다.

가격대 정하기

편하게 즐기는 데일리급 와인은 1~3만 원대면 충분하다. 보통 신세계 와인들의 가격이 더 저렴한 편이며 칠레와 호주 와인이 가성비가 좋다. 보통 프랑스나 이탈리아 등 구세계의 와인들은 2~4만 원대에 가성비 좋은 와인을 만날 수 있으며 조금 더 퀄리티 있는 와인은 5만 원대 이상부터 경험할 수 있다. 대형마트가 아니더라도 대부분의 와인숍은 1만 원대 와인부터 구비하고 있으니 가격에 대한 걱정은 조금 내려놓아도 좋다.

직원에게 추천받기

매장 직원에게 와인을 추천받는 것은 원하는 스타일과 가격대의 와인을 구매하기에 가장 편한 방법이다. 직원에게 문의할 때 "레드 와인인데 드라이한 와인을 추천해주세요." 라고 하는 것은 별 도움이 되지 않는다. 우리가 일반적으로 마시는 와인은 대부분 드라이한 와인이다. 스위트 와인은 극명하게 단맛이 느껴지며 와인 산지나 만들어지는 방식이 달라 와인숍에서도 구분하여 진열한다. 다만, 단맛이 조금이라도 느껴지는 레드 와인이 싫다면 써도 좋은 표현일 것이다. "호주 쉬라즈 와인으로 3만 원대 이하로 추천해주세요." 같은 구체적인 표현이 추천하는 입장에서도 이해하기가 쉽다. 인상 깊었던 와인을 사진으로 남기고 직원에게 이 와인이 없다면 비슷한 와인으로 추천해달라고 요청하는 것도 좋다. 동일한 와인이 없더라도 같은 품종과 산지의 유사한 스타일의 와인을 추천받을 수 있기 때문이다.

구매 후 반드시 알아 둬야 할 사항

간혹 갓 구입해온 와인의 코르크를 열 때 바스락거리며 부서지거나 가루가 와인에 떨어져 고생하는 경우가 있다. 이는 구입처 혹은 수입사에서부터 와인 보관을 잘못한 경우일 수 있다. 최근에는 대부분의 와인숍이 협소한 공간 때문에 와인을 세워서 보관하기 때문에 반드시 체크해야 할 사항이다. 재고 순환이 빠른 곳은 큰 문제가 되지 않지만 그렇지 못한 곳은 와인이 손상될 위험이 크다. 또한 와인병의 포일 부분과 병 외부에 와인이 흘러넘친 자국은 없는지 꼼꼼하게 살펴봐야 한다. 본인의 보관 과실이 아니라면 이런 와인은 영수증을 보여주고 교환을 요청하는 것이 좋다.

2. 맞춤형 선물 와인 추천

선물 와인 고를 때 주의할 점

1. 너무 비싼 와인은 선물이 아니라 부담이다. 수십만 원대가 아니더라도 합리적인 가격으로 충분히 훌륭한 와인을 발견할 수 있으니 무조건 비싼 와인을 골라야 한다는 생각은 버리자. 또한 세계적인 명성의 고가의 와인을 출시하는 와이너리에서도 상대적으로 값싼 엔트리급 와인을 출시한다.

2. 대형마트나 편의점에서 쉽게 볼 수 있어 가격이 노출된 와인은 피하는 것이 좋다. 모든 선물은 마음으로 받는 것이지만 선물을 받으며 가격표가 연상되는 건 그다지 유쾌한 일은 아닐 것이다.

3. 와인의 보관 상태를 반드시 체크해야 한다. 와인은 섬세하고 변질될 위험이 큰 술이다. 병 외관에 와인이 흘러넘친 자국은 없는지, 와인숍의 보관 환경은 적절한지를 유심히 관찰하자. 매장의 온도가 높고 건조하며 강한 조명과 해가 들어오는 경우, 와인들이 오랫동안 세워진 상태로 보관되는 와인숍의 경우라면 그곳에서의 구매는 말리고 싶다. 상태가 좋지 않은 와인을 선물하는 것은 선물을 주는 이에게도 받는 이에게도 너무 속상하고 안타까운 일이다.

> **코르크 마개 vs 스크루캡**
>
> 돌려 따는 스크루캡의 와인은 저렴한 와인이라는 선입견이 있다. 더욱이 선물할 와인을 고른다면 대대수가 스크루캡 와인 대신, 코르크 마개의 와인을 선호할 것이다. 그러나, 마개마다 장단점을 가지고 있으며 스크루캡 와인 역시 뛰어난 와인이 많다.

맞춤형 선물 와인 추천

고마운 분들께 드릴 선물을 고르자면 한없이 고민이 많아진다. 비즈니스 관계에 있는 거래처에 보낼 선물은 특히 더 그렇다. 뻔한 선물이 싫고 선물을 받는 상대가 술을 즐긴다면 와인은 최고의 선물이다. 우선, 와인은 비쌀 거라는 걱정은 내려놓자. 합리적인 가격대의 질 좋은 와인들이 충분히 많으며 와인이 주는 고급스러운 이미지는 선물의 격을 높여 준다.

어떤 예술작품보다도 아름다운 레이블을 지닌 와인, 혹은 특별한 의미를 지닌 와인은 선물로 마음을 전달할 때 아주 효과적이다. 게다가, 선물하는 취지에 맞는 와인을 선택한다면 단순한 선물 이상의 의미를 가질 것이다. 지금부터 소개하는 와인은 대부분 2만 원~20만 원 사이의 가격대이다. 다만 판매처마다 가격이 상이하니 확인 후 구매하는 것을 추천한다.

스토리텔링이 있는 와인①
-신의 축복과 대통령의 와인

'끌로 뒤 발 까베르네 소비뇽Clos Du Val, Cabernet Sauvignon'은 캘리포니아 나파 밸리에서 생산되며 까베르네 소비뇽 함량이 높은 보르도 블렌딩 와인이다. 국내 대통령들의 취임식 만찬 와인으로 사용되며 이름을 떨쳤다. 끌로 뒤 발의 레이블과 코르크에는 그라케Graces라는 세 여신이 그려져 있는데, 이들은 제우스와 에우리노메의 딸들로 각각

아름다움, 창의성, 번영 등을 상징하여 풍요로움과 번성을 빌어주기에 딱 좋은 와인이다. 또 다른 대통령이 선택한 와인, '덕혼 골든아이 피노누아Duckhorn, Goldeneye Pinot Noir'와 '덕혼 소비뇽 블랑Duckhorn, Sauvignon Blanc'은 2009년 미 대통령 버락 오바마의 백악관 취임 오찬에서 사용한 이후로 '오바마 와인'으로 유명해졌다.

▲ 끌로 뒤 발,
까베르네 소비뇽

▲ 몬테스, 퍼플 엔젤

수호천사가 레이블에 그려진 '몬테스Montes' 와이너리의 와인들은 국내에서 오랫동안 인기리에 판매되어 왔기 때문에 가격 노출에 대한 걱정을 할 수 있지만 와인이 가진 스토리와 퀄리티를 고려한다면 최고의 와인 중 하나이다. 합리적인 가격의 엔트리급 와인부터 10만 원대로 구매 가능한 '알파M(보르도 블렌딩)', '폴리 시라(시라 100%)', '퍼플 엔젤(까르미네르 블렌딩)' 등의 프리미엄 와인이 있다.

스토리텔링이 있는 와인②
―승승장구를 빌어주는 응원 와인

보르도 생 줄리앙의 4등급 와인인 '샤토 베이슈벨Château Beychevelle'(20만 원대 이상)의 레이블에는 큰 돛이 달린 배가 그려져 있다. 순풍에 돛 단 듯 막힘없이 나아가는 앞날을 빌어주기에 좋은 와인이다. 다만, 보르도 그랑크뤼 와인들의 가격이 빠르게 상승하고 있어 부담이 된다면 '네비게이터Precision, Naivigator'와 같은 데일리급 와인도 있다. 이처럼 레이블에 배가 그려지거나 비슷한 의미를 지닌 와인들은 다양하게 존재하니 일단 와인숍의 직원에게 문의하자.

황금빛 해가 강렬하게 그려진 이탈리아 토스카나의 수퍼 투스칸 와인 중 하나인 '루체Luce della Vite, Luce'와 하위 라인인 은색의 해가 그려진 '루첸테Lucente' 모두 빛난다는 의미를 가진 와인이다. 이와 같이 해가 그려진 와인은 밝은 미래에 대한 기대를 담아 선물하기 좋고, 보름달이 그려진 와인은 추석 때 선물하기 좋다.

'몰리두커, 더 복서Mollydooker, The Boxer'의

레이블에는 마치 뽀빠이같이 근육이 우람한 왼손잡이 복서가 의기양양하게 서있다. 몰리두커의 오너 부부는 모두 왼손잡이고 와이너리명인 몰리두커 역시 왼손잡이를 일컫는 호주 방언에서 유래했다. 남들과는 다른 자신만의 무기로 싸우는 복서와 같이 지금의 상황을 헤쳐 나가길 기원할 수 있다. 몰리두커의 와인들은 와인의 보존제로 쓰이는 아황산염Sulfites 대신, 자연보존제인 질소를 사용한다. 그래서 마시는 방법도 흥미롭다. 와인을

▲ 몰리두커, 더 복서

글라스의 절반가량 따른 뒤 다시 마개를 덮어 병을 흔든다. 와인 안의 질소가 미세한 버블 형태로 올라오는 것을 확인하고 마개를 열어 질소를 배출시키면 향이 더 풍성하게 올라온다. 유튜브에서 마시는 방법을 담은 영상을 확인할 수 있어 보다 재미있게 마실 수 있는 와인이다.

F1 그랑프리의 공식 샴페인이자 몇 년 전부터 우사인 볼트Usain Bolt가 엔터테인먼트 최고 책임자로 합류한 '멈G.H.MUMM' 샴페인은 승리를 의미하는 가장 대표적인 와인이다. 진심을 전하고자 할 때는 마음에서 마음으로, 진심으로 와인을 만들겠다는 의미의 이름을 가진 '하트 투 하트 리슬링Haart to Heart Riesling'이 좋은 선택이 될 것이다.

아름다운 디자인의 와인병을 지닌 와인

5월처럼 감사의 인사를 전할 일이 많은 달에 추천하는 와인은 꽃 대신 선물해도 무방한, 레이블

에 꽃이 만발한 와인이다. 매년 와인레이블의 꽃 그림이 바뀌는 보르도의 '샤토 라플뢰르 두 루아 Château Lafleur du Roy'는 데이지 꽃이라는 이름을 가진 부인을 위해 오너가 레이블에 꽃을 그려 넣길 원했다. 화려하지 않은 수수한 꽃 그림을 지닌 이 와인은 맛 또한 본질적인 보르도 뽀므롤 지역의 메를로를 잘 표현하고 있다. 이렇게 매년 변경되는 화려한 레이블을 지닌 가장 유명한 와인은 당연 보르도의 '샤토 무통 로칠드'이겠지만 '르윈 에스테이트, 아트 시리즈Leeuwin Estate Art Series'(호주), '롱뷰, 더 피스 쉬라즈Longview The Piece Shiraz'(칠레), '몬테스, 폴리 시라'(칠레) 등 다양한 와인이 매년 새로운 레이블을 선보인다. 또한 화가 구스타프 클림트의 명화 '키스'를 레이블에서 볼 수 있는 와인도 있다. 슐럼베르거 Schlumberger 와이너리의 '클림트 키스 퀴베 브륏 Schlumberger, Klimt Kiss Cuvee Brut NV'은 클림트의 고향인 오스트리아의 스파클링 와인이다. '키스' 작품의 상징적인 컬러인 황금빛을 띠는 노란색과 투명한 병에 담긴 금빛의 와인이 어우러져 하나의 화려한 작품을 이룬다.

▲ 클림트, 키스 퀴베 브륏

명품 브랜드와 협업한 디자인들도 눈길을 사로잡는다. 부르고뉴의 생산자, 루이 막스Louis Max의 와인은 명품 브랜드인 에르메스의 일러스트레이터가 디자인한 레이블을 입고 있으며 스와로브스키와 이탈리아의 파네세Farnese 그룹이 합작하여 만든 '판티니, 그랑 퀴베 스와로브스키Fantini, Gran Cuvee Swarovski NV'는 레이블 중앙에 스와로브스키의 정품 크리스털이 박혀 있어 특별함을 더한다. 에르메스의 수석 디자이너였던 장 폴 고티에 Jean Paul Gaultier나 크리스천 루부탱Christian Louboutin 등이 한정판으로 출시했던 파이퍼 하이직 샴페인과 같이 이제는 국내에서 구하기 어려운 와인들도 있다.

▲ 판티니, 그랑 퀴베 로제 스와로브스키

일반적으로 가장 화려한 디자인을 가진 와인을 꼽으라면 프랑스의 샤토네프 뒤 파프 Châteauneuf-du-Pape의 와인들을 꼽을 수 있으며 로제 와인들은 그 빛깔만으로도 시선을 사로잡는다. 이렇게 레이블이 아름다운 와인들은 예술 작품을 선물받는 느낌을 받을 수 있으며 마신 후에 빈 병을 장식용으로 사용하기에도 좋다.

유명 인사들의 사랑을 받은 와인

'샤토 그뤼오 라로즈Château Gruaud Larose'는 故노무현 대통령의 영국 방문 당시, 엘리자베스 2세 여왕이 만찬에서 버섯을 곁들인 사슴고기와 함께 내놓았던 와인이다. 보르도 생 줄리앙의 2등급인 이 와인은 숙성 후 더욱 매력적이지만 어릴 때도 풍부한 과일 향과 은은한 오크 향이 느껴져 편하게 마실 수 있다.

최초의 영국 왕실 공식 샴페인인 '볼랭저 Bollinger' 샴페인은 찰스 황세자와 다이애나비의 결혼식 연회뿐만 아니라 케이트 미들턴과 윌리엄 왕자의 아들이 탄생한 순간을 기념하기 위해 쓰이기도 하였다. 또한 영화 007시리즈에 자주 등장하여 제임스 본드의 와인으로 불리기도 한다. 엔트리급인 '스페셜 뀌베 브륏Special Cuvee Brut'은 10만 원대 초반으로 구매 가능하다.

▲ 파 니엔테, 샤도네이

이 외에도 레이블이 아름다운 캘리포니아의 '파 니엔테, 샤도네이Far Niente Chardonnay'는 배우 고소영과 장동건의 결혼식에 사용된 것이 알려지고 나서 한동안 와인숍에 문의가 빗발치기도 했으며 윈스턴 처칠이 사랑한 샴페인 '폴 로저Pol Roger', 시진핑 주석의 방한 시 만찬 와인으로 사용됐던 스페인의 '도미니오 드 핑구스 Dominio de Pingus'의 와인들이 유명하다.

난 인기를 누리고 있으며 최근 몇 년 이내에 가장 빠르게 가격이 상승한 와인들이기도 하다. 호주의 '투 핸즈Two Hands' 와이너리는 두 명의 친구가 함께 설립하여 와인병에서도 두 개의 손바닥이 그려진 심벌을 볼 수 있다. 출시되는 와인 중 '사만다스 가든Samanthas Garden', '릴리스 가든Lilys Garden', '벨라스 가든Bellas Garden'은 각각 부인과 자녀들의 이름을 딴 와인으로 가족에게 선물하기 좋다.

프랑스 와인들이 주를 이루던 와인 시장에 캘리포니아의 와인이 과감히 도전장을 내밀고 승리했던 역사적인 사건, '파리의 심판'의 실제 주인공인 와인들이 있다. 바로, 스텍스 립Stag's Leap과 샤토 몬텔레나Chateau Montelena 와이너리의 와인이다. 이 곳의 도전 정신과 혁신, 그리고 명성은 좋은 선물이 되어줄 것이다.

성공적인 비즈니스를 위한다면

▲ 트라피체, 이스까이 말백

각국의 대표 생산자들이 손잡아 최고의 파트너십으로 탄생한 와인들이 있다. 그중 아르헨티나의 '트라피체, 이스까이 말백Trapiche, Iscay Malbec'은 세계적인 와인 컨설턴트, 미셸 롤랑과 트라피체 와인메이커가 합작하여 만든 와인으로 말백과 까베르네 프랑의 2가지 품종이 사용되며 출시되자마자 호평을 받았다. 이스까이는 잉카어로 '둘'이라는 뜻을 가지고 있는데 서로 다른 품종, 전통과 혁신, 생산자들의 화합 등으로 대변된다. 보르도 최고의 생산자인 바론 필립 드 로칠드는 미국 와인의 선구자인 로버트 몬다비와 '오퍼스 원Opus One'(60만 원대 이상)을, 칠레 최고의 회사인 콘차이 토로와 '알마비바Almaviva'(20만 원대 이상) 와인을 성공시켰다. 지금까지도 엄청

와인애호가들 vs 초보자를 위한 와인

와인애호가들에게 와인을 선물하는 것은 사실 굉장히 까다로운 일이다. 모든 와인을 즐기는 타입이 있는 반면 본인의 스타일에 엄격한 유형도 있기 때문이다. 따라서, 먼저 선호하는 와인스타일을 알아두는 것이 좋으며 여의치 않을 때는 프랑스 부르고뉴나 보르도, 이탈리아의 토스카나, 미국 캘리포니아 지역의 대표적인 와인들이 가장 무난하다. 점원의 추천을 받거나 전문가의 점수와 빈티지 평가도 체크하는 것이 좋다.

취향이 중요하겠지만 상대방이 와인을 접해본 경험이 많지 않다면 달콤함이 느껴지는 가벼운 스위트 와인 혹은 진하고 부드러운 미국의 레드 와인들을 추천한다. 독일의 새콤한 리슬링 와인은 길쭉한 병 디자인이 독특하며 모스카토 다스티 와인은 누구나 다 호불호 없이 즐길 수 있는 편안한 맛이 있다. 또한, 초보자들의 큰 사랑을 받

는 모스카토 다스티 품종의 와인은 이탈리아 북부에서 크리스마스에 즐기는 와인으로 알려져 있다. 병 모양부터 크리스마스트리 형태를 본떠 만든 SMW의 '모젤 크리스마스 리슬링Mosel Christmas Riesling'은 매년 크리스마스에 많은 이

들이 찾는 와인이다. 모스카토 품종의 이탈리아 와인 '칸티나 꼴리 에우가네이, 꼴리 에우가네이 피오르 다란치오 스푸만떼Cantina Colli Euganei, Colli Euganei Fior d'Arancio Spumante'는 화려한 병 디자인과 맛을 동시에 만족시킨다.

▲ SMW, 모젤
크리스마스 리슬링

▲ 칸티나 꼴리 에우가네이, 꼴리 에우가네이 피오르 다란치오 스푸만테

이 외에도 평소 도수가 높고 강한 느낌의 술을 즐긴다면 마찬가지로 진하고 도수 높은 호주의 쉬라즈 와인이나 칠레, 미국의 까베르네 소비뇽 와인이 적합하다. 반대로, 독한 술을 즐기지 않는다면 섬세한 피노 누아 와인 혹은 스위트 와인이 답이 되어줄 것이다.

특별한 빈티지의 와인 선물

태어난 해, 자녀가 태어난 해 등을 기념하며 해당 빈티지 와인을 선물받는 것은 색다른 경험이다. 많은 와인애호가들이 이러한 특정 빈티지 와인을 모으는 것에 큰 의미를 갖는다. 생일 빈티지를 마실 때는 태어난 해의 지구 반대편의 시간을 마시는 듯한 기분이 든다. 또한 자녀가 태어난 해의 와인을 보관해두었다가 20년 후 20살이 된 자녀와 함께 마신다면 부모와 자녀 모두에게 깊은 울림을 줄 것이다.

건강에 유익한 성분이 가득 든 와인

남프랑스 마디랑Madiran에서 생산되는 '샤토 몽투스Château Montus'는 타닌Tannin이라는 용어의 어원이 된 따나Tannat로 만들어진다. 따나는 폴리페놀 성분을 가장 많이 함유한 포도 품종 중 하나로 건강에 유익한 프로시아니딘Procyanidine의 함량이 높다. 이 마을에서 만들어진 와인을 선물하면, 장수를 기원한다는 말이 전해지기도 하며 실제 이 지역에서는 따나 농축액을 심혈관계 질환 치료제로 사용하기도 한다. 여러 와인 전문 매거진이 꼽은 최고의 100대 와인에 선정되었고 영화배우 톰 크루즈가 사랑한 와인으로도 유명하다. 샤토 몽투스보다 하위 라인이라 할 수 있는 '샤토 부스까세 루즈Château Bouscasse Rouge'도 생산된다.

3. 캠핑 애호가들에게 추천하는 와인

캠핑과 와인이 만난다면?

모닥불 앞에서 마시는 와인 한 잔은 맛뿐만 아니라 낭만적인 분위기에 젖어 들게 만든다. 테이블 위 와인글라스에 담긴 아름다운 빛깔의 와인을 보고 있자면 더욱 감성적으로 변한다. 바비큐와 어울리는 향신료 향이 나는 레드 와인부터 누구나 즐길 수 있는 적당하게 달콤한 독일의 리슬링 와인까지 고르는 재미도 느낄 수 있다. 차갑게 유지해야 하는 맥주와 달리 적당히 시원하기만 해도 언제든 즐길 수 있는 레드 와인은 좋은 선택지이다. 와인의 칠링이 가능한 조건이라면 샴페인이나 로제 와인을 시원하게 마셔보자. 마치 야외에서 열린 파티 같은 분위기와 심미적인 즐거움을 느낄 수 있다.

준비가 쉬운 와인과 글라스 고르기

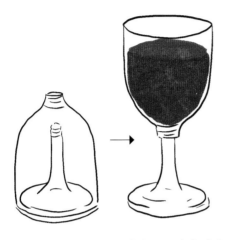

와인 오프너가 필요한 코르크 마개의 와인보다 손쉽게 돌려 따는 스크루캡의 와인이 캠핑에 더 적합하다. 물론 코르크 마개의 와인을 위해 부피가 작고 가벼운 오프너 하나쯤은 챙겨도 좋을 것이다. 따로 칠링을 해야 하는 화이트 와인이라면 얼음이 찬 아이스박스나 잠시 담가 둘 수 있는 주변의 시원한 물가가 필요하다. 짐을 가볍게 들고 가고 싶다면 용량이 더 작은 하프 보틀의 와인이나 2~3잔 정도 나오는 187ml 사이즈의 와인도 좋다. 또한 대형 마트에서 팩에 든 와인도 판매하는데, 이것은 부피를 줄이는 데

도움이 된다. 박스나 팩 와인은 품질이 떨어진다는 이유로 많은 와인애호가들에게 거부당해왔지만 최근에는 품질 좋은 와인이 많이 출시되고 있다. (이탈리아산의 원 글라스Oneglass 팩 와인 (100ml)은 5,000원 내외로 구매 가능하다.)

와인을 마시는 글라스도 중요한 요소이다. 멋진 사진을 위해 일반 와인글라스를 준비할 수도 있지만 피크닉을 위해 출시된 가벼운 플라스틱 소재의 잔도 있다. 요즘은 디자인과 품질이 뛰어난 다회용 잔이 많으며 몸통과 스템을 분리해 전용 케이스로 운반하기 쉬운 제품도 있어 실용적이다. 꼭 일반 와인글라스를 사용하고 싶다면 스템이 없는 스템리스 글라스나 와인잔 전용 하드케이스를 알아보는 것도 도움이 된다. 디자인이 예쁜 스테인리스 잔도 각광받고 있지만 일부 금속성 잔은 와인 풍미에 부정적인 영향을 끼칠 수도 있다.

메뉴와 계절 고려하기

캠핑을 즐길 때 빼놓을 수 없는 것이 장작불에 굽는 요리일 것이다. 육즙이 많고 기름진 돼지고기나 소고기 혹은 비어치킨 같은 메뉴에 도전한다면 향신료 향이 감도는 적당한 산도와 타닌의 레드 와인은 좋은 짝이 된다. 그러나 무더운 여름철, 알코올 함량이 높은 와인은 몸에 열을 발생시키고 알코올이 튀게 느껴질 수 있으므로 14.5% 이하의 와인을 선택하자. 상큼한 리슬링이나 소비뇽 블랑과 같은 화이트 와인, 스파클링 와인은 무더위를 날려주고 갈증을 해소

해 줄 것이다.

　기온이 높은 날, 아이스박스가 아닌 뜨겁게 달궈진 차에 와인을 두는 것은 최악의 보관법이다. 도착 직후, 캠핑하는 장소의 그늘지고 시원한 곳에 보관하는 것이 좋으며 특히 직사광선은 와인에 치명적이니 주의하자. 와인을 시원하게 보관하기 위해 근처 물가에 와인을 담아둘 때는 수면 위로 마개 부분이 나오도록 하여 오염을 피해야 한다. 반대로 겨울철에는 도수가 높은 와인을 몇 모금 마시면 순간 몸을 뜨겁게 만들어 주기도 한다.

추천 와인 (육류에 어울리는 와인)

그릴에 구운 고기와 레드 와인은 언제나 옳다. 대부분의 와인이 나쁘지 않은 궁합을 보이지만 달콤한 쌈장 소스와 먹는 돼지고기들은 미국산 오크를 사용해 달달한 향이 가미된 미국의 메를로나 스페인의 뗌쁘라니요 등이 재미있는 조합을 보인다. 소고기와 양고기는 상대적으로 무거운 레드 와인과 매치한다. 육질이 쫄깃한 등심이나 기름진 갈빗살에는 까베르네 소비뇽 와인이 무난하며 향신료 향이 강한 프랑스 론의 시라 품종이나 GSM 블렌딩 와인, 이탈리아의 산지오베제, 미국의 진판델도 좋다. 양고기나 소스가 진한 고기 요리와는 호주 쉬라즈를 곁들이는 것도 추천한다. 안심과 같이 부드러운 부위는 그만큼 입에서 씹는 시간이 적고 섬세한 맛을 지녔기 때문에 쉬라즈같이 극도로 진한 레드 와인보다는 피노 누아나 숙성된 보르도의 레드 와인 또는 말벡 등이 어울린다.

캠핑에 재미를 주는 와인! '핀카 바카라, '하이' 모나스트렐'

'핀카 바카라, '하이' 모나스트렐'Finca Bacara, 'Hi' Monastrell' 와인의 레이블은 먹을 칠해 놓은 듯이 새까맣다. 모닥불을 피우는 토치나 라이터로 레이블에 열을 가해주면 비로소 그 아래 가려진 새하얀 '진짜 레이블'이 드러나는 마법을 경험할 수 있다. 이 와인은 스페인 후미야 지역에서 모나스트렐 품종으로 만들어져 그릴 요리와도 잘 어울린다.

▲ 핀카 바카라, '하이' 모나스트렐

CHAPTER 3

'홈술'을 위한
홈 소믈리에

집에서 술을 즐기는 '홈술 문화'는 이제는 삶의 일
부가 되었고 가족, 친구와 편하게 즐기는 와인에
대한 관심을 더욱 증가시켰다. 소중한 사람들과의
시간을 빛내주는 와인, 집에서도 제대로 마시는
홈 소믈리에가 되어보는 것은 어떨까.

1. 와인 보관법부터 글라스 선택까지

와인 보관하기

와인을 구입 후 바로 마시는 경우도 많지만 세일 기간에 미리 사둔 와인이나 고급 와인은 다년간 보관해야 하는 경우가 생긴다. 와인은 환경에 따라 변질될 위험이 크기 때문에 보관하는 방법을 알아두는 것은 아주 중요하다. 가장 쉽고 안전한 방법은 시중에 판매하는 와인셀러(와인 냉장고)를 구비하는 것이지만 상황이 여의치 않다면 아래의 보관법을 참고하자.

눕혀서 보관

와인병 마개인 코르크를 항상 촉촉하게 유지하기 위해 와인병은 옆으로 눕혀 보관한다. 와인을 장기간 세워놓으면 나무 소재인 코르크가 마르며 과도한 산소가 유입되고 와인이 부패하거나 산화될 위험이 크다. 코르크를 제거할 때 쉽게 부서지는 것은 보관이 잘못된 경우이며 잘 보관된 와인병의 코르크는 촉촉하고 탄력이 있다. 스크루캡과 같은 마개를 사용하는 경우 반드시 눕혀 보관할 필요는 없지만 수평 보관은 공간 활용에 효율적이며 와인을 보관하는 가장 이상적인 방법이다. 단, 예외적으로 강화 와인인 마데이라Madeira는 세워서 보관하는 것을 권장하고 있다.

일정한 온도와 습도 유지

와인은 온도 변화에 매우 민감하다. 10~15°C (12°C가 이상적)의 시원한 온도가 좋으며 무엇보다 일정한 온도로 유지되는 것이 가장 중요하다. 시원한 환경에서 서서히 숙성되는 고급 와인의 경우 훨씬 더 복합적인 풍미로 발전할 가능성이 크다. 장시간 23~25℃ 이상의 고온에 노출되면 끓인 듯한 맛과 무미건조한 풍미가 느껴진다. 반대로 너무 차가운 온도에 노출되면 와인이 얼고 팽창하여 코르크가 튀어나오거나 병이 깨질 수도 있다. 따뜻한 상온에서 갑자기 시원한 냉장고로 반복적으로 와인이 옮겨지는 등의 급작스러운 온도 변화는 다양한 와인 결함을 유발하는 위험한 보관 방법이다.

또한 코르크가 마르지 않도록 습도가 유지되어야 한다. 현지 와이너리의 와인 보관은 대부분 곰팡이가 핀 지하실에서 이뤄진다. 그만큼 와인은 축축한 환경을 좋아하지만 과도한 습기는 와인레이블을 손상시킬 수 있다. 보통 50~80%의 습도가 안전하며 일반적인 생활 환경에서 코르크가 마를 정도의 건조함은 걱정하지 않아도 좋다.

강한 빛 피하기

와인은 햇빛을 싫어한다. 햇빛의 UV광선은 와인의 페놀 화합물 중 특정 성분과 반응하여 황 화합물을 생성하고 불쾌한 냄새를 갖게 한다. 투명한 병의 와인이 손상되는 데는 고작 3~4시간의 햇빛 노출만으로도 충분하다. 우리가 보는 대다수의 와인병이 녹색과 갈색, 혹은 검은빛을 띠는 이유는 바로 이런 자외선의 노출로부터 와인을 안전하게 지키기 위함이다.

셀러가 없을 때 보관 방법

일반 냉장고에 와인을 보관하면 온도가 너무 차갑고 건조하여 코르크가 말라 음식 냄새가 스며든다. 스크루캡, 스파클링 와인은 몇 달간은 보관할 수 있지만 코르크 와인은 추천하지 않는다. 김치 냄새가 배지 않도록 김치냉장고의 한 칸을 비우고 적정 온도를 설정하여 보관하는 것도 좋은 방법이다. 이런 상황도 여의치 않다면, 겨울에는 난방을 하지 않고 여름에는 적당히 서늘하여 온도 변화가 적은 곳을 찾자. 햇빛이 들지 않는 이불장이나 수납장이 그 예가 될 것이다. 열기가 많은 주방 선반과 온도 변화가 큰 베란다는 와인 보관에 좋지 않은 장소이다. 셀러가 없다면 장기 보관이 필요한 와인보다 빠르게 소진할 수 있는 와인을 구매하는 것을 추천한다. 와인을 차에 두는 경우도 종종 보게 되는데, 이는 온도 변화뿐만 아니라 와인에 지속적인 진동이 가해지는 최악의 조건이다. 진동은 와인의 화학반응을 가속화하여 와인을 손상시킬 수 있다.

와인 냉장고(와인셀러) 구매 시 고려 사항

꾸준히 와인을 소비할 예정이라면 와인셀러를 구매하는 것을 추천한다. 와인셀러는 8병이 들어가는 작은 사이즈부터 100병 이상 보관되는 대형 사이즈까지 다양하다. 적정 병수는 병 둘레가 넓지 않은 보르도 병을 기준으로 하기 때문에 스파클링 와인이나 둘레가 넓은 병은 2/3 정도밖에 들어가지 않는다. 보통 구매한 사이즈를 작게 느끼기 때문에 여건이 된다면 예정보다 큰 사이즈의 구매를 추천한다. 레드 와인과 화이트 와인을 함께 보관하면 12°C 정도가 가장 이상적이지만 여름같이 더운 계절에는 내부 온도가 더 올라갈 수도 있기 때문에 10°C나 셀러의 성능에 따라 더 낮춰주는 것이 좋다. 너무 큰 소음과 진동이 있는 것은 피하는 것이 좋고 상하부의 개별적인 온도 조절이 가능한 것도 도움이 된다.

와인 종류별 마시는 순서

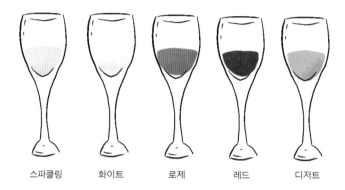

스파클링　　화이트　　로제　　레드　　디저트

여러 종류의 와인을 마셔야 할 때 스파클링→화이트→레드→디저트 와인 순서로 마시는 것이 일반적이지만 절대적인 것은 아니며 산도, 당도, 바디감 등에 따라 유동적이다. 와인의 명확한 캐릭터에 따라 다르지만 가벼운 바디감부터 무거운 순서로, 드라이한 와인부터 점점 스위트한 와인으로, 영 와인에서 올드 와인으로 순서를 정하기도 한다. 일반적으로 저가 와인은 중저가 이상의 와인보다 풍미가 단조롭고 강하지 않기 때문에 저가 와인을 먼저 마시고, 고급 와인을 나중에 마셔야 모든 와인의 맛을 제대로 볼 수 있다. 그러나 가장 고급 와인은 순서를 좀 더 앞에 두어 취하지 않은 상태에서 마시는 것을 추천한다.

　마셔보지 않아 맛을 모르는 와인이더라도 품종 본연의 특징과 산지, 레이블의 알코올 도수를 참고하면 도움이 된다. 복합적인 풍미와 많은 기포를 가진 무거운 샴페인의 경우 소비뇽 블랑이나 드라이한 리슬링, 깨끗한 샤르도네와 같이 가벼운 화이트 와인 뒤에 마시는 것이 좋으며 레드 와인 품종 중 섬세한 피노 누아 같은 와인은 오히려 풀바디한 캘리포니아의 샤르도네 와인보다 먼저 마셔야 하는 경우도 있다. 산도와 당도, 알코올 도수는 낮은 순서에서 높은 순서로 마시며 라이트한 바디에서 풀바디한 와인으로 순서를 정한다. 누군가를 대접해야 하는 경우 당일 와인을 미리 오픈해서 조금씩 맛을 본 다음 순서를 정하고 풍미가 약한 와인은 다시 막아 두는 것도 도움이 된다.

예) 1 피노 누아 → 메를로 → 까베르네 소비뇽 → 쉬라즈
    2 가벼운 화이트 와인 → 향이 강한 스파클링 와인 → 레드 와인
    3 섬세한 피노 누아 → 오크 풍미가 강한 샤르도네 → 미국 까베르네 소비뇽 와인

와인글라스 선택

와인을 즐기기 위해서는 머그잔과 유리컵 어떤 것도 사용이 가능하다. 그러나, 올바른 잔을 사용하면 와인의 맛이 향상되며 이는 과학적으로도 증명되었다. 와인 잔은 다양한 브랜드와 디자인이 있으며 특정 품종과 스타일을 위한 잔도 존재한다. 한국은 고급 글라스의 사용률이 높은 편이지만 실생활에서 와인을 즐기기에는 실용적이고 합리적인 가격대의 글라스만으로도 충분하다. 기본적으로 와인글라스는 받침 역할을 하는 베이스Base와 손잡이 부분인 스템 Stem, 몸통Bowl으로 이뤄지며 최근에는 보관과 세척이 편리한 스템이 없는 디자인도 판매되고 있다. 와인의 맛에 큰 영향을 끼치는 것은 향기를 어떻게 모아주고 얼마나 지속되며 어떻게 입 안에 들어오는가이다. 방향성 물질인 향이 코에 느껴지는 정도와 입 속으로 들어오는 지점 등에 따라 맛이 달라질 수 있기 때문이다.

샴페인 글라스

플루트   튤립   쿠페

일반적으로 많이 사용되는 잔은 플루트Flute 스타일이다. 길쭉한 모양은 피어오르는 기포를 즐기기에 적합하고 좁은 입구는 기포가 빠르게 사라지는 것을 방지한다. 그러나 좁은 몸통 때문에 풍부한 향을 느끼는 데 한계에 있기 때문에 향기를 더 느낄 수 있는 몸통이 넓은 튤립Tulip 모양의 글라스가 사랑받고 있다. 마지막 쿠페Coupe 글라스는 샴페인을 마시는 전통적인 잔으로 샴페인 애호가이자 루이 16세의 왕비였던 마리 앙투아네트의

왼쪽 가슴을 모델로 만들어졌다는 이야기가 전해지기도 한다. 쿠페 잔을 피라미드 모양으로 쌓고 샴페인을 부어 마시는 샴페인 글라스 타워를 종종 영화에서 볼 수 있다. 풀바디의 향이 진한 샴페인은 오히려 볼이 넓은 와인 잔에 부어 산소와 접촉시켜 마시기도 한다.

화이트 와인글라스

샤르도네   소비뇽블랑
                  /리슬링

레드 와인 잔보다 높이와 몸통 사이즈가 더 작으며 섬세한 아로마를 코에 근접하게 닿을 수 있게 만든 디자인이다. 소비뇽 블랑과 리슬링은 스템을 쥐기 편하도록 보통 긴 스템과 좁은 몸통을 지닌 잔에 마시며 이와 반대로 샤르도네는 더 짧고 넓은 몸통, 짧은 스템의 형태이다. 오크 숙성 샤르도네와 같은 풀바디 화이트에 적합하다.

레드 와인글라스

보르도
/까베르네소비뇽   시라/쉬라즈   부르고뉴/
피노누아

와인과 더 많은 산소의 접촉을 위해 몸통이 넓고 큰 편이다. 가장 대표적인 스타일은 보르도와 부르고뉴(버건디) 잔으로 각 지역의 대표 품종을 맛있게 마시기 위한 잔이다. 보편적으로 볼 수 있는 디자인인 보르도 잔은 까베르네 소비뇽, 메를로 등의 묵직한 와인을 위해 큰 볼과 상대적으로 넓은 입구를 지닌다. 입구가 넓으면 맛이 더 부드러워지고 과일 풍미를 잘 느낄 수 있다. 피노 누아와 같이 섬세한 와인을 위한 부르고뉴 잔은 볼이 가장 넓고 입구가 좁아 더 진한 향기를 모으고 와인이 혀의 적합한 부분에 떨어지게 한다. 볼이 조금 더 작고 짧은 시라, 말벡 등을 위한 잔도 있으며 풀바디 레드 와인을 위한 잔이다. 레드 와인을 즐기고 처음 와인 잔을 구매한다면 보르도 글라스를 추천한다.

유니버설 글라스

유니버설 글라스

이름 그대로 레드, 화이트를 비롯해 다양한 스타일의 와인을 즐길 수 있는 범용 글라스로 보관 공간의 절약도 가능한 실용적인 잔이다.

강화 와인글라스

알코올 도수가 높은 와인을 볼이 넓은 잔에 따르면 알코올이 아주 강하게 느껴진다. 포트나 셰리와 같은 강화 와인은 더 짧고 볼이 좁은 전용잔에 마시며 셰리를 마시는 잔은 전통적으로 코피타Copita를 사용한다.

포트와인

와인글라스 브랜드

와인 잔의 큰 가격차는 기계와 사람이 하는 제조에서 비롯된다. 보통 고가의 명품 글라스는 기계가 아닌 사람이 직접 입으로 불어 만든다. 각 브랜드마다 디자인에 따라 1만 원 이하부터 10만 원대까지 다양한 가격대의 잔이 있으며 쇼트즈위젤Schott Zwiesel, 보르미올리Bormioli, 슈피겔라우Spiegelau, 셰프앤소믈리에C&S, 자페라노Zafferano등의 브랜드에서는 합리적인 가격대의 잔도 볼 수 있다. 보다 고가 브랜드로 여겨지는 리델Reidel, 잘토Zalto, 가브리엘Gabriel 등은 선물용으로도 사랑받는다. 리델에서는 콜라 회사와 합작하여 콜라를 가장 맛있게 마실 수 있는 전용잔도 생산한다.

> **와인글라스의 올바른 세척법과 사용**
>
> 와인 잔 세척 시 피해야 할 사항이 있다. 첫째, 과도한 세제 사용은 금지이다. 잔에 향이 배어 추후 와인을 마실 때 세제 향을 느낄 수 있으므로 물에 희석하여 사용하거나 기름기가 묻은 입구와 외관만 사용해도 충분하다. 둘째, 기름기를 닦을 수 있는 따뜻한 물로 씻되 너무 추운 날에는 뜨거운 물이 잔에 닿으면 깨질 수 있다. 셋째, 취한 상태로 하는 잔 세척은 파손의 위험성이 높으므로 금물이다. 와인글라스는 세척 후 뒤집어 건조해도 되지만 '와인 잔 리넨'이라고 불리는 전용 천으로 닦아주는 것이 좋다.

와인 서비스 온도

구매와 보관을 완벽하게 했더라도 적절한 온도로 준비된 와인을 마시지 않는다면 그 와인의 진짜 모습을 10%도 보지 못하고 병을 비우게 될 것이다. 미지근한 콜라, 식은 차나 커피를 떠올리면 이해가 쉽다. 이처럼 와인 역시 적정 온도가 중요하며 대부분의 와인은 약간 시원한 온도에서 제공되는 것이 좋다.

스파클링 와인과 가벼운 화이트 와인 (6~10℃)

신선한 풍미와 산도를 즐기기 위한 온도로 너무 차가운 경우에는 섬세한 향기가 가려진다는 것을 염두에 두자. 스파클링 와인은 차가울수록 기포가 쉽게 와인에 용해되어 풍부한 기포를 느낄 수 있으며 미지근한 온도에서 오픈하면 '펑'소리와 함께 용해되지 못한 탄산가스의 손실로 밋밋한 맛이 난다.

풀바디 화이트, 로제 와인 (10~13℃)

바디감이 무겁거나 오크 숙성한 화이트 와인은 더 높은 온도에서 서비스될 때 다채롭고 깊은 풍미를 느낄 수 있다. 캘리포니아의 샤르도네, 비오니에 품종을 포함한 프랑스 론 지역의 화이트, 게뷔르츠트라미너 등의 품종이 대표적이다. 프리미엄 샴페인과 로제 와인 역시 향이 더 잘 느껴진다.

레드 와인

까베르네 소비뇽, 쉬라즈와 같은 무거운 레드 와인은 15~20℃, 피노 누아같이 보다 가벼운 와인은 12~15℃ 정도로 즐긴다. 실온의 온도가 높을 때 레드 와인의 알코올은 튀고 독하게 느껴지며 풍미도 힘없이 느껴진다. 반대로, 너무 차가우면 타닌이 거칠고 쓰게 느껴진다.

칠링 쉽게 하기

최소 1~2시간 전 미리 냉장고에 두거나 얼음과 물을 채운 아이스버킷에 와인이 병목까지 차게 담가

둔다. 아이스버킷은 와인이 담길 사이즈라면 무엇도 될 수 있지만 분위기를 위한 다양한 디자인이 시중에 판매되고 있다. 마시는 내내 온도를 유지하기 위해 병을 담가 두며 오픈된 병에 물이 들어가지 않도록 주의해야 한다. 보통 온도계가 없는 경우가 많기 때문에 10~15분 정도 둔 다음 마셔보며 온도를 조절한다. 빠른 칠링Chilling이 필요할 때 아이스버킷에 물, 얼음과 함께 소금을 넣으면 도움이 되며 물에 적신 키친타월을 병에 두른 후 냉장고에 넣어도 온도를 빠르게 낮출 수 있다. 간혹 냉동실에 칠링하는 경우도 있는데 장시간 냉동은 섬세한 와인의 풍미를 손상시키며 병이 깨지거나 코르크가 튀어나올 수 있으므로 추천하지 않는다. 샴페인은 슬러시가 되어 폭발하듯 흘러나오는 것을 경험할 수 있으니 주의해야 한다.

스틸 와인 오픈

코르크 마개의 와인은 포일 커터(나이프), 코르크스크루, 지렛대로 이뤄져 있는 전용 와인오프너가 필요하며 편의점에서도 쉽게 구매 가능하다. 지금부터 와인 오픈의 정석을 소개한다.

1. 나이프로 볼록한 병목 아래의 움푹 파인 곳을 칼로 그어준다. 그 다음, 위쪽 포일(캡실)을 대각선, 수직으로 그어 제거한다. 나이프뿐만 아니라 와인 포일 역시 상당히 날카롭기 때문에 이 과정에서는 다치지 않도록 유의하자.

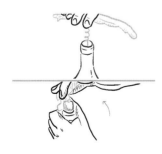

2. 코르크스크루를 꽂는 과정이 가장 중요한데 대부분이 하는 실수는 스크루의 뾰족한 끝부분을 코르크 중앙에 꽂고 돌려 결과적으로 스크루가 한쪽으로 치우쳐 들어가는 것이다. 이런 경우에는 가장자리의 코르크가 부서지거나 당겨 올리기가 어렵다. 코르크 중앙에 스크루의 원이 오게 두고 뾰족한 부분은 시계의 2시 방향에 꽂아 돌려준다. 짧은 코르크는 쉽게 뚫려 와인에 부스러기가 들어가는 경우가 있으므로 한 바퀴 반 정도 남기고 넣어 준다.

3. 보통 2개의 지렛대가 있는데 윗부분의 1번 지렛대로 먼저 짧게 올린 다음 하부의 2번 지렛대로 끝까지 조심스럽게 뽑아준다. 이때 큰 소리가 나지 않게 비스듬히 돌려 뽑고 뽑힌 코르크의 향을 맡아보는 것도 와인의 결함을 체크하는 데 도움이 된다. 그리고 병 입구를 닦아 와인을 따른다.

간혹 포일이 아닌 촛농을 떨어뜨린 듯한 왁스로 봉인된 와인이 있다. 초보자들이 애를 먹는 마개인데, 사실 이 와인의 오픈 과정은 단순하다. 왁스를 따로 제거하지 않고 왁스 봉인 위로 코르크스크루를 꽂아 똑같이 열고 와인을 따르기 전 입구의 찌꺼기를 닦아주면 된다.

코르크 마개 vs 스크루캡 와인

코르크

스크루캡

가장 일반적인 와인 마개는 코르크와 스크루캡이다. 코르크는 잔구멍이 많은 다공성 소재로 산소는 유입되고 와인에서 발생된 다른 가스는 방출해 '숨 쉰다'고 표현하기도 한다. 유입된 산소는 와인의 숙성을 돕기 때문에 숙성 후 더 맛이 좋은 와인에 적합하다. 스크루캡은 특히 호주 와인에서 많이 찾아볼 수 있는데 클레어 밸리에서 리슬링 품종 고유의 신선한 풍미를 유지하기 위해 스크루캡을 적극적으로 도입하며 사용이 증가하였다. 스크루캡은 이와 같이 신선한 풍미를 즐기거나 출시 후 바로 마셔도 좋은 와인을 위해 사용된다. 오랜 시간 와인 마개로 사용되어 온 코르크는 많은 장점을 가지고 있지만 나무 소재이기 때문에 보관에 주의해야 한다. 잘못 보관 시 산소가 지나치게 유입되어 와인이 산화되기도 하고, 부서진 가루가 와인에 빠져 애를 먹기도 하며, 곰팡이로 오염되면 와인의 풍미를 망칠 수도 있기 때문이다. 이에 새로운 소재의 마개들이 점차 생겨나고 있고, 결국 두 마개는 와인스타일에 따른 생산자의 선택의 결과이다.

스파클링 와인 오픈

스파클링의 높은 기압은 생각보다 위험하다. 특히 샴페인은 보통 타이어 기압의 2~3배 이상으로 미국에서는 샴페인을 오픈하다 실명 위기에 빠지는 사람이 한 해에 약 60명에 달한다. 또한 독일의 한 과학자는 실험을 위해 샴페인을 격렬하게 흔들고 무려 시속 40km로 코르크를 날려 보냈다. 영화에서처럼 흔들어서 터뜨리는 것은 집 같은 공간에서는 말리고 싶다. 무엇보다 오픈 방법을 제대로 아는 것이 좋다.

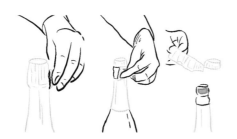

1. 스파클링 와인은 오프너가 필요하지 않다. 소시지 포장을 벗길 때 쓰는 붉은 띠처럼 생긴 포일 끝부분을 찾아 제거한다.

2. 왼손으로 코르크 윗부분을 막고 오른손으로 코르크를 감싼 철사를 6바퀴 반을 돌려 풀어준다.

3. 와이어를 제거하지 않은 상태에서 왼손으로는 코르크를 잡고 오른손으로 병을 돌려 빼낸다. 천천히 돌릴수록 '펑'소리 없이 조용히, 안전하게 열릴 가능성이 높다. 리넨이나 손수건 같은 천으로 병 입구를 덮은 뒤 제거해도 도움이 된다. (오른손잡이 기준)

사브라주

축제나 파티에서 행하는 사브라주Sabrage는 사브르Sabre라는 큰 칼로 샴페인을 오픈하는 방법이다. 프랑스 대혁명 직후 나폴레옹이 전투에서 승리하면 기마병들이 소지하고 있던 검으로 샴페인을 오픈하며 축하하던 것에서 유래했다. 사브라주를 시작하기에 앞서 제일 중요한 과정은 샴페인을 특히, 병목 부분을 차갑게 칠링하는 것이다. 포일과 철사를 제거한 뒤 샴페인을 비스듬히 눕혀 병목 부분의 이음새를 찾는다. 칼로 내리치는 것이 아니라 칼등으로 이음새가 있는 병 표면을 따라 밀어주는 느낌으로 힘을 가하면 압력에 의해 병목이 깨끗하게 잘려 나간다. 물론 전면에는 사람이나 파손 위험이 있는 물건이 있어선 안된다. 사브르 칼 대신 스푼, 스테이크 나이프, 일반 과도 등으로도 가능하며 심지어 와인 잔의 받침인 베이스로도 가능하다.

와인 오프너와 액세서리

와인 선물을 받으면 선물 케이스 안에 정체 모를 액세서리들이 동봉되어 있곤 한다. 와인 오프너와 더불어 활용도가 높은 액세서리의 이름과 용도를 알아두자.

와인 오프너 Corkscrew

소믈리에 나이프Sommelier Knife라고도 부르며 가장 기본적인 오프너 중 하나이다. 크게 세 부분으로 나뉘어 있는데, 병목을 감싼 포일을 제거하는 나이프, 코르크에 돌려 꽂는 스크루, 코르크를 들어 올리는 지렛대Lever가 1~2단으로 이뤄져 있다. 지렛대 윗부분의 움푹 파인 홈은 병따개로 쓰인다. 윙 코르크스크루Wing Corkscrew는 이름 그대로 코르크에 스크루를 돌려 박으면 양쪽의 날개가 올라오는데 이것을 내리면서 코르크를 뽑아 주면 된다.

아소 Ah So

올빈Old Vintege 와인처럼 오래 숙성되어 약해진 코르크를 제거하는 와인 오프너이다. 11자 모양으로 생긴 두 개의 납작하고 얇은 금속의 긴 부분을 먼저 코르크와 병 사이로 밀어 넣고 나머지도 꽂아 코르크를 돌려서 당겨 뽑는다. 기존 오프너와 아소 외에 초보자가 쉽게 쓸 수 있는 전동 오프너도 있다.

와인 스토퍼 Stopper & 프리저버 Preserver

마시고 남은 와인을 보관할 때 도움을 주는 액세서리를 와인 스토퍼 혹은 프리저버라고 한다. 수동과 자동, 다양한 원리의 액세서리가 있으며 와인병 내부를 진공으로 만들어 보관하거나 질소를 넣어 와인과 산소의 접촉을 방지하는 것도 있다.

와인 흘림 방지 & 에어레이터

병목에 끼워 와인이 병을 타고 흐르는 것을 방지하는 와인 칼라Collar와 병 입구에 꽂아 와인을 깔끔하게 따라주는 푸어러Pourer가 있다. 에어레이터Aerator는 따르는 과정에서 와인이 보다 빨리 산소와 접촉하게 도와주는 용품이다.

디캔터 Decanter

049

와인을 디캔팅Decanting 할 때 사용하는 용기이다. 디캔팅의 본래 목적은 양조나 숙성 과정에서 와인에 생긴 침전물Sediment을 제거하기 위한 과정이다. 윗부분의 맑은 와인을 디캔터에 따라 내고 병 바닥에 남은 침전물을 분리시킨다. 또한 병 안에 갇혀 있던 와인을 빠르게 산소에 노출시켜 부드럽게 하고 풍미를 여는 용도로 사용하기도 한다. 레드 와인만 행하는 것으로 알려져 있지만 풀바디 화이트와 샴페인을 디캔팅 하기도 한다. 가벼운 레드와 화이트 와인은 오히려 향이 빠르게 빠져 맛이 밋밋해질 수 있으며 데일리급 레드 와인들도 오픈 후 잔을 돌리는 '스월링'을 하여 천천히 깨워주는 것이 좋다. 원형에 가까운 호리병 모양부터 백조를 닮은 디자인까지 극도로 화려하고 고급스러운 디캔터도 출시되고 있다.

와인 오픈 후 가장 맛있는 시간과 보관

와인은 오랜 기간 병 속에 갇혀 있었기에 숨을 쉴 수 있도록 오픈 후 30분 정도의 브리딩 Breathing 시간을 갖는 것이 좋다. 브리딩을 통해 와인은 산소와 만나 향이 살아나고 부드러워 지는데 진하고 무거운 와인일수록 더 오랜 시간이 걸린다. 이렇게 공기와 만나 와인의 풍미가 살아나는 것을 와인이 열렸다고 표현한다. 브리딩 혹은 에어레이션Aeration이라는 용어를 사용하기도 한다. 스파클링 와인을 포함하여 대다수의 와인은 오픈 후 냉장 보관 시 약 2~5일 안에 마시는 것이 좋고 가벼운 와인일수록 풍미를 빨리 잃는다. 코르크를 뒤집어 막거나 스크루캡을 다시 사용할 수 있지만 전용 스토퍼를 사용하면 좋다. 일부 스위트 와인이나 스위트한 강화 와인은 높은 도수와 당도로 인해 한 달 가까이 보관하기도 한다.

남은 와인 활용법

남은 와인으로 상그리아Sangria나 뱅쇼Vin Chaud를 만들 수 있다. 레드 와인은 고기를 재울 때, 화이트 와인은 해산물 요리에 사용하기도 한다. 와인의 타닌이 육질을 부드럽게 해주고 고기와 해산물의 잡내를 제거하는 데 도움이 된다. 세수하는 물에 풀어 사용하면 피부 건강에도 도움이 된다.

상그리아와 뱅쇼

스페인에서 시작된 상그리아는 와인에 오렌지 주스와 신선한 사과, 오렌지를 썰어 넣고 브랜디를 소량 부은 음료이다. 쓴맛을 잡기 위해 설탕을 넣기도 하며 얼음을 넣어 시원하게 마신다. 브랜디 대신 소주를 넣으면 한국판 상그리아가 될 것이다. 상그리아는 스페인의 산티아고 와이너리가 뉴욕 무역 박람회에서 선보였고 펩시 콜라의 자회사에서 발굴, 상품화하며 인기를 끌었다. 뱅쇼는 프랑스어로 와인을 뜻하는 뱅Vin과 따뜻함을 의미하는 쇼Chaud가 만나 따뜻한 와인을 의미한다. 겨울철 감기를 예방하기 위해 유럽에서 흔히 마시는 음료로 보통 레드 와인에 시나몬Cinnamon, 정향Clove, 스타 아니스Star Anise 등의 허브와 오렌지, 사과, 꿀을 넣고 끓인다. 알코올은 대부분 증발되며 따뜻하게 데워 마신다.

와인병 모양과 펀트의 비밀

와인병의 형태는 기본 디자인을 비롯해 5가지 정도가 존재한다. 마케팅의 일환으로 디자인에 차이를 둘 수도 있지만 기본 와인병 모양을 이해하면 와인레이블을 읽기 전에 미리 와인의 스타일을 유추할 수도 있다. 와인병의 이름은 처음 만들어진 지역명에서 유래하며 가장 대표적인 것이 바로 보르도와 부르고뉴 병이다.

보르도　　부르고뉴　　샴페인　　알자스

보르도 병

어깨가 각진 보르도 병은 가장 널리 알려진 형태의 와인병이다. 보르도의 대표 품종인 까베르네 소비뇽과 메를로 와인에 사용되며 그 외의 와인에서도 흔하게 볼 수 있다. 이 병에 담기는 레드 와인 품종들은 보통 숙성되면서 침전물이 많이 생기는 편인데, 와인을 따를 때 각진 어깨가 침전물을 걸러주는 역할을 하기도 한다.

부르고뉴 병

원뿔 모양의 곡선의 미가 살아있는 여성스러운 스타일로 프랑스 부르고뉴에서 19세기에 가장 먼저 생겨났다. 전통적인 유리 공예는 사람이 파이프를 통해 숨으로 불어 만들기에 곡선 모양이 더 용이했다. 부르고뉴 와인의 포도 품종인 샤르도네와 피노 누아 와인, 시라 품종으로 유명한 론 지역 와인에 일반적으로 사용된다.

기타

이 외에도 프랑스 알자스와 독일의 리슬링 품종 와인에서 자주 볼 수 있는 길고 날씬한 알자스 병,

높은 기압을 견딜 수 있는 두꺼운 샴페인 병, 고유의 모양을 지닌 포트 와인병 등 다양한 모양이 존재한다.

051

펀트

킥업Kick up 혹은 와인병 바닥의 보조개라고도 표현하는 펀트Punt는 모든 와인에 있지는 않지만 대다수의 와인에 존재하며 깊이와 크기 역시 제각각이다. 펀트 역시 그 목적이 명확진 않지만 가장 그럴듯하고 일반적으로 전해지는 몇 가지 이야기가 있다. 입으로 불어 만들어지던 유리병은 세워놓기 위해 바닥을 평평하게 만들어야 하는데 생각보다 쉽지 않았다. 세우기에는 불안정하고 소중한 테이블을 긁는 올록볼록한 부분의 문제를 해소하고자 병 바닥을 안으로 집어넣기 시작했다. 와인을 운반하는 과정에서도 최대한 한 번에 많은 와인을

담기 위해 길게 튀어나온 와인병의 주둥이가 펀트로 쏙 들어가는 것은 굉장히 효율적이었다.

　　또한 펀트로 인한 내부의 원형의 틈에 와인의 침전물이 가라앉아 쌓이면 와인 잔에 쏟아지는 것을 막는 역할을 한다. 펀트의 파임이 크고 깊을수록 와인병은 더 크고 웅장해 보일 수밖에 없는데 이런 이유로 인해 많은 사람들이 '펀트가 깊을수록 고급 와인이다'라는 인식을 갖게 되었다. 그러나 펀트가 없는 고품질의 와인 또한 많기 때문에 펀트의 깊이에 따라 와인을 나누는 것은 섣부른 판단이다.

펀트의 쓰임이 가장 효과적인 와인은 아마도 스파클링 와인일 것이다. 샴페인뿐만 아니라 크레망, 까바 등 전 세계에서 생산되는 모든 스파클링 와인병의 펀트는 가장 크고 깊다. 펀트는 병 내부의 높은 압력을 분산시키고 버티는데 일조하며 다른 와인병에 비해 큰 펀트로 인해 병 사이즈도 커지다 보니 스파클링 와인의 럭셔리한 이미지를 만든 주인공이기도 하다. 또한, 칠링 시 더 빠르게 병 내부의 온도를 차갑게 만들어 준다고 하니 꽤 쓸모 있는 '보조개'이다.

2. 와인 테이스팅도 전문가처럼

와인 테이스팅?

일반 소비자들이 전문가처럼 테이스팅을 해야 하는 이유는 무엇일까? 간단히 말하자면 구매한 와인의 이상 유무를 판단하고 더 맛있게 와인을 즐기기 위함이다. 초보자는 와인의 향이 뭉뚱그려 느껴져 어떠한 향인지 정확하게 판단하기가 어렵다. 테이스팅 과정을 통해 다양한 향에 이름을 붙이기 시작하면 해당 향 외의 다른 향들도 다채롭게 느껴지기 시작한다. 평상시에는 편하게 와인을 마시면 되지만 테이스팅을 반복하여 연습하면 고급 와인이 왜 맛있는지를 이해하게 되고 본인의 취향을 찾아갈 수 있다.

외관

색상, 투명도와 점도 등을 확인한다. 색상에 따라 품종과 숙성도를 유추하고 투명도로 와인의 이상 유무 등을 체크할 수 있다. 와인 잔을 타고 흐르는 와인의 점성이 높을수록 알코올과 당도가 높을 확률이 높다. 대부분의 정보는 와인레이블에서 확인 가능하므로 외관은 짧게 관찰한다. 또한 색상으로 와인에서 나는 과일 향을 대략 짐작할 수 있는데 예를 들면 녹색 빛이 도는 화이트 와인은 라임이나 청사과 등의 풋풋한 향을, 진한 황금빛 와인에서는 잘 익은 파인애플이나 구운 사과 등 유사한 컬러의 아로마가 느껴지기도 한다. 화이트 와인은 보통 밝은 노란빛에서 숙성되어 옅은 갈색으로 변하며 까베르네 소비뇽, 쉬라즈와 같은 품종은 보라색에서 벽돌색의 갈색으로, 피노 누아는 어릴 때는 붉은색을 띠는 편이다. 만약, 어린 빈티지의 와인 색상이 갈색이거나 뿌옇다면 변질되었을 확률이 높다.

향

향의 입자마다 무게가 다르므로 스월링 하지 않은 상태에서 먼저 과일이나 꽃 등의 가벼운 입자의 향 Aroma(아로마)을 맡는다. 그 후 스월링하며 숙성되어 생성된 오크 향이나 기타의 무거운 입자를 가진 향Bouquet(부케)를 깨워 맡는다. 후각은 빠르게 지치기 때문에 계속해서 신경을 곤두세워 향을 맡는 것보다 빠르게 향을 맡고 쉬는 것을 반복하는 것이 좋다. 또한 산화된 향, 젖은 박스와 유황 등의 향을 통해 와인의 결함 여부를 판단할 수 있다.

맛

소량의 와인을 한 모금 입에 넣고 어금니 부위까지 돌리며 다시 한번 숨을 쉬어 풍미를 느낀다. 코

와 입에서 느끼는 향과 맛이 섞인 것을 풍미Flavor라 표현하며 신맛, 단맛, 타닌, 바디감 등도 입 안에서 확인한다. 어금니 끝에 침이 고이는 정도로 산도의 높낮음을 판단하고 입 안의 떫은 질감과 쓴맛으로 타닌을 확인한다. 단맛은 실제 와인에 포함된 당분이 혀끝에서 빠르게 느껴진다. 알코올로 인해서도 느낄 수 있지만 이는 크지 않다. 바디를 체크할 때는 물처럼 가볍게 느껴진다면 라이트Light, 감지할 정도의 점도나 무게가 느껴진다면 미디엄Medium, 뭉글거리고 점도가 높게 느껴진다면 풀Full바디 와인으로 표현한다. 막걸리에 비유하자면 섞지 않은 맑은 액을 마시면 라이트한 바디의 막걸리를 맛보는 것이며 밑의 침전물과 온전히 섞어 마시면 풀바디한 막걸리를 마시는 것이다. 보통 전문적인 테이스팅 후에는 스피툰Spittoon이라는 용기에 시음한 와인을 뱉으며 이것이 없다면 빈 용기를 사용하면 된다.

좋은 와인의 정의

좋은 와인이란 마셨을 때 단순히 '맛있다'가 떠오르는 와인일 것이다. 산도나 알코올 등의 특정한 맛이 튀지 않고 밸런스가 좋기 때문이다. 예를 들어 높은 산도의 소비뇽 블랑이 맛있게 느껴진다면 이는 당도, 바디감, 알코올, 구조감 등 다양한 요소가 산도를 받쳐 줄 만큼 잘 형성되어 있다는 뜻이다. 또한 좋은 와인은 마시고 난 후 길게 여운Finish을 남기며 이는 와인에 따라 지속 시간의 차이가 있다.

오크통 숙성의 비밀

와인에서는 원재료인 포도와 같은 과일 향과 더불어 바닐라, 커피, 훈제 베이컨 등 아주 다양한 향이 느껴진다. 향에 다양성을 부여하는 가장 큰 역할을 하는 것이 바로 '오크통 숙성'인

데, 이는 일반적으로 화이트 와인보다는 레드 와인에서 진행된다. 오크통을 제작하기 위해서는 긴 시간과 노동력이 필요하다. 100살이 넘은 오크 나무 중 선별된 흠 없는 부분이 통의 재료로 사용된다. 가구 제작에도 사용되는 오크는 나뭇결이 고와 통을 만들면 산소 유입이 적고 소나무처럼 향이 강하지 않아 와인의 맛을 자연스럽게 강화시킨다. 통 제작자가 손으로 결을 따라 쪼갠 후 약 10~36개월간 외부에서 비바람과 햇빛에 노출시켜 말린다.

단단해진 조직을 갖게 된 오크를 불 위에서 한번 구워 유연하게 만든 후 통 모양을 만들고 금속 고리로 고정한다. 내부를 다시 불로 구우면 굽는 시간에 따라 각기 다른 풍미를 얻게 된다. 가볍게는 25분, 강하게는 약 1시간까지 불에 노출된다. 굽는 과정을 토스팅Toasting이라 하며 나무의 당분이 캐러멜화Caramelized 되고 복합적인 화합물이 생성된다. 기본적으로 오래 토스팅 할수록 풍미가 강하고 다양해진다. 가볍게 토스팅하면 바닐라, 코코넛과 오크 나무 본연의 향이 나고 중간 굽기는 캐러멜, 커피의 향이 나며, 오래 구우면 스모크, 훈제 베이컨, 버터 스카치 같은 향이 느껴진다. 오크통에 와인을 숙성하면 이처럼 다양한 아로마를 얻을 수 있으며 미세한 틈으로 유입되는 산소로 인해 숙성되고 수분이 증발하여 풍미가 강화된다. 오크통은 프랑스, 헝가리, 슬로베니아, 미국 등 다양한 산지에서 만들어지지만 프랑스와 미국의 오크가 대표적이다. 미국산 오크는 바닐린Vanillin 성분이 프랑스의 것보다 많아 바닐라 향이 보다 강하고 감미로운 반면 프랑스산 오크는 조금 더 은은하다. 와인 생산자는 오크의 원산지, 토스팅의 정도, 향이 강한 새 오크통과 약한 중고 오크통 등 다양하게 선택하여 와인에 다채로운 스타일을 입힐 수 있다.

와인의 미네랄리티

와인을 테이스팅 할 때 미네랄리티Minerality라는 용어를 자주 보게 된다. 미네랄은 토양에서 발견되는 광물성 성분을 일컬으며 포도 나무가 토양에서 흡수할 수 있다. 와인에서 느껴지는 이런 광물성 특징을 미네랄리티라 표현하는데 리슬링, 소비뇽 블랑, 샤르도네와 같은 화이트 와인에서 짠맛과 부싯돌Flint 향 등으로 강하게 느껴지며 레드 와인에서는 철Iron(녹슨 쇠) 느낌으로 나타나기도 한다. 그러나, 실제 와인에 포함된 미네랄은 칼륨과 칼슘 성분이 가장 많고 다른 성분의 함량은 크지 않아 미네랄 풍미에 대한 논쟁은 전문가들도 아직 진행 중이다.

와인의 결함

와인을 마실 때 간혹 와인의 맛이 이상하게 느껴질 때가 있다. 이런 경우 해당 와인이 단순히 개인적인 취향이 아닌 것인지 아니면 와인의 상태가 좋지 않아 무미하고 불쾌한 풍미를 내는지 구별하기가 어렵다. 와인의 결함을 미리 알아두면 이 같은 와인 상태를 감별하는데 큰 도움이 된다. 와인의 결함은 인체에는 무해하지만 굳이 마실 필요도 없으므로 발견되면 주저 없이 와인 판매점에 와인과 영수증을 들고 가서 교환을 요청하자. 단, 구입 후 와인을 잘못 보관하여 본인의 과실이 있다고 판단되는 경우는 예외이다.

열에 의한 손상

너무 많은 열에 노출되어 발생하며 달콤하고 끓인 듯한 향과 산화가 동시에 느껴지기도 한다. 종종 가열된 공기의 팽창으로 코르크가 위로 밀려 나와 있거나 병 외부에 와인이 흘러넘친 자국이 있을 수 있다.

빛에 의한 손상

UV광선에 장시간 노출되면 아미노산이 변형되어 오랫동안 익힌 양배추, 젖은 울 스웨터 등의 불쾌한 냄새를 갖게 한다. 투명한 병의 와인이 손상되는 데는 고작 3~4시간의 햇빛 노출만으로도 충분하다.

코르크 오염

TCATrichloroanisole(트리클로로아니솔)는 생산 단계에서 보통 코르크를 통해 유입되는 화학적 오염물질이다. 코르크뿐만 아니라 오크통, 와이너리의 모든 생산 과정에서 발생 가능하다. 젖거나 곰팡이가 핀 박스, 젖은 개에게서 느껴지며 과일 향이 거의 나지 않는다 코르키Corky 되었다고도 표현하며 실제 코르크 마개의 와인 중 2%의 확률로 발생한다.

와인의 산화

사과가 산소에 노출되면 갈색으로 변하고 특유의

향이 나듯이 와인에 과도한 산소가 유입되면 발생하는 결함이다. 가장 흔한 결함이며 와인색은 오렌지빛이 도는 갈색으로 변하고 식초나 산화된 과일 향이 느껴진다.

황 화합물

발효 과정에서 부산물로 발생하는 황 화합물로 인해 성냥을 켤 때 나는 향, 탄 고무처럼 스모키하거나 썩은 달걀 등의 향으로 느껴진다.

브렛

농장 냄새나 말 같은 야생동물 향이 느껴지는 브렛Brett은 야생효모 브레타노미세스Brettanomyces로 인해 독특한 향이 생긴 경우이다.

기타 & 결함이 아닌 경우

▲ 화이트 와인의 타르타르산 결정(크리스털)

이 외에도 다양한 미생물과 세균으로 인해 와인은 오염될 수 있으며 스틸 와인에서 추가적인 발효가 일어나 와인에 거품이 생기는 결함도 발견할 수 있다. 간혹 낮은 수준의 브렛은 와인의 결함이 아닌 와인에 복합미를 주는 개성으로 여겨지기도 하며 야생적인 향과 구별이 어려워 혼란을 일으키기도 한다. 와인에서 발사믹 식초 같은 향으로 느껴지는 아세트산 또한 와인의 결함으로 생각되기도

하지만 일부 와인 메이커는 다양한 풍미를 위해 의도적으로 만들기도 한다. 화이트 와인에서 주로 볼 수 있는 투명한 타르타르산 결정은 여과되지 않은 와인에서 볼 수 있는 침전물이다. 굵은 설탕처럼 작고 하얀 결정은 크리스털이라고도 부르며 이는 결함이 아니다.

Menu

CHAPTER 4

레스토랑의 매너 있는 손님 되기

한국에서는 누군가 술을 따라 줄 때 술잔을 비우고 받거나 어른 앞에서 돌려 마시는 등의 주도가 존재한다. 마찬가지로 와인의 역사가 처음 시작된 유럽 문화권의 주도를 알아두면 격식을 차려야 하는 자리나 비즈니스 석상에서 도움이 된다. 편하게 즐길 때 가장 맛있고 즐거운 것이 와인이지만 와인 매너를 알고 안 하는 것과 몰라서 못 하는 것에는 자신감에서도 큰 차이가 생긴다.

1. 레스토랑 예약부터 콜키지 서비스까지

레스토랑 예약과 기본 매너

레스토랑은 방문 전 예약이 필수이다. 특히 파인다이닝과 같은 고급 레스토랑에서는 예약 손님에 맞춰 식재료의 준비와 자리 배치, 서비스 동선 등을 꼼꼼하게 준비하기 때문이다. 몇 년 전부터 문제가 되고 있는 예약 후 방문하지 않는 노쇼No Show 고객은 레스토랑이 다른 손님을 받지 못하게 하여 큰 피해를 주기 때문에 일부에서는 예약금을 받기도 한다.

테이블 위의 리넨이나 테이블 냅킨은 반으로 접어 허벅지 위에 올리고 안쪽 면으로 입을 닦고 다시 덮어 둔다. 리넨이나 포크 등을 떨어뜨리면 줍지 말고 직원을 불러 요청한다. 세팅된 포크, 나이프와 같은 커트러리Cutlery는 바깥쪽부터 사용한다는 것이 정석이지만 최근에는 오히려 고객이 편하게 사용할 수 있도록 포크와 나이프를 한 쌍씩 주고 요리가 바뀔 때마다 함께 바꿔 주는 곳도 많다.

원형 테이블에 여럿이 앉을 때는 오른쪽의 글라스와 왼쪽의 빵 접시를 사용한다. 레스토랑에 따라 쇼 플레이트 혹은 디너 플레이트라 불리는 화려하고 큰 접시를 두기도 하는데 이는 말 그대로 보여주기용이거나 차례로 나올 음식의 받침 역할을 하니 이 접시에 빵을 올려 두고 먹는 것은 피하는 것이 좋다. 동행할 사람들과 스케줄이 맞지 않다면 혼자 레스토랑을 방문하는 것도 괜찮다. 최근에는 일류 레스토랑에서도 혼밥을 하는 싱글 다이너Single Diner가 늘어나고 있으니 진정한 미식을 즐기고 싶다면 과감해져도 좋을 것이다.

와인 주문 & 테이스팅

고급 레스토랑일수록 와인리스트가 다양하고 광범위하며 와인숍 판매가와 비교했을 때 고가는 1.5~2.5배, 저가 와인은 약 2.5~3배까지도 차이가 난다. 일반적으로 레스토랑은 음식보

다 음료 판매로 수익을 창출하는 곳이 많기 때문에 좋은 재료로 음식을 만들기 위한 가격이라고 생각하면 조금 더 수긍이 된다. 주문하는 음식에 맞는 와인 품종과 가격을 먼저 정하는 것이 좋으며 코스 요리일 경우에는 소믈리에게 따로 페어링을 부탁하기도 한다. 와인 선택이 어렵다면 정확한 기준을 주고 추천을 부탁하면 되는데 '스테이크와 어울리는 10만 원 이하의 레드 와인'과 같이 금액과 스타일을 정확하게 이야기하는 것이 좋다.

주문 후, 소믈리에는 가져온 병의 레이블을 보여주며 주문한 와인이 맞는지 확인하고 와인 컨디션 체크를 위해 테이스팅을 진행한다. 주문자의 잔에 소량 따라 와인에 이상이 있는지를 체크하는 과정이며 맛이 없고 취향이 아니라고 해서 변경을 원하는 것은 매너에 어긋나는 행동이다. 또한 디캔팅이 굳이 필요하지 않은 와인에 디캔팅을 부탁하는 것도 피하는 것이 좋지만 분위기를 즐기고 싶다면 정중하게 부탁해보자. 그렇다면 소믈리에 역시 즐겁게 서비스해 줄 것이다.

와인 받는 법과 잔 잡는 법

와인을 받을 때 기다란 와인병 모양의 특성상 와인을 따르는 사람도 받는 사람도 힘들므로 잔은 들지 않는다. 첫 잔을 받을 때 가볍게 잔의 베이스 부분에 손을 올리거나 목례를 해주는 것도 매너이지만 반드시 할 필요는 없다. 와인은 잔의 1/3만 따라 주는데 이는 원활한 스월링, 즉 산소와의 접촉을 위해서이다. 잔을 비우고 받아야 하는 한국의 주도와는 반대로 첨잔이 예의이기에 소믈리에는 고객의 잔을 주시하고 있다가 바닥이 보이려 하면 잔을 채워 준다.

와인 잔은 스템 부분을 잡는 것이 정석이지만 편하게 마실 때는 어디를 잡아도 큰 상관이 없다. 프랑스 대통령도 국빈 만찬으로 초대된 자리에서 와인 잔의 몸통을 잡고 편하게 마시는데 한국에서는 이를 엄격하게 생각하는 듯하다. 다만, 레스토랑의 빛나는 깨끗한 잔을 더럽히는 것이 싫거나 화이트나 스파클링같이 칠링을 한 와인이라면 굳이 손의 열을 전도할 필요는 없을 것이다.

콜키지 서비스

레스토랑이나 주류를 판매하는 식당에 와인을 가져가는 것을 콜키지Corkage라고 하는데 이는 Cork와 Charge의 합성어이다. 대부분 반입하는 와인 병수를 제한하거나 병당 혹은 제공되는 잔의 개수에 따라 사용료를 부과한다. 콜키지 비용은 업장 형태에 따라 병당 1만 원부터 10만 원까지 다양하며 예약 시 와인 반입의 가능 여부와 콜키지 비용을 체크하는 것이 필수이다.

좋은 와인을 가져와 제대로 된 서비스로 마셔보고 싶거나 해당 식당의 음식과 페어링 하고 싶은 와인을 가져오는 것이 좋다. 간혹 와인이 아닌 다른 주류를 반입하거나 콜키지 비용을 못 마땅해하며 컴플레인을 거는 경우가 있는데 콜키지는 노력으로 닦인 깨끗한 와인 잔 제공뿐만 아니라 소믈리에의 정당한 서비스를 받기 위한 비용이라는 것을 기억하자. 레스토랑에 따라 다르지만 고급 와인잔을 사용하는 곳은 잔 파손 비용을 받기도 한다. 콜키지 비용을 내기에 부담스럽다면 콜키지를 받지 않는 콜키지 프리 서비스를 제공하는 식당을 이용하는 것도 도움이 된다. 단골인 식당에서는 와인 반입을 허용해 주기도 하지만 그곳에서 파는 음료나 주류를 구매해 주는 것이 매너이다.

BYOB 문화

BYOBBring Your Own Bottle는 모임에 각자 와인을 가져와 나눠 마시는 것을 의미한다. 예를 들어 5만 원짜리 와인을 사면 혼자나 둘이 마시기엔 양이 많고 가격도 부담이 될 수 있다. 만약, 4인~6인 정도가 5만 원짜리 각기 다른 와인을 가져 와서 나눠 마시면 동일한 비용으로 다양한 와인을 마실 수 있는 장점이 있다. 또한 좋아하는 와인을 소개하고 함께 이야기 나누는 것도 즐겁다. 음식을 개별적으로 가지고 모이는 것은 포트 럭Pot Luck이라고 한다.

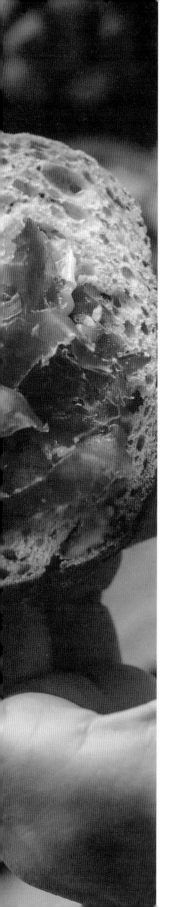

CHAPTER 5

마리아주,
와인과 음식의 탐닉

잘 어울리는 한 쌍의 커플처럼 음식과 와인의 최고의 궁합을 '마리아주'라고 한다. 육류에는 레드와인을, 해산물에는 화이트 와인을 곁들이라는 아주 명확한 원칙이 있지만 다양한 소스와 조리법의 요리들이 넘쳐나는 요즘에는 오히려 이런 편견을 깨는 재미있는 조화가 많다. 와인의 마리아주에서 무엇보다 중요한 것은 바로 '함께 마시는 사람'이다. 어떤 자리에서 누구와 이 와인을 함께 하는지에 따라 와인의 맛은 천차만별이다. 마음 편하고 좋아하는 사람들과 마시면 2만 원짜리 와인이 십만 원짜리 와인처럼 느껴지기도 하고, 그 반대의 경우 아무리 기존에 황홀하게 마셨던 와인이라도 어느 순간 몇천 원짜리처럼 느껴지기도 한다.

1. 알아두면 좋은 간단한 마리아주 TIP 🍷🍷

마리아주란?

대다수의 와인애호가들은 미식가의 경향이 큰 편이다. 섬세한 와인의 풍미를 즐기는 것만큼 제대로 된 음식을 먹는 것에도 큰 관심을 갖는 듯하다. 특히 음식과 와인의 이상적인 조화에서 느껴지는 거대한 시너지는 생각보다 큰 행복으로 다가온다. 잘 어울리는 한 쌍의 커플처럼 음식과 와인의 최고의 궁합을 '마리아주Mariage'라고 한다. 프랑스어로 '결혼'을 의미하는 이 용어는 미식의 나라, 프랑스에서 둘의 궁합을 결혼만큼이나 중요하게 생각하는 데서 유래했다. "오늘 소고기를 먹는데 어떤 와인이 어울릴까요?", "오늘 해산물을 먹을 건데 함께 마실 와인을 추천해 주세요." 누군가 간단하다고 생각하고 물어보는 이 질문에, 필자는 더 많은 질문으로 답변하게 된다. 소고기는 어떤 부위인지, 어떤 양념과 어떻게 조리해서 먹는지, 제대로 된 페어링을 위해서는 따져야 할 사항이 생각보다 많다.

물론, 육류에는 레드 와인을, 해산물에는 화이트 와인을 곁들이라는 아주 명확한 원칙이 있지만 다양한 소스와 조리법의 요리들이 넘쳐나는 요즘에는 오히려 이런 편견을 깨는 재미있는 조화가 많다. 뛰어난 소믈리에가 있는 레스토랑에서 와인 페어링을 부탁하면 요리 코스에 따라 각양각색의 와인이 제공된다. 기름진 생선 요리와 가벼운 레드 와인이 나오고 뒤이어 돼지고기 요리와 화이트 와인이 나온다. 심지어 코스 사이에 와인이 아닌 전통주, 사케 등의 다양한 주종이 서비스되기도 한다. 이렇게 알고 있던 상식이 파괴되는 페어링은 황홀한 감동을 준다. 무조건 옳고 그른 페어링 원칙은 없으며 최상의 마리아주는 다양한 시도 끝에 개인의 입맛에 맞는 조합을 찾아내는 것이다.

무엇보다 중요한 와인의 마리아주는 바로 함께 마시는 사람이다. 어떤 자리에서 누구와 이 와인을 함께 하는지에 따라 와인의 맛은 천차만별이다. 마음 편하고 좋아하는 사람들과 마시면 2만 원짜리 와인이 십만 원 와인처럼 느껴질 때가 있는가 하면 어제 너무 황홀했던 와인이 어느 순간 몇천 원짜리처럼 느껴지기도 하기 때문이다.

살아온 환경(떼루아)이 비슷한 커플

'비 내리는 날엔 막걸리에 파전', '중국요리에는 고량주'는 공식처럼 정해진 조합이다. 반면 '스테이크와 소주'는 어색하다. 이처럼 동일한 생산지의 음료와 음식을 곁들이는 것은 가장 쉬운 페어링이다. 지역적 풍토에 따라 생겨난 음식들은 그 지방 떼루아의 영향을 받아 자란 재료와 그에 맞는 조리법 등이 반영된 것으로, 곁들여지는 술 역시 지역적 식문화와 어울리게 빚어졌기 때문이다. 소고기 요리가 발전한 이탈리아의 토스카나 요리와 그 지역의 레드 와인을 매치하고, 깊은 맛을 내는 프랑스 요리와 숙성된 프랑스 와인을 마시는 것이 대표적일 것이다. 각국의 음식이 접목된 퓨전 요리가 많은 요즘에는 선택의 폭이 더 다양해졌지만 이것은 여전히 가장 기본적인 원칙이다.

유사한 개성을 지닌 커플

와인에서 이야기하는 입 안의 무게감, 즉 바디감은 음식에도 존재한다. 같은 소고기 요리라도 구이, 육회, 튀김 등 조리법에 따라 음식이 갖는 특징은 아주 달라지기 때문에 이를 맞춰주는 것이 좋다. 가령 타닌이 많고 무거운 캘리포니아의 까베르네 소비뇽을 단백질

이 잘 느껴지는 구운 소고기와 마신다면 만족스럽겠지만 날 것인 육회와 마신다면 고기 맛이 압도되어 맛을 느낄 수 없거나 비리게 느껴질 수도 있다. 육회에는 더 가볍고 산뜻한 레드 와인이나 오히려 무거운 느낌의 화이트 와인이 더 어울린다. 더불어, 컬러의 유사성도 중요한데, 조리 후 갈색을 띠는 소고기, 양고기는 색이 진하고 타닌이 풍부한 레드 와인과 어울리며 붉은색의 기름진 참치나 연어 요리와는 색이 연한 레드 와인이 어울리기도 한다. 실제로 타닌은 단백질과 결합하여 부드러워지는 성질을 가지고 있다. 반대로 익힌 후 흰색을 띠는 돼지, 닭, 오리 고기 등은 샤르도네 품종의 무거운 화이트 와인이나 가벼운 레드 와인과 조화시키는 것이 좋다.

067

새콤달콤, 서로 다른 성향의 커플

'단짠'과 '새콤달콤'같은 말은 듣기만 해도 입에 침이 고인다. 비슷한 맛의 음식을 함께 먹는 것보다 전혀 상반된 음식을 잘 조화시켰을 때 각각이 가진 풍미 그 이상을 느낄 수 있다. 단맛이 도는 와인은 음식의 짠맛과 만나면 더욱 달게 느껴지며 짠맛을 완화시켜준다. 산도와 타닌이 높은 와인은 튀김이나 육류 요리의 기름진 풍미를 개운하게 씻어 주어 다음에 먹는 음식을 새롭게 느끼게 해준다. 참고로 매운 음식은 타닌의 쓰고 떫은 느낌을 강조하여 풍미를 떨어뜨리고 알코올이 높은 와인은 매운맛을 증폭시킬 수 있다. 와인은 음식보다 신맛과 단맛이 조금 더 강한 편이 좋으며 재료보다 소스에 맞추는 것이 좋다.

가장 어려운 디저트 페어링

단 음식에 단 와인을 마시는 것은 가장 쉬운 페어링처럼 보이지만 사실 가장 어렵다. 주의해야 할 것은 음식과 와인의 당도를 유사하게 맞추는 것이다. 과일 같은 경우 오히려 너무 달콤한 와인과 먹는 것보다 약간 드라이한 와인을 곁들여 과일의 당도가 더 높게 느껴지게 하는 것이 좋다. 예를 들어 딸기는 실제 딸기 향이 나는 드라이한 로제 스파클링 와인이 어울린다. 달콤 쌉싸름한 초콜릿 디저트에는 포트와인처럼 농밀하고 높은 도수를 지닌 스위트 와인이 환상적이며 반대로 모스카토 다스티나 아이스 와인과는 상극이다. 이들과는 생크림 케이크나 과일 타르트 같은 가벼운 디저트가 좋은 짝이다.

2. 국내 최고의 셰프와 작가가 함께 추천하는 마리아주

이탈리안

〈작가 추천〉

해산물이 들어간 오일 베이스 파스타	봉골레나 안초비 파스타 등에는 산도가 높고 깨끗한 프랑스 샤르도네, 피노 그리, 드라이한 리슬링 품종과 이탈리아의 소아베 와인 혹은 스파클링 와인, 드라이한 로제 와인이 꽤 좋은 궁합을 보인다.

토마토 소스 파스타

바질이 가미된 신선한 토마토소스는 화이트 와인 혹은 이탈리아의 몬테풀치아노 품종, 시칠리아 레드 와인이 어울리며 볼로네제 파스타같이 조금 더 기름진 소스는 프리미티보, 산지오베제, 바르베라 품종을 추천한다.

크림소스 파스타

이탈리아 시칠리아의 그릴로 품종, 피에몬테의 아르네이스 품종과 프랑스 루아르의 소비뇽 블랑을 추천한다. 그 외에 샤르도네, 메를로, 피노 누아 등이 있다.

토마토소스 피자	산지오베제 품종의 끼안티 와인, 피노 누아, 메를로, 네로 다볼라, 프리미티 보 등과 무거운 화이트 와인 및 스파클링 와인을 추천한다.
샐러드	루꼴라와 같은 허브, 치즈 등과 어울리는 산뜻한 소비뇽 블랑, 그뤼너 펠트 리너를 곁들여 보자. 드레싱에 따라 와인 선정을 다르게 해보는 것이 도움 이 된다.

최현석 셰프의 마리아주

"항상 새롭고 창의적인 요리를 선보여 크레이지 셰프(Crazy Chef)로 불린다. '쵸이닷 CHOI.' 레스토랑을 운영하고 있으며 셰프 경력 27년의 국내파 1호 스타 셰프이다."

마리아주의 중요성	음식과 와인의 마리아주는 아주 중요합니다. 조화로운 페어링은 큰 기쁨과 행복을 주기 때문에 요리를 만들 때도 마리아주를 많이 고민합니다. 음식 과 와인은 각각 하나의 가치입니다. 이 둘이 만난다는 것은 하나의 멋진 작 품이 탄생하는 것이라고 생각합니다. 그것도 아주 황홀한 작품이죠. 어떤 멋진 수식어로도 대신할 수 없는 완벽한 작품이 되는 것입니다. 그래서 음 식과 와인의 궁합을 함께 연구하는 셰프와 소믈리에의 궁합도 중요합니다.

| 이탈리아 요리와 추천와인 | 해산물 라자냐, 봉골레, 참숯에 구운 스테이크를 와인과 함께 하길 추천합니다. 단순하지만 오히려 와인과 곁들일 때 더 맛있는 음식이라고 생각합니다. 어울리는 와인으로는 샴페인을 추천합니다. 특히 기본적으로 해산물의 비중이 높은 제 요리 같은 경우에는 기분 좋은 산도와 청량한 버블을 함유한 샴페인이 음식 본연의 맛을 한층 더 높여주는 역할을 합니다. 느끼함을 느낄 수 있는 시점에 산도와 미네랄이 입 안을 정돈해 주죠. |

만약 와인이나 알코올음료를 마시지 못하는 상황이라면 산펠레그리노처럼 섬세하고 음식 맛을 살려주는 스파클링 워터와 같이 즐겨도 좋습니다. 종류가 다양한 레드 와인은 언제나 취향에 맞춰 편하게 곁들일 수 있습니다.

| 셰프의 와인 | 평소 술 자체를 즐기지 않고 알코올에 약한 편입니다. 그래서 가벼운 스타일의 와인을 선호하며 특히 스파클링 와인을 좋아합니다. 그중에서도 청량함뿐만 아니라 다른 어떤 스파클링 와인보다 압도적으로 많은 기포가 지속적으로 느껴지는 샴페인을 즐깁니다. 평소 세계적으로 널리 알려진 대중적인 샴페인을 즐기며 레스토랑에서 식사를 할 때도 샴페인 한 잔을 곁들이기도 합니다. |

| 최현석 셰프 | 최현석 셰프는 언제나 요리에 진심이다. 이탈리아 요리로 경력을 시작해 10년간 몸담은 후 보다 창의적인 요리를 모색하고 있다. 이탈리아 요리에 다양한 스타일을 접목해 한정된 장르가 아닌 폭넓은 요리를 선보이며 한식, 중식, 일식의 조리법을 심도 있게 연구하였다. 계절별 신선한 식재료를 엄선하여 사용하며 특히 요리의 플레이팅, 코스 요리가 가진 스토리, 균형감에 초점을 둔다. 최현석 셰프의 요리가 특별한 이유는 음식의 맛은 기본이고, 거기에 재미를 줄 수 있는 요소를 첨가하여 큰 즐거움을 선사하기 때문이다. |

프렌치

〈작가 추천〉

프랑스의 음식은 세계에서 가장 다채로운 식재료와 요리를 자랑하며 역시 프랑스 와인과의 궁합이 뛰어나다. 특히 부르고뉴는 와인뿐만 아니라 와인으로 소고기를 졸인 비프스튜 '뵈프 부르기뇽Boeuf Bourguignon', 와인으로 닭고기를 졸인 '코코뱅Coq au Vin', 달팽이 요리인 '에스카르고Escargot'까지 다양한 음식이 탄생한 미식가의 유토피아이다. 뵈프 부르기뇽과 코코뱅

에는 부르고뉴의 피노 누아가 제격이며 조금 더 강한 풍미의 뽀마르나 즈브레 샹베르탱과도 잘 어울린다. 마늘과 버터가 들어간 에스카르고는 버터 향이 강한 샤르도네와 궁합이 좋다. 푸아그라는 부드러운 화이트 와인도 어울리지만 무화과 잼이나 구운 사과를 올려 귀부 와인인 소테른이나 가볍고 신선한 샴페인과 마셔보자. 기름지고 짭조름하게 조리한 오리 콩피는 기름기를 잡는 산도 높은 피노 누아, 보르도 레드 와인이 좋다. 국내에서도 많이 볼 수 있는 부이야베스Bouillabaisse와 같은 해산물 스튜는 지중해의 영향을 받은 요리로, 그 지역의 드라이한 로제 와인인 프로방스 로제와 곁들여 보는 것을 추천한다.

이지원 셰프의
마리아주

"미쉐린 1스타를 받은 프렌치 레스토랑 '오프레 Auprès'의 오너 셰프, 단순해 보이지만 기본에 충실한 그의 요리는 첫 입에 직관적인 쾌감을 전달하며 그가 지향하는 '자연스러움'에 걸맞다."

마리아주	어떤 요리와 완벽하게 어울리는 한 잔의 와인은 없다고 생각합니다. 생선과 완벽하게 어울릴 것이라 예상했던 화이트 와인이 전혀 안 맞는 경우도 있고, 해산물과 정말 어울리지 않을 것이라 예상했던 레드 와인이 너무 좋은 경우도 있죠. 결국 음식과 와인의 매칭은 같이 마셔봐야만 알 수 있는 신비로운 세계입니다.
프랑스 요리와 추천 와인	광어 카르파치오는 대표적인 흰 살 생선답게 가볍고 봄에 어울리는 산뜻한 화이트 와인이 잘 어울립니다. 저희 오프레의 광어 카르파치오는 함께 올려진 레드 소렐과 같은 허브, 레몬 제스트 덕분에 상세르나 푸이 퓌메 같은 프랑스 루아르 지역의 소비뇽 블랑과 제격입니다. 또한 샴파뉴의 랭스 지역에서 나오는 비니거 젤리 덕분에 샴페인과도 멋진 페어링을 보여주는데 샴페인 중에서는 산뜻하고 깔끔한 블랑 드 블랑 계열이 더 잘 어울리죠. 　　오리 요리와 잘 조화된 와인은 상당한 만족감을 줍니다. 오프레의 대표

요리인 청둥오리는 일반 가금류와 달리 야생적인 풍미, 철분 뉘앙스 등의 캐릭터가 상당히 강하기 때문에 섬세하지만 골격을 갖춘 붉은 과실 향이 풍부한 레드 와인이 잘 어울립니다. 부르고뉴 피노 누아 중에서 강건한 스타일인 즈브레 샹베르탕과 뉘 생 조르주, 그리고 카오르Cahors 지역의 말벡과도 상당히 조화롭습니다. 또한 오리, 체리, 푸아그라 모든 재료의 조화로 봤을 때 피노 누아를 세녜 방식으로 만든 로제 샴페인과도 아주 맛있게 즐길 수 있습니다.

셰프의 와인

와인을 좋아하지만 주량이 강한 편은 아니라서 음식과 함께 조금씩 맛을 즐깁니다. 아무래도 프랑스에서 살았던 기억이 있고 프랑스 요리를 하다 보니 프랑스 와인을 선호하는데 특히 부르고뉴와 루아르 지역 와인을 좋아합니다. 비싼 와인일수록 맛이 좋다는 것은 불변의 법칙인 듯합니다. 그러나 이미 잘 알려진 유명한 와인을 마시는 것만큼이나 저평가된 와인, 새로운 보석 같은 와인을 찾아내는 도전과 탐색의 과정 또한 와인을 마시는 즐거움인 것 같습니다.

이지원 셰프

이지원 셰프는 오프레를 통해 정통 프렌치의 DNA를 그대로 계승하면서도 그만의 모던한 '트위스트'가 곳곳에 스며들어 있는 요리를 지향한다. 심플하지만 디테일을 중요시하며 프랑스 현지에서는 찾기 힘든 한국 고유의 다양한 식재료를 이용해 계절감을 살리기 위해 노력한다.

중식

〈작가 추천〉

요리에 따라 상이하지만 향이 화려한 화이트 와인은 다양한 향신료로부터 오는 복합적인 풍미의 중식과 가장 잘 어울리는 조합이다. 또한 산도와 당도가 높은 스파클링 와인은 기름기를 잡아주고 달콤한 소스와도 어우러져 군침을 돌게 하기에 충분하다. 국내에서도 사랑을 받고 있는 다양한 중식을 살펴보자. 바삭한 껍질에 채소와 고기가 들어간 춘권, 탱탱한 새우 살이 씹히는 멘보샤는 크레망과 샴페인, 그뤼너 펠트리너 화이트 와인과 정말 잘 어울린다. 강한 조미료를 사용하지 않아 상대적으로 부드러운 맛의 딤섬은 와인 선택의 폭을 넓혀 준다. 새우 덤플링이나 샤오마이는 100% 샤르도네로 만든 화이트와 스파클링 와인을 시도해보는 것도 좋다. 프로세코, 아스티와 같은 약간의 당도가 느껴지는 시원한 스파클링 와인, 독일의 수페트레제 이상의 당도를 지닌 리슬링과 게뷔르츠트라미너는 사천 스타일의 스파이시한 향신료 요리를 부드럽게 만들어 주고 새콤한 소스의 탕수육, 꿔바로우와도 어울린다. 베이징 덕Peking Duck의 기름기와 풍부한 맛에는 가메 품종의 보졸레 지역 와인이나 피노 누아, 스위트한 리슬링이 좋은 파트너이다.

여경래 셰프의 마리아주

"명실상부 중식 최고의 셰프, 대한민국 중식 셰프들의 롤 모델인 경력 47년의 여경래 셰프"

마리아주와 중국와인

최근 중국에서는 와인과 음식 페어링을 즐기는 열풍이 불고 있어 큰 행사나 여러 모임에 항상 와인이 함께 합니다. 그와 동시에 중국산 와인이 세계 와인시장에서 주목을 받고 있죠. 중국 내에 와이너리 열풍이 불어 많은 와이너리가 생겨나고 있고, 여러 지역에서 포도를 재배하며 품질이 우수한 중국 와인을 다수 생산하고 있습니다. 그야말로 중국 와인의 기대감이 아주 부풀어 오르는 시기인 것 같습니다. 그러다 보니 중국 음식과 와인 매치의 중요성이 커지고 와인 소비 역시 올라가고 있는데 한국에서 선보이는 중식에서도 비슷한 현상들이 많이 발생하고 있습니다. 초특급호텔이나 고급 중식 레스토랑에서도 독한 중국 술보다 가져온 와인이나 주문한 와인과 함께 중식을 즐기는 고객들을 쉽게 볼 수 있습니다.

중식과 와인

중식과 와인은 떼려야 뗄 수 없습니다. 여러분의 기대 이상으로 중식과 와인은 아주 잘 어울리기 때문에 중식당에서도 와인셀러를 구비하고 기본 와인리스트를 차츰 늘려 나가고 있습니다. 아직은 일반적인 중식당에서 와인을 만나보기가 어려워 기름지고 거친 중식 요리와 독한 고량주나 증류주를 소비하고 있지만 최근에 생긴 중식 레스토랑에서는 필수적으로 대중적인 와인을 판매하고 있죠. 현재 오너 셰프로 운영 중인 루이키친 M에서도 콜키지 서비스를 제공하고 있어 와인을 가져와 즐기는 분들이 많습니다. 향과 소스 맛이 강한 중식 요리에는 고량주도 좋지만 향이 풍성하고 바디감이 좋은 풀바디한 레드 와인도 잘 어울립니다. 무엇보다 중식 요리는 알려진 것보다 훨씬 더 다양하기 때문에 자꾸 시도해보면서 자신의 취향에 맞는 페어링을 찾아가면 좋을 것입니다. 기회가 된다면 중식에 중국 와인을 곁들여 새로운 맛을 경험해보세요.

075

여경래 셰프

한국인 최초 중국요리 협회 부회장, 중국 정부에서 인정한 100대 중국 요리 명인 등 너무 많아 나열하기 어려운 화려한 이력을 가진 여경래 셰프는 10대 때부터 당대 최고의 요리사가 모인 중식당에서 경력을 쌓았다. 진정한 중식을 맛보고 싶다면 그의 음식을 반드시 먹어봐야 한다는 말이 있을 정도로 중식의 대가로 알려져 있다.

한식

(작가 추천)

고추장, 된장, 간장 등 가장 많이 쓰이는 양념부터 김치, 장아찌, 젓갈까지 한국처럼 발효 음식이 많은 나라가 또 있을까. 발효 음식인 치즈와 와인의 유사성으로 좋은 파트너십을 보이는 것처럼 한식도 예외는 아니다. 가족들과 모이는 명절날, 기포가 톡 쏘는 신 생막걸리에 동태전은 아주 매력적이다. 그런데 샴페인도 동태전에 아주 훌륭한 짝꿍이 된다. 기름진 음식을 많이 먹어 자칫 더부룩해질 수 있는 속을 개운하게 해주며 입맛도 살려준다. 특히, 김치전이나 두부 김치와 마시는 내추럴 스파클링 와인, 펫낫은 더욱 새롭다. 갈비찜이나 불고기의 단짠 양념은 미국의 진판델, 칠레의 시라, 이탈리아의 끼안티 와인과도 찰떡이다. 생선구이나 조개찜 같은 해산물 요리와 가장 무난한 와인을 꼽으라면 소비뇽 블랑과 그뤼너 펠트리너 품종을, 고추장 소스에는 약한 단맛이 나는 리슬링을 추천한다. 한식 마리아주에서 염두에 둘 점은 너무 강하고 무거운 레드 와인을 피하는 것이다. 소비뇽 블랑, 리슬링, 그뤼너 펠트리너 등의 화이트 와인과 부르고뉴의 피노 누아와 가메 품종, 이탈리아 와인, 내추럴 와인은 좋은 파트너이다.

해산물과 아시안 음식

〈작가 추천〉

해산물과 와인의 조화는 항상 흥미롭다. 가장 주의해야 할 것은 모든 화이트 와인이 해산물에 잘 어울리는 것은 아니라는 사실이다. 강한 오크 향과 무거운 바디감, 과숙한 열대과일 향을 지닌 샤르도네는 비린 맛을 극대화할 수 있기 때문에 굴이나 회에는 좋은 짝이 아니다. 한국의 와인애호가들에게 굴에는 '샤블리'가 정석처럼 여겨지는데 프리미에 크뤼, 그랑 크뤼급의 샤블리는 오크 향이나 강한 풍미가 있는 경우가 많아 오히려 피하는 것이 좋다. 시중에서 3~5만 원대 언저리에 만날 수 있는 '샤블리' 등급만으로도 충분하다. 또한, 붉은 살을 가진 참치나 연어 등의 생선은 회로 먹거나 조리해서 먹을 경우 오히려 가볍고 싱그러운 레드 와인이 어울린다. 피노 누아나 가메 같은 타닌이 적은 품종들이 어울리는데 타닌이 강한 경우 생선과 함께 먹었을 때 금속성 맛이 불쾌하게 느껴질 수 있기 때문이다. 대표적인 예로 미국의 오리건 주에서 열리는 국제 피노 누아 와인 축제에서는 연어구이가 매년 빠지지 않는다.

한국 사람들이 즐겨먹는 광어나 우럭 등의 흰 살 생선회, 조개 요리에는 무난하게 소비뇽 블랑 같이 파릇한 채소 향이 나는 와인들도 마시기 좋지만, 드라이하고 미네랄 강한 리슬링, 오크 향이 강하지 않고 깨끗한 샤르도네와 피노 그리 품종도 매력적이다. 일식집의 스시는 생각보다 기름지다. 워낙 다양하고 깊은 맛의 재료가 제공되며 달짝지근한 간장 소스가 더해져 무거운 느낌을 주기 때문에 6만 원대 이상의 힘 있는 샴페인이 무난하다. 태국, 베트남, 인도의 카레나 향신료가 가미된 음식에는 게뷔르츠트라미너와 당도를 지닌 리슬링을 추천한다.

배달 음식과 간편한 페어링

분식

개인적으로도 레드 와인과 자주 곁들이는 순대는 는 최고의 안주이다. 순대는 한국뿐만 아니라 프랑스의 부댕Boudin이나 앙두이예트Andouillette, 독일의 블러트부르스트Blutwurst와 같이 유럽 전역에서도 다양한 형태로 존재한다. 순대에는 오크 향이 강하고 진하며 단내가 나는 일부 신세계 레드 와인보다는 프랑스, 이탈리아와 같은 구세계의 레드 와인이 어울린다. 특히 산도와 타닌이 선명한 와인을 추천하며 부르고뉴 피노 누아, 보르도 블렌딩, 이탈리아의 산지오베제 및 네비올로 품종을 곁들이면 순대가 고급 요리처럼 느껴지기도 한다. 보졸레의 숙성된 가메 품종의 레드 와인도 색다른 맛을 느낄 수 있다. 매콤 달콤한 떡볶이는 레드 와인과 잘못 매치하면 타닌이 쓰게 느껴지므로 오히려 약간 스위트한 화이트 와인을 추천한다.

077

치킨

프라이드치킨, 돈가스와 같이 바삭한 튀김 요리와 산도 높은 스파클링 와인의 조화는 신선하다. 보글거리는 기포가 튀김의 바삭함과 만나 재미있는 식감을 선사하며 신맛이 기름기를 잡아준다. 오스트리아의 그뤼너 펠트리너 같은 화이트 와인이 좋으며 가볍고 산도 높은 레드 와인도 잘 어울린다. 특히 구운 치킨과 피노 누아 와인은 완벽한 한 쌍이다.

족발

달짝지근하게 졸여진 족발은 대부분의 레드 와인이 무난하게 어울린다. 바닐라 향이 감미로운 미국의 메를로나 진판델, 스페인의 템프라니요, 아르헨티나의 말벡 등이 대표적이다.

피자&햄버거

햄버거나 피자에 탄산음료를 즐기듯이 까바와 크레망 같은 스파클링 와인의 기포가 청량감을 줄 수 있으며 기름진 고기와 치즈의 풍미에는 레드 와인도 어울린다. 미국식 짭조름하고 기름진 피자에는 부드럽고 약간의 단맛이 도는 캘리포니아나 워싱턴 주의 까베르네 소비뇽과 메를로를 곁들여보자. 원재료 맛을 살린 이탈리안 피자와는 토스카나 혹은 아부르쪼 지역의 몬테풀치아노 다부르쪼와 같은 중부 이탈리아 와인을 추천한다.

**홈술과
황금파트너안주**

대부분의 와인에 무난하게 어울리는 것은 버섯 요리만 한 것이 없다. 기름을 두른 팬에 허브 소금, 후추만 살짝 뿌려 볶아 낸 버섯 요리의 담백함과 은은한 흙 내음은 와인 본연의 맛을 느끼

게 해준다. 또한 육포와 순대는 레드 와인을 위한 가장 간편한 안주이다. 멜론 위에 하몽이나 프로슈토 같은 햄을 올린 와인바 '단짠'의 대표 메뉴는 상큼한 스파클링 와인이나 단맛과 산도의 조화가 좋은 리슬링 같은 화이트 와인과 찰떡이다. 화이트 와인애호가들은 최근 비교적 쉽게 구할 수 있는 안초비를 넣은 오일 파스타나 참치, 연어 통조림을 이용한 간단한 카나페 같은 요리, 명란구이나 생선구이를 즐긴다. 스페인의 타파스같이 바게트 위에 올리브오일과 토마토만 올려도 좋은 안주가 되며 다양한 재료로 활용 가능하다. 귀부 와인에는 무화과 잼을 바른 바게트도 어울리지만 푸아그라 무스를 함께 바르면 훨씬 풍성한 맛을 느낄 수 있다. 더불어 고르곤졸라 같은 블루치즈도 귀부 와인과의 페어링으로 널리 알려져 있다.

조내진 소믈리에의
마리아주

"서비스를 통해 고객에게 만족과 즐거움을 전달하는 소믈리에의 정의에 가장 가까운 소믈리에로 총 경력 15년 중 쵸이닷에서 최현석 셰프와 7년째 환상의 짝꿍으로 손발을 맞추고 있다. 코리아와인챌린지 심사위원, 샴페인 도츠의 한국 앰배서더이다."

마리아주

사실 와인과 음식의 완벽한 마리아주를 경험하기란 쉽지 않지만 한 번이라도 잘 짜인 마리아주를 경험한다면 미식의 신세계가 열리며 큰 전율과 감동을 받게 됩니다. 스스로도 끊임없이 다양한 레스토랑에서 와인 페어링을 경험하고 있고 최현석 셰프님과 1순위로 고민하고 있는 부분이기도 합니다.

실패할 확률이 적은 팁을 드리자면, 첫째는 음식에서 느껴지는 향, 맛, 질감, 색감 등 여러 요소를 공통적으로 가지고 있는 와인을 고르면 실패할

확률을 줄일 수 있다는 것입니다. 예를 들어 쵸이닷의 유자소스가 곁들여진 부라타 치즈 샐러드에는 감귤류의 향과 상큼한 산미, 부드러운 질감이 좋은 프랑스 루아르 지역의 소비뇽 블랑을 매치하고 있습니다. 둘째, 산미와 미네랄이 좋은 화이트 와인 및 샴페인은 붉은색의 육류를 제외한 많은 음식의 맛과 풍미를 뒷받침해 주는 좋은 역할을 합니다. 이 와인들은 음식의 향과 맛을 해치지 않고 본연의 식재료의 느낌도 잘 살리며 음식을 물리지 않게 해줍니다. 특히, 기포가 줄을 이어 올라오는 샴페인을 볼 때면 정말 황홀하죠. 마지막으로 와인과 사람의 조화는 정말 중요합니다. 좋은 사람과 함께라면 와인의 깊고 풍부한 맛이 온전히 느껴지는 경험을 할 수 있어요. 그날 함께하는 사람과 분위기가 최고의 마리아주를 결정한다는 사실을 꼭 기억하세요.

추천 마리아주 개인적으로 김치찌개, 김치전, 김치찜 등 김치가 들어가는 음식을 무척 좋아합니다. 향과 질감 모두 강한 음식이라 강한 풍미, 높은 알코올 도수와 무거운 바디감을 지닌 호주의 쉬라즈 레드 와인이나 프랑스 랑그독 루시옹의 진한 베리 향을 가지고 있는 레드 와인을 추천합니다. 또한 집에서도 간편하게 조리 가능한 오일베이스의 조개나 새우가 들어간 파스타를 즐겨 먹는데 자칫 느끼할 수 있는 오일의 맛을 뉴질랜드 소비뇽 블랑의 깔끔한 산미와 청량감이 정돈시켜 줍니다.

소믈리에의 추천 와인 저 역시 초보자일 때는 레드 와인의 떫은맛이 부담스러웠고 모스카토로 만든 달콤하고 화사한 향의 약발포성 와인을 마시고 많은 매력을 느꼈습니다. 그때부터 과일 향이 풍부하고 산뜻한 화이트 와인을 즐기게 됐습니다. 평소에는 프랑스 루아르 지역의 소비뇽 블랑 화이트 와인을 음식과 가볍게 즐기며 특별한 날에는 열대 과일과 붉은 꽃 향이 화려하게 피어오르는 게뷔르츠트라미너 화이트 와인으로 색다른 추억을 남깁니다.

돌아오는 계절과 함께 떠오르는 와인

◑ 봄

꽃이 만발하고, 뭐든 설레는 봄에는 무엇보다 상큼한 기포가 있는 로제 스파클링 와인이 가장 먼저 떠오른다. 또한 봄은 피노 누아의 계절이기도 하다. 딸기 같은 과일 향과 가벼우면서도 우아한 꽃향기가 느껴져 꽃나무 아래에서 마시고 싶은 와인이다. 상큼한 소비뇽 블랑 와인을 제철 해산물(조개류, 주꾸미 등)이나 각종 나물과 함께 하는 것도 좋은 선택이다.

☀ 여름

입맛이 떨어지는 여름에는 정신이 번쩍 들게 청량하거나 시고 자극적인 맛이 생각난다. 맥주 대신 차갑게 마시는 산도 높은 스파클링 와인이나 리슬링을 추천하며 여름 꽃인 장미, 리치 같은 열대 과일 향이 풍부한 게뷔르츠트라미너도 빠질 수 없다. 바캉스에 어울리는 와인은 앞에서 소개한 '캠핑 애호가들에게 추천하는 와인'을 참고하면 좋을 것이다.

🍂 가을

실제로 마른 포도의 풍미가 느껴지는 높은 도수의 이탈리아 아마로네 와인은 나뭇잎과 모든 것이 말라가는 찬 가을을 위한 와인이다. 숙성된 산지오베제와 네비올로 역시 생각나는 것을 보면 이탈리아 와인은 가을과 어울린다. 이 와인들은 추워지면 생각나는 기름진 음식과도 어울리는데 실제로 이탈리아의 알프스산맥 자락에 위치한 피에몬테에서는 추위를 이기기 위해 기름진 고기와 네비올로를 즐긴다.

❄ 겨울 해산물이 제철인 겨울은 국내 미식가들이 목이 빠지게 기다리는 계절이다. 굴과 즐기는 샤블리와 샴페인, 살이 오른 생선과 새우, 가리비 찜에 곁들이는 화이트 와인은 오롯이 이 계절에만 즐길 수 있는 사치이다. 추운 저녁, 쌉싸름한 초콜릿 한 조각과 포트와인은 몸을 따뜻하게 녹여 주며 이탈리아 북부에서 크리스마스에 마시는 모스카토 다스티의 스위트함도 좋다.

CHAPTER 6

대중 문화 속 와인

와인이 자주 등장하는 영화나 드라마를 볼 때면 무의식적으로 와인의 산도와 풍미가 느껴져 입에 침이 고인다. 당장 와인 한 병을 따서 마시고 싶은 충동이 든다. 이 장에서는 와인의 맛만큼이나 깊은 울림을 주는, 와인과 함께 즐기기 좋은 몇 가지 영화를 추천한다. 세계 각국의 셀럽과 관련된 와인 이야기도 흥미롭다. 현대에도 와인 한 병에 얽힌 이야기는 계속 이어지고 있다. 이런 일화를 알고 마신다면 와인이 더욱 풍성하고 맛있게 느껴지는 마법을 경험할 수도 있다.

1. 와인을 소재로 한 웰메이드 영화 추천

와인을 소재로 한 웰메이드 영화

부르고뉴, 와인에서 찾은 인생
Back to Burgundy (2017)

영화는 끝없이 펼쳐진 부르고뉴의 포도밭 풍경으로 시작된다. 감독과 작가가 1년 가까이 머물며 노력 끝에 담아낸 포도밭의 사계절은 아름다운 미장센을 탄생시켰다. 조상 대대로 도멘(부르고뉴의 와이너리를 뜻함)을 이어온 집안의 삼 남매 이야기로, 첫째 아들 장을 중심으로 영화가 전개된다. 부르고뉴를 떠나 여행 끝에 호주에서 와이너리를 운영하게 된 장이 아버지의 임종을 코앞에 두고 돌아온다. 동생들과의 오해와 유산 문제로 시작된 갈등의 해결, 그리고 각자의 성장기를 보여준다. 이 영화의 원제는 '우리를 이어주는 것 Ce qui nous lie.'이다. 가족과 조상들의 장인정신과 유산, 그 모든 것이 보이지 않는 끈으로 엮여 있다. 영화는 부르고뉴의 꼬뜨 드 본 지역을 배경으로 한다. 최고의 와인 산지인 샤사뉴 몽라셰의 포도밭과 싱그러운 샤르도네 포도알을 따 먹는 모습은 와인애호가들을 열광시킨다. 또한, 갓 7살이 넘어 보이는 남매가 감각을 발전시키기 위해 눈을 가린 채 여러 식재료와 와인을 테이스팅 하는 장면, 아버지의 장례식 날 삼 남매가 함께 아버지와 할아버지가 만든 와인을 마시며 그들이 남긴 시간을 공유하는 장면은 뇌리에 박히는 명장면이다.

장과 부인의 대화 중 장은 만들어진 후 바로 먹어도 좋은 호주 와인과 장기간의 숙성이 필요한 부르고뉴의 와인을 비교하며 "사랑도 와인도 숙성될 시간이 필요하다."라고 말한다. 이 영화는 마치 한 병의 와인과 같다. 사람도 사랑도 성장해가는 것이 와인이 숙성되어가는 일련의 과정처럼 그려지기 때문이다.

사이드웨이 Sideways (2004)

「사이드웨이」는 많은 명대사를 남긴 대표적인 와인 영화이다. 캘리포니아에 살고 있는 마일즈는 이혼 후 지루한 생활을 이어가다 친구인 바람둥이 잭의 결혼을 앞두고 함께 산타바바라로 와이너리

투어를 떠난다. 맥없이 지쳐있는 그의 두 눈은 오직 와인 시음을 할 때만 반짝이며 생기가 돈다. 피노 누아 와인애호가인 그가 피노 누아 품종에 대한 예찬론을 펼치는 장면을 보면 거의 광적인 수준인데 반해 메를로는 끔찍이도 싫어한다. "누구라도 메를로 와인을 주문하면 나는 갈 거야. 메를로는 절대 안 마셔!" 마일즈의 이 대사는 큰 파장을 불러왔다. 실제 미국 내 메를로 와인의 판매가 감소한 반면 피노 누아 와인 판매량은 증가하며 '사이드웨이 효과'라는 신조어를 만들어 냈다. 쉴 새 없이 이어지는 캘리포니아의 포도밭 풍경과 피노 누아로 유명한 키슬러Kistler와 씨 스모크Sea Smoke 등 다양한 와인을 구경하는 것도 큰 재미이다. 이 영화와 함께 캘리포니아의 레드 와인을 마시면(특히 피노 누아) 마치 와인이라는 매개체를 통해 주인공과 교감을 나누는 듯하다. 1961년산 샤토 슈발 블랑Château Cheval Blanc을 특별한 순간을 위해 아껴 뒀다는 마일즈의 말에 "그 와인을 따는 날이 특별한 순간이 될 거예요."라는 여주인공 마야의 대답이 길게 여운을 남긴다.

와인 미라클 Bottle Shock (2008)

1976년 발생한 역사적 사건인 '파리의 심판'을 바탕으로 한 영화이다. '파리의 심판'은 프랑스와 캘리포니아 와인을 대상으로 전문가들이 블라인드 테이스팅을 한 결과, 캘리포니아 와인이 프랑스 와인을 제치고 높은 점수를 받아 세계적으로 알려지게 된 사건이다. 영화는 당시 화이트 와인 1위를 한 샤토 몬텔레나Chateau Montelena를 중심으로 이야기가 펼쳐진다. 실제 '파리의 심판'을 주최한 스티븐 스퍼리어 역으로 앨런 릭먼Alan Rickman이 출연한다. 영화 「해리 포터」시리즈의 스네이프 교수로도 유명한, 지금은 세상을 떠난 그를 볼 수 있는 영화이기도 하다. 원제목인

'Bottle Shock'은 장거리 운송과 같이 과도한 움직임으로 충격을 받은 와인이 일시적으로 풍미를 잃는 것을 의미한다.

어느 멋진 순간 A Good Year (2006)

로제 와인으로 유명한 남프랑스의 도시, 프로방스의 아름다운 풍경에 매료될 수 있는 영화이다. 런던의 냉철한 증권중개인인 러셀 크로Russell Crowe가 어릴 적 추억이 묻어 있는 삼촌의 포도밭을 물려받은 후 사랑을 찾고 따뜻하게 변해가는 모습을 그렸다. 그는 삼촌이 생전에 만들었던 와인을 마시고 실망하지만 곧 숨겨져있던 와인을 발견하게 된다. 와이너리에서 극소량 생산하는 가라지Garage와인에 얽힌 비밀이 드러나는 것이 흥미롭다. 마리옹 꼬띠아르Marion Cotillard의 매력적인 리즈 시절도 볼 수 있다.

기타 추천 영화

와인을 딸 시간 Uncorked (2020)

소믈리에들의 이야기를 다룬 다큐 영화 「쏨 SOMM」에 출연하며 알려진 소믈리에 디린 프록터DLynn Proctor의 삶을 토대로 한 영화이다. 많은 소믈리에가 꿈꾸는 CMS Court of Master Sommelier자격에 도전하는 주인공 일라이쟈의 성장기를 그렸다. 미국 테네시 주, 멤피스에 있는 아버지의 바비큐 레스토랑을 물려받아야 하는 일라이쟈는 와인숍에서 일하며 와인에 대한 애정이 커진다. CMS 공부를 위해 학교에 들어가고 교환학생으로 간 프랑스에서 여러 현실적 어려움에 맞닥뜨린다. 일라이쟈의 와인을 향한 열정은 물론 그의 마스터 소믈리에로의 도전을 지켜보는 재미가 있다.

와인을 향한 열정 Red Obsession (2013)

2000년대 초반 중국인들의 와인에 대한 열정과 집착, 그리고 샤토 라피트 로칠드Château Lafite Rothschild에 대한 열광은 어디서 비롯됐는가를 중심으로 세계 와인 시장의 현실을 보여준다. 세계적인 와인전문가 젠시스 로빈슨Jancis Robinson을 비롯해 굵직한 명사들이 출연하여 와인에 대한 이야기를 들려준다. 보르도 와인의 현황, 상승하는 와인 가격의 원인과 미래에 대해 생각해 볼 수 있는 영화이다.

신 포도 Sour Grapes (2016)

높은 곳에 있는 포도를 먹지 못한 여우가 "저 포도는 실 거야."라며 돌아선 이솝 우화에서 비롯된 '신 포도'는 갖고 싶지만 가질 수 없는 물건을 비하하는 풍자의 의미로 쓰인다. 영화 신 포도는 많은 이들이 꿈꾸지만 가질 수 없는 최고의 와인을 가짜로 만들어 경매에 부친 세기의 와인 사기범, 루디 쿠니아완Rudy Kurniawan에 대한 다큐 영화이다. 짝퉁 와인의 귀재, 닥터 꽁띠Dr. Conti 등으로 불리는 그는 경매시장에서 수 억 원어치의 와인을 사들여 모임을 주최하며 부유층의 환심을 산다. 그가 경매에 부친, 위조로 판명된 와인만 400만 달러에 육박하며 미국에서 최초로 위조 와인 판매 혐의로 유죄 선고를 받은 인물이다.

이 외에도 캘리포니아 나파 밸리 와인 생산자들의 노력을 집중 조명한 「나파 밸리, 천상의 와인 Decanted」(2016)과 마스터 소믈리에가 되기 위해 분투하는 소믈리에들의 이야기 「쏨 SOMM」(2013)등 다양한 와인 관련 영화가 있다. 국내에서 정식 개봉하지 않은 영화들도 많아 안타깝지만 가능하다면 다양한 OTT 서비스를 이용해 아래 영화들까지 감상해 보는 것을 추천한다.

- » 구름 속의 산책
  A Walk in the Clouds (1995)
- » 몬도비노
  Mondovino(2004)
- » 포도밭의 후계자
  You Will be My Son (2011)
- » 부르고뉴에서의 1년
  A Year In Burgundy (2012)
- » 샹파뉴에서의 1년
  A Year in Champagne (2014)
- » 바롤로 보이즈
  Barolo Boys(2014)

2. 국내외 드라마 & 영화에 등장한 와인

드라마 속 와인

큰 인기를 끌었던 드라마 「부부의 세계」(2020)에서 김희애가 마시는 와인들은 큰 관심을 받았다. 특히 그녀가 병나발을 불어 일명 '병나발 와인'으로 알려진 보르도의 레드 와인, 샤토 메종 블랑쉬Château Maison Blanche는 와인숍에서 품절 사태를 일으키기까지 했다. 사실 여기에는 숨겨진 이야기가 있다. 「부부의 세계」에서 마신 와인 중 실제 존재하는 와인은 없다는 것이다. 전혀 다른 와인병에 부착된 레이블에는 보르도 크뤼 부르주아 분류에 속하는 메종 블랑쉬의 이름 밑으로 생 줄리앙 지역 2등급 와인인 샤토 레오빌 푸아페레Château Léoville Poyferré라는 또 다른 와인의 이름이 함께 적혀 있다. 게다가 이 드라마에는 무려 1933년 산 와인이 등장하기도 한다.

전지현, 김수현 주연의 「별에서 온 그대」(2013)와 전도연, 유지태의 「굿와이프」(2016), 공효진, 차승원의 「최고의 사랑」(2011), 이 세 드라마의 공통점은 무엇일까? 바로 세계에서 가장 비싸고 명성 있는 보르도 뽀므롤 지역의 와인, 페트뤼스Pétrus가 등장한다는 것이다. 굿와이프에서는 윤계상이 페트뤼스를 선물 받아 자신이 짝사랑하는 전도연과 머그잔에 따라 마시고, 최고의 사랑에서 공효진은 페트뤼스 병을 들고 벌컥 들이컨다. 수백만 원을 호가하는 페트뤼스, 드라마에서는 만나 보기가 참 쉽다. 별에서 온 그대에서는 페트뤼스인듯 페트뤼스가 아닌 와인이 등장하는데 전지현이 레스토랑에서 서비스 받는 페트뤼스는 원래의 보르도 와인병이 아닌 부르고뉴 와인병에 담겨 있는 재미있는 장면을 볼 수 있다. 드라마에 빈번하게 등장하는 이 와인은 국제적인 인지도도 한 몫했겠지만 이쯤 되면 드라마 소품 팀에 페트뤼스의 팬이 있는 것이 아닌가 하는 궁금증이 들기도 한다. 이와 반대로 「태양의 후예」(2016)에서는 최고급 부르고뉴 와인인 로마네 꽁띠Romanée Conti의 레이블이 부착된 보르도 병의 와인을 볼 수 있으니 이런 옥에 티를 찾는 것도 묘미인 듯하다.

　신드롬을 일으켰던 드라마「도깨비」(2016)의 최종화에는 실제 국내 와인 소비자들의 많은 사랑을 받고 있는 와인들이 등장한다. 바로 샴페인 드라피에, 까르뜨 도르 브륏Champagne Drappier, Carte d'Or Brut NV과 깊고 부드러운 맛을 지닌 호주의 쉬라즈 와인, 몰리두커 블루 아이드 보이Mollydooker, Blue Eyed Boy이다.

▲ 드라피에,
까르뜨 도르 브륏

영화 속 와인

아이언 맨의 와인

아이언 맨이 마신 와인이 궁금하다면「아이언 맨 3」(2013)에 등장하는 루이 자도 마꽁 빌라주Louis Jadot Mâcon-Villages에 주목하자. 극 중 억만장자로 등장하는 로버트 다우니 주니어와 그의 연인 기네스 펠트로가 함께 마시는 와인으로 아주 고가일 것 같지만 매우 합리적인 가격(2~3만 원대)의 부르고뉴 화이트 와인이다.

▲ 루이 자도,
마꽁 빌라주

킹스맨과 라따뚜이

"매너가 사람을 만든다."라는 명대사를 남긴 영화「킹스맨: 시크릿 에이전트」(2015). 악역 사무엘 L. 잭슨이 영화에서 추천하는 최고의 마리아주는 바로 맥도날드 치즈 버거와 1943년산 샤토 라피트 로칠드Château Lafite Rothschild이다.

절대 미각을 지닌 귀여운 생쥐, 레미가 등장하는 애니메이션「라따뚜이」(2007)에서는 미식가를 위한 요리와 1961년산 샤토 라뚜르Château Latour, 1947년산 샤토 슈발 블랑Château Cheval Blanc 등 보르도 최고급 샤토의 와인들을 볼 수 있다.

스파이를 위한 와인

1960년대의 제임스 본드부터 현재까지 007시리즈에는 절대 와인이 빠지지 않는다. 특히 돔 페리뇽Dom Perignon과 볼랭저Bollinger 등의 샴페인은 제임스 본드가 가장 사랑하는 와인으로 등장한다. 국내 영화「도둑들」(2012)의 샴페인 멈, 꼬르동 루즈G.H.Mumm Cordon Rouge와 페리에 주에, 벨 레포크Perrier-Jouët, Belle Epoque를 보면 숨 막히는 액션과 암투극에서 샴페인은 아주 중요한 장치로 작용하는 듯하다.

기타

섬뜩한 마리아주를 즐기는 주인공도 있다.「양들의 침묵」(1991)의 한니발 렉터는 FBI 수습 요원인 여주인공에게 잠두콩을 얹은 사람의 간 요리와 이탈리아의 끼안티Chianti 와인의 환상적인 조화에 대해 담담하게 이야기한다. 이와는 대조적인 분위기의 너무나 사랑스러운 영화「브리짓 존스의 일기」(2001)의 주인공 브리짓은 샤르도네 와인을 즐겨 마시는 애호가이다. 그녀는 와인과 함께 희로애락을 나누며 젊은 관객층에게 샤르도네 와인의 인기를 선도했다.

3. 쉿, 셀럽들의 숨겨진 와인 일화

전 미 대통령 오바마의 트럼프 와인 저격

"(트럼프는)5달러를 주고 사서 마실 만한 와인에 레이블을 붙이고 최고의 와인이라며 50달러에 판매한다." 2016년 오바마 전 대통령은 민주당 행사 도중 당시 공화당의 대통령 후보였던 도널드 트럼프의 와인을 혹독하게 비난했다. 트럼프 전 미 대통령은 자신의 이름을 건 버지니아 주 최대 규모의 와이너리Trump Winery를 소유하고 있으며 현재는 그의 셋째 아들인 에릭 트럼프가 운영하고 있다. 국내에도 몇 년 전 트럼프의 와인들이 출시되었는데 많은 이들이 5달러를 주고 마실 와인일지, 50달러를 줘도 아깝지 않을지 호기심을 가졌다.

정치적인 이해관계에서도 종종 불거지는 와인으로 인한 갈등, 그 내면에는 기싸움이 깊게 깔려있다. 2015년 이란의 대통령은 와인 때문에 프랑스에서 푸대접을 받고 왔다. 이란의 하산 로하니 대통령이 유럽 순방 도중 프랑스에 방문하게 되었고 프랑스는 언제나 그렇듯이 자국의 자랑인 와인을 식사에 포함시키려 했다. 그러자, 이란 측은 이슬람 율법에 따라 와인을 빼고 무슬림을 위한 할랄 음식을 제공할 것을 요청했고 프랑스는 술을 뺀 조찬 회동을 제안한다. 이란은 '싸구려'라는 이유를 들며 정상회동에서 식사를 아예 제외하였다.

BTS의 멤버 정국이 선택한 와인, 우마니 론끼의 '비고르'

음반은 물론 생활 한복, 섬유 유연제, 방송에서 잠시 사용했던 칫솔까지 품절을 일으킨 한국의 자랑스러운 뮤지션 'BTS'. BTS의 선풍적인 품절 대란은 와인 업계도 피해 가지 않았다. 멤버 정국은 V LIVE 방송(스타들이 실시간으로 자신의 모습을 방송하는 앱)을 진행하며 자신이 평소에 즐기는 와인을 마셨고 이 와인은 이후 빠르게 팔려 나갔다. 이탈리아 마르케 지역에서 생산되는 우마니 론끼Umani Ronchi의 '비고르Vigor'라는 와인으로 국내에서 2~3만 원의 합리적인 가격으로 만날 수 있다. 비고르의 갑작스러운 인기는 급속도로 상승한 구글 트렌드 수치가 최고치인 100까지 정점을 찍음으로써 명백하게 증명되었다. 우마니 론끼의 와인들은 만화『신의 물방울』과 음식을 다뤘던『식객』에 등장하여 한국 음식과 함께 하였을 때 최상의 마리아주를 보여주는 와인으로 소개되었고, 요리오Jorio라는 와인 또한 국내에서 큰 사랑을 받고 있다.

▲ 우마니 론끼, 비고르

제이지 Jay-Z와 아르망 드 브리냑

비욘세의 남편으로도 유명한 제이지와 여러 힙합 아티스트들은 평소 루이 로데레Louis Roederer의 프레스티지 뀌베 샴페인인 크리스털Cristal을 즐겨 마시며 노래 가사에서도 자주 언급했다. 그러던 중 루이 로데레 하우스의 총괄 담당자와 The Economist의 인터뷰를 보고 분노하는데, 힙합 아티스트들의 관심이 달갑지 않다며 돔 페리뇽이나 크룩Krug이라면 그들과 어울릴 것이라

▲ 아르망 드 브리냑, 브륏 골드

말했기 때문이다. 제이지는 이내 크리스털 샴페인을 보이콧하고 아르망 드 브리냑Armand de Brignac 샴페인의 지분 50%를 인수하며 개인적 관심뿐만 아니라 비즈니스적 이해관계까지 전환했다. 황금빛 병 디자인과 크게 박힌 스페이드 문양은 아르망 드 브리냑 샴페인의 트레이드마크이다. 국내에 큰 파장을 일으켰던 '만수르 세트'에 쓰였던 와인으로 고급 샴페인의 대명사로 여겨진다. 한 방송에서 가수 박진영은 원더걸스의 멤버 혜림의 결혼을 축하하며 해당 샴페인으로 축배를 들기도 하였다.

와인애호가로 알려진 연예인들

평소 내추럴 와인을 즐기는 것으로 알려진 이효리가 SNS 계정에 올린 사진 한 장으로 인디제노Indigeno 와이너리의 와인들은 '이효리 와인'으로 불리며 품귀 현상을 일으켰다. 그녀는 엄정화의 집에 초대되어 해당 와인을 선물 와인으로 지참했고 엄정화 역시 평소 와인을 즐기는 모습을 방송에서 여러 차례 보여주었다. 2017년 가수 빅뱅 멤버 탑의 군 입대 당시 이병헌은 자필로 페트뤼스 레이블에 메시지를 적어 선물하여 큰 이슈가 되었다. 또한 열렬한 와인애호가인 이수만 회장이 이끄는 SM엔터테인먼트는 캘리포니아에 EMOS Estate Winery를 소유하고 있으며 배우 감우성은 와인 서적을 펼 정도로 와인 사랑이 각별하다.

▲ 칸티나
인디제노,로사토

평상시에도 와인애호가로 알려진 배용준과 박수진은 와인애호가로 가장 먼저 떠오르는 커플이다. 배용준은 일본 만화 원작인 일본 드라마 '신의 물방울'에 캐스팅되었다가 무산되었고 박수진은 그룹 슈가를 나와 처음 찍은 드라마가 '와인 마시는 악마씨'라는 제목을 가졌었다고 하니 필연적인 만남인 듯하다. 이 커플의 결혼식에는 샴페인 데위 블랑 드 블랑Dehu Blanc de Blancs과 프랭크 봉빌 레 벨 부아 그랑 크뤼Franck Bonville Les Belles Voyes Grand Cru 등이 사용되었다.

스포츠 스타들의 와인 사랑

▲ 얄리, 프리미엄 리미티드
에디션 까르미네르

FC 서울은 2020년부터 공식 와인파트너로 칠레의 '얄리YALI' 와인을 선정했다. 얄리는 국내에서도 꾸준히 인기를 유지하고 있으며 칠레 와인 업계 최초로 '친환경 와인 인증'을 받은 착한 와인이기도 하다. 영국 프리미어 리그의 맨체스터 유나이티드는 국내에서 '디아블로 와인'으로 유명한 칠레의 까시예로 델 디아블로Casillero del Diablo와 파트너십을, 맨체스터 시티는 호주의 울프 블라스Wolf Blass와 파트너십을 유지하고 있다.

와인은 NBA팀들의 무한한 사랑을 받고 있다. 그들만의 와인 모임이 생기기도 했고, 와인으로 인해 생활방식 또한 바뀌었다. 과거 NBA 팀들은 그들이 이동하는 팀 전용기에 맥주, 위스키, 코냑 등 다양한 종류의 술들을 구비해 두었는데 팀원들이 와인에 빠진 이후 와인이 가장 큰 비중을 차지하게 되었다고 한다. 마이애미 히트 팀의 지미 버틀러는 리오 하계 올림픽에 참가하기 위해 브라질로 향할 때 자신의 재능만이 아니라 12병짜리 와인케이스도 함께 챙겼다. 특히 국내에서도 많은 팬을 보유한 농구선수, 스테판 커리의 와인 사랑은 남다른데 그의 아내인 아예사 커리는 캘리포니아 나파 밸리에 도멘 커리Domaine Curry 와이너리를 운영하고 있다. 그는 인터뷰에서도 와인을 자주 언급했는데 특히 와인 검색 앱 '비비노'에 대한 애정을 드러내며 "비비노는 와인을 위한 넷플릭스와 같다."라며 극찬했다. 또 다른 농구스타 드웨인 웨이드는 캘리포니아의 유명 와이너리 중 하나인 팔메이어Pahlmeyer 패밀리와 손잡고 재배와 양조에도 직접 참여하며 '웨이드 셀러스'라는 이름으로 와인을 만들고 있다.

세계 최고의 축구 스타, 데이비드 베컴은 아내 빅토리아 베컴의 생일 선물로 나파 밸리의 와이너리를 선물했으며 FC 바르셀로나에서 뛰었던 안드레스 이니에스타, 유벤투스 FC의 골키퍼 잔루이지 부폰, 이탈리아 출신 축구 선수 안드레아 피를로 역시 그들만의 와이너리를 운영하고 있다. 포도나무가 역경을 이겨내고 맺는 포도와 와인메이커의 땀방울이 만나 탄생하는 와인은 스포츠 스타와 꽤 닮아 있는 듯하다.

CHAPTER 7

스타일에 따른 와인 선택

전 세계에서 생산되고 있는 와인의 종류는 우리가 예상하는 것보다도 훨씬 다양하다. 가장 기본적인 레드, 화이트, 스파클링 와인뿐만 아니라 양조에 쓰이는 품종, 양조법 등에 따라 선택할 수 있는 답안지는 무한하다. 무지한 상태에서 와인을 구매한다면 진열되어 있는 수많은 와인들 앞에서 당황하게 될 수밖에 없다. 가장 대표적인 와인의 스타일만 이해해도 내 취향과 상황에 맞는 와인을 고르는 선택이 쉬워진다.

1. 스파클링 와인

스파클링 와인

화려하게 반짝이는 기포와 청량함이 먼저 떠오르는 스파클링 와인은 다양한 음식과 매칭이 가능하며 누군가와 함께하는 순간을 더욱 특별하게 만들어 준다. 와인은 탄산이 포함된 스파클링 와인Sparkling Wine과 탄산이 없는 스틸 와인Still Wine으로 나눌 수 있는데 일반적으로 '와인' 하면 떠오르는 레드나 화이트 와인이 바로 스틸 와인에 속한다. 콜라와 같은 탄산음료는 고압에서 카보네이터Carbonator라는 장비를 이용해 인위적으로 음료에 탄산을 주입하여 만들어지지만 대부분의 스파클링 와인은 와인이 발효되는 과정에서 생성되는 부산물인 탄산가스가 녹아 만들어진다. 스파클링 와인이라 하면 보통 샴페인을 떠올리는데 샴페인은 프랑스의 샹파뉴Champagne 지역에서 생산된 와인만을 의미한다. 초보자가 많이 하는 실수 중 하나가 와인숍에 1~2만 원대 스파클링 와인을 구매하러 가서 샴페인을 추천해 달라고 하는 것이다. 최근 몇몇의 샴페인들이 저렴한 가격에 판매되고 있으나 보통 샴페인은 6만 원대 이상이다. 이런 실수를 피하기 위해 샴페인은 스파클링 와인의 일부이며 전 세계에서 다양한 스파클링 와인이 생산되고 있다는 것을 알아두자.

샴페인

'샴페인', 그 이름이 가진 비밀

와인 생산지역 중 세계적으로 가장 널리 알려진 프랑스의 동북부에 위치한 샹파뉴는 전 세계가 열광하는 샴페인의 산지이다. 상류사회를 상징함과 동시에 결혼, 기념일 등 축하 행사에서 없어서는 안 될 기쁨의 술 샴페인, 이 '샴페인'이라는 이름은 오직 샹파뉴에서 특정한 방식으로 생산되는 스파클링 와인에만 주어진다. 수많은 술들의 이름 중 하나인 '샴페인'은 생각보다 막강한 힘을 가졌는데 이를 여실히 보여주는 흥미로운 일화가 있다.

1993년 프랑스의 명품 브랜드인 생 로랑Saint Laurent은 'Champagne'이라는 이름의 향수를 출시했다. 샴페인을 봉인하는 병뚜껑을 본 따 만든 향수병의 디자인과 병에 새겨진 'Champagne'이라는 이름은 누가 보아도 샴페인을 떠올리게 했다. 그러나 샹파뉴 와인 총괄 위원회Comité Interprofessionnel du Vin de Champagne(CIVC)는 그 특별한 이름을 도용하는 것을 자국의 브랜드인 생 로랑에게 허용하지 않았고 결국, 1993년 샴페인이라는 이름의 사용을 금지하기 위해 생 로랑을 상대로 소송을 걸고 법적 공방 끝에 승소한다.

샴페인 생산자들의 손을 들어준 판결은 와인 병뚜껑인 코르크 마개를 본 따 만든 향수병과 기쁨과 축하의 이미지, 미각적 표현을 이용한 광고를 문제로 삼았다. 생 로랑은 샴페인 생산자들에게 8,000달러 이상의 손해배상금과 상징적인 보상으로 각 생산자들에게 1프랑(17센트) 씩을 지급하게 된다. 생 로랑에게는 제품 출시에 들어간 모든 비용과 벌금에 이르기까지 막대한 손해를 보았으니 유쾌한 일은 아니겠으나, 와인을 모르는 사람들이 들었을 때는 놀라우면서도 흥미롭게 들릴 이야기이다. 그 후, 이 논란의 한복판에 있던 향수는 1996년 샴페인이란 이름 대신 '이브레스 Yveresse'라는 새로운 이름으로 새 출발을 하게 되었으며 3개월도 되지 않아 유럽에서 세 번째로 많이 팔린 향수가 되었다.

2013년 Apple 사에서 새로운 iPhone에 붙였던 샴페인이라는 색상의 이름 또한 CIVC에서 문제로 삼자 골드 컬러로 변경된 바 있다. 샴페인이라는 명칭을 보호하기 위한 첫 번째 공식적인 규제는 1919년 1차 세계대전 시 베르사유 조약이 체결되었을 때지만 미국은 이 조약의 비준을 거부했고 당시 주류의 표기법에 대한 논쟁은 크게 중요시되지 않았다. 그러던 2006년 미국과 EU가 와인 무역 협정을 체결하며 문제가 다시 제기되었고 이미 그 이름을 사용하던 승인된 몇몇의 와인 외에는 샴페인이나 샤블리와 같은 특정 용어의 새로운 사용은 금지되었다. 그 이후로도 CIVC는 샴페인이란 용어의 사용에 대해 강력하게 규제하고 있으며 프랑스와 FTA 같은 경제적인 협약을 맺은 많은 나라가 용어 사용에 대해 제약을 받고 있다.

샴페인의 이해

생산 지역

프랑스 북동부의 샹파뉴Champagne

떼루아

샹파뉴는 최북단에 위치한 포도 재배 지역 중 하나이다. 연평균 기온은 11°C 정도이며 매우 추운 겨울과 봄에 내리는 서리는 포도가 자라는데 혹독한 환경을 조성한다. 보르도나 부르고뉴와 같은 산지보다 일조량이 부족하여 포도는 낮은 당도와 높은 산도를 지닌다. 이렇게 추운 기후는 샴페인이 만들어지는 데 가장 큰 영향을 끼쳤다. 백악기 시대, 바다에 잠겨있던 샹파뉴의 토양은 플랑크톤과 같은 해양 생물들의 잔해가 쌓여 형성된 흰색의 백악질 토양이 주를 이룬다. 이 토양은 태양의 열을 흡수하고 밤에는 방출함으로써 포도나무에 온기를 주고 배수 또한 잘 된다. 영양분이 적은 척박한 토양이지만 샹파뉴의 많은 생산자들은 화학적 비료나 살충제를 최대한 사용하지 않는 친환경적 농법을 실천하고 있다.

품종

샤르도네Chardonnay, 피노 누아Pinot Noir, 피노 뫼니에Pinot Meunier가 주요 품종이며 그 외에 아반느Arbanne, 피노 블랑Pinot Blanc, 피노 그리 Pinot Gris 쁘띠 멜리에Petit Meslier가 허용된다. 이 기타 품종은 소량으로 재배되며 주요 품종과 블렌딩하여 사용되지만 흔하진 않다.

종류

각 샴페인 하우스(샴페인을 생산하는 회사)가 생산하는 샴페인 타입은 논 빈티지Non-Vintage(혹은 Multiple Vintage), 빈티지Vintage, 프레스티지 뀌베 Prestige Cuvée의 3가지로 나뉜다.

» **논빈티지**Non-Vintage

▲ 논 빈티지   ▲ 빈티지

한 해에 생산된 포도로만 만들어진 와인이 아닌 보관 중이던 두 해 이상의 와인Reserve Wine이 추가로 블렌딩되어 만들어진 샴페인이다. 약 60~80%는 그 해에 만들어진 와인을, 나머지는 다른 해에 저장된 와인들을 혼합하여 와인에 균형감과 복합적인 맛을 부여한다. 매년 샴페인 하우스 고유의 스타일을 유지하며 생산되는 상징적인 존재이자 가장 많이 생산되는 합리적인 가격대의 샴페인이다. 와인레이블에 빈티지가 적혀 있지 않다.

» **빈티지**Vintage

작황이 좋았던 특정 연도에 생산되는 와인으로 그 해에 수확된 포도로만 만들어진다. 논 빈티지 샴페인보다 해당 연도의 기후 조건에 영향을 받은 개성 있는 스타일의 고품질 샴페인이다. 논 빈티지 샴페인이 최소 15개월 이상 병에서 숙성되어야 하는 반면, 빈티지 샴페인은 병에서 3년 이상 숙성을 거쳐야 한다. 와인레이블에 빈티지가 적힌다.

» **프레스티지 뀌베** Prestige Cuvée

최고급 산지에서 자란 최상급 포도로 만들어지며 보통 한 해의 와인을 사용한 빈티지 샴페인이 많다. 포도를 처음 압착한 첫 즙인 뀌베Cuvée로 만들고 수년간의 숙성이 이뤄진다. 각 샴페인 하우스를 대표하는 가장 고가의 샴페인으로 모엣 샹동 Moet&Chandon의 돔 페리뇽Dom Pérignon, 볼랭저Bollinger의 알디R.D, 루이 로데레Louis Roederer의 크리스털, 폴 로저Pol Roger의 뀌베 써 윈스턴 처칠Cuvée Sir Winston Churchill 등이 가장 잘 알려져 있다.

마을 등급에 따른 분류

샹파뉴는 크게 5개의 지역으로 나뉜다. 몽따뉴 드 랭스Montagne de Reims, 발레 드 라 마른Vallée de la Marne, 꼬뜨 데 블랑Côte des Blancs, 꼬뜨 드 세잔느Côte de Sézanne, 오브Aube. 이 지역 내에 위치한 마을들에는 각 마을에서 생산된 포도의 가격을 정하기 위해 만들어진 등급 제도가 존재한다. 포도 퀄리티와 거래 가격에 따라 최고점을 받은 17개 그랑 크뤼Grand Cru와 그다음인 40여 개의 프리미에 크뤼Premier Cru 마을로 나뉘며 해당 마을에서 생산된 포도로 만든 와인들은 마을 등급을 레이블에 기재하기도 한다.

당도에 따른 분류

샴페인은 최종 당도에 따라 7가지 타입으로 나뉜다. 레이블에 특정 용어가 기재되므로 당도에 따른 분류를 알면 고르기가 수월하다. 일반 와인(스틸와인)의 당도를 이야기할 때 달지 않은 맛의 와인을 보통 드라이Dry 하다고 표현하곤 하는데, 샴페인의 레이블에 특별히 적힌 DRY라는 용어는 '이 와인은 적지만 단맛을 가지고 있다'는 뜻이다. 아래 분류에서 잔당(리터당 함유된 당분)을 수치로 확인할 수 있다.

» 브륏 나뛰르Brut Nature (0~3g/L)
  :전혀 달지 않고 산도가 높게 느껴짐

  이름 그대로 당분 첨가를 하지 않은 자연 그대로의 맛으로 선명한 산도가 느껴진다. 요즘 가장 사랑받고 있는 산뜻한 맛의 샴페인이며 제로 도자주Zero Dosage라는 명칭으로 적혀 있을 때도 있다. 샴페인의 당도를 결정짓는 것은 마지막 양조 과정에서

첨가되는 당분의 양으로 나뉘는데 이렇게 당분을 첨가하는 행위를 도자주Dosage라고 한다. 즉, 제로 도자주는 첨가된 당분이 제로(0)라는 뜻이다.

» 엑스트라 브륏Extra Brut (0~6g/L)
  :매우 달지 않음

  샴페인의 높은 산도를 부드럽게 하고 균형을 잡기 위해 소량의 당분이 첨가된다. 브륏 나뛰르보다는 당분이 조금 더 함유되어 있는 경우가 있지만 단맛은 느껴지지 않는다.

» 브륏Brut (0~12g/L):달지 않고 드라이함

  대체로 6~10g/L의 당분이 함유되며 높은 산도 때문에 드라이하게 느껴진다. 스파클링 와인에서 가장 많이 볼 수 있는 산도로 달지 않은 스파클링 와인은 DRY가 아닌 BRUT으로 표현한다.

» 엑스트라 드라이Extra Dry (12~17g/L)
  :약간 드라이하며 미세한 단맛이 느껴짐

  여전히 적은 양의 당분이 함유되어 있어 단 맛이 강하지 않지만 브륏보다는 대체로 과일 맛이 느껴지는 스타일이다.

» 드라이Dry (17~32g/L):약간 달콤함

  입안에서 더 무겁게 유질감이 느껴지며 과일의 캐릭터가 분명하고 다소 달콤한 스타일의 샴페인이다. 드라이부터 두Doux까지는 상대적으로 흔하지 않다.

» 드미섹Demi-Sec (32~50g/L sugar)
  :단맛이 선명하게 느껴짐

  단맛이 두드러지며 디저트, 치즈, 견과류 등과 잘 어울린다. 드미Demi는 불어로 Half, 섹Sec은 Dry라는 뜻으로 Half Dry로 이해할 수 있다.

» 두Doux (50+g/L sugar):아주 달콤함

  전형적인 디저트 스타일의 샴페인으로 생산량이 많지 않아 마켓에서도 찾기 쉽지 않다. 강한 단맛

과 과일의 맛, 크림 같은 질감이 느껴지며 초콜릿이나 그만큼 녹진한 맛의 디저트와 매칭한다.

포도와 컬러에 따른 명칭

샴페인은 여러 품종이 혼합되거나 한 가지 품종만으로 만들어지기도 하며 사용되는 포도와 와인 컬러에 따라 각기 다른 이름을 갖게 된다. 보통 샤르도네 함량이 높은 샴페인일수록 더 우아하고 섬세한 스타일이 되고 적포도 함량이 높을수록 무겁고 강한 스타일의 샴페인이 된다. 섬세한 화이트 와인을 좋아한다면 샴페인 역시 블랑 드 블랑을, 무거운 레드 와인을 선호한다면 블랑 드 누아 혹은 블렌딩된 와인을 추천한다. 블랑 드 블랑과 블랑 드 누아는 일반적으로 품종이 블렌딩된 샴페인보다 높은 가격으로 판매된다.

» **블랑 드 블랑**Blanc de Blanc (White of White)

블랑 드 블랑　　블랑 드 누아　　로제

청포도인 샤르도네 100%로 만든 샴페인, 프랑스어로 Blanc은 '희다White', de는 '~의of'라는 뜻으로 '흰 포도로 만든 흰 와인'을 의미한다.

» **블랑 드 누아**Blanc de Noir (White of Black)

적포도인 피노 누아나 피노 뫼니에로 만든 샴페인으로 '검은Noir 포도로 만든 흰 와인'이라는 뜻이다. 포도 껍질과의 접촉을 최소화한, 색소가 우러나지 않은 즙으로 양조하기 때문에 화이트 와인 컬러를 띤다. 피노 누아와 피노 뫼니에 두 품종 모두

양조에 허용되지만 대부분 피노 누아로 만들어지며 일부 하우스에서는 강한 과일 맛과 흙의 풍미를 지닌 피노 뫼니에는 소량만 사용하는 것을 선호한다. 그러나, 특정 생산자들에 의해 피노 뫼니에 100%의 독특한 개성을 지닌 샴페인도 생산되고 있다. 보통 샤르도네 함량이 높은 샴페인일수록 더 우아하고 섬세한 스타일이 되고 적포도 함량이 높을수록 무겁고 강한 스타일의 샴페인이 된다. 섬세한 화이트 와인을 좋아한다면 샴페인 역시 블랑 드 블랑을, 무거운 레드 와인을 선호하는 이에게는 블랑 드 누아 혹은 블렌딩된 와인을 추천한다. 블랑 드 블랑과 블랑 드 누아는 대부분 품종이 블렌딩된 샴페인보다 높은 가격으로 판매된다.

» **로제 샴페인**

일반 샴페인보다 만들기 까다로우며 고가로 판매되는 편이다. 보통 화이트 와인에 피노 누아로 만들어진 소량의 레드 와인(약 15%)을 혼합하여 만들며 화이트 와인과 레드 와인을 혼합하는 방법은 샹파뉴 지역 외의 유럽에서는 법으로 금지되어 있다. 간혹, 적포도를 압착하기 전 적포도 껍질과 즙을 일정 시간 접촉시켜 색과 풍미가 우러난 즙을 사용하기도 한다. 이를 세녜Saignée 방식이라 부르며 일반적으로는 로제 스틸 와인을 만들 때 사용된다.

생산자에 따른 분류

샴페인 애호가들은 샴페인의 생산자 스타일도 고려하여 와인을 선택한다. 다양한 생산자 유형이 있지만 가장 대표적인 유형은 엔엠NM과 알엠RM 생산자이다.

NM은 네고시앙 마니퓔랑Négociant-Manipulant의 약자로 직접 포도를 재배하기도 하지만 다른 생산자로부터 포도를 구매하여 자신의 브랜드로 출시하는 대형 샴페인 하우스를 의미한다. NM샴페인은 대중들에게 어필할 수 있는 일관된 품질의 샴페인을 꾸준히 생산하며 샴페인 시장의 2/3를 차지한다.

우리가 흔히 알고 있는 모엣 샹동, 뵈브 클리코, 멈, 볼랭저 등이 이에 속한다. 모엣 샹동은 국내에서 가장 인지도가 높아 초보자들도 가장 선호하는 브랜드이며 대형마트에서 합리적인 가격으로 구매 가능하다.

RM은 헤콜탕 마니퓔랑Récoltant-Manipulant으로 재배, 수확, 양조를 직접 진행하고, 자체 레이블을 붙여 판매하는 보다 소규모의 생산자를 일컫는다. 와인메이커가 가문의 전통적인 노하우를 이용하거나 스타일에 대한 확고한 목표를 가지고 만들기 때문에 개성이 강한 편이며 생산량이 적다. RM샴페인은 국내에도 소량 입고되어 빠르게 품절되므로 유명 생산자들의 이름이 보인다면 빠르게 구매하는 것을 추천한다.

» 추천 RM 생산자

▲ 자크 셀로스,
리우-디 '르 부 뒤 끌로'
그랑크뤼 앙보네

에글리 우리에Egly Ouriet, 자크 셀로스Jacques Selosse, 사바르 Savart, 브누아 데위Benoit Dehu, 브누아 라예Benoît Lahaye, 프랭크 봉빌Franck Bonville, 아그라파르Agrapart & Fils, 제롬 프레보 Jerome Prevost, 엠마누엘 브로쉐Emmanuel Brochet, 샤를 뒤푸 Charles Dufour, 라망디에 베르니에Larmandier-Bernier, 플뢰리Fleury 등

NM과 RM이외에도 조합회원들이 와인을 만들고 판매하는 생산자 단체인 CM Coopérative Minapulant(쿠페라티브 마니퓔랑), 레스토랑, 호텔, 소매점 등이 자신의 브랜드명으로 레이블을 붙여 판매하는 전용 샴페인 MA Marque d'Acheteur(마르끄 다슈테르) 등의 생산자 유형이 있다.

샴페인 레이블 읽기

이제 샴페인 레이블에 담긴 많은 정보를 해석하고 유추해볼 수 있을 것이다. 아래 와인은 샹파뉴 지역에서 생산되는 스파클링 와인으로 샴페인 하우스, 폴 로저에서 생산된 것이다. 샤르도네 100%로 만들어진 블랑 드 블랑으로 작황이 좋은 해인 2013년에 생산된 개성 있는 빈티지 샴페인이다. 당도는 브륏으로 달지 않으며 빈티지이자 블랑 드 블랑이기에 가격대도 높은 편에 속할 것이다.

이 단어는 뭐지?

샴페인 레이블에서 'France' 옆에 적힌 생소한 단어를 발견할 수 있다. 예를 들어 'à Reims France'라고 적혀 있다면 샹파뉴의 랭스 지역에 샴페인 하우스가 위치해 있다는 뜻이다. 자주 볼 수 있는 지역은 에페르네Epernay, 부지Bouzy, 랭스Reims 등이 있으며 à는 '(어디)에'라는 뜻이다.

유명 NM 샴페인 하우스 소개

» 모엣상동Moët & Chandon

대형 럭셔리 브랜드 회사인 LVMH(LV 루이비통, M 모엣 상동, H 헤네시 코냑의 약자)가 소유한 다양한 와이너리 중 가장 대표적인 브랜드로, 상징적인 와인 임페리얼Impérial과 더불어 아이스Ice, 넥타르Nectar, 그랑 빈티지Grand Vintage를 생산하며 프레스티지 뀌베인 '돔 페리뇽Dom Pérignon'을 출시한다. 미국 캘리포니아의 나파 밸리에서도 도멘 샹동Domaine Chandon이라는 이름으로 스파클링 와인을 출시하고 있다.

» 크룩Krug

▲ 크룩, 그랑드 뀌베 168 에디션

LVMH 소유이지만 오너 가족이 아직도 주요 결정에 참여하는 독립적인 하우스로 그랑 뀌베, 로제, 빈티지, 컬렉션과 뛰어난 빈티지에만 생산되는 '끌로 뒤 메닐Clos du Mesnil' 및 '끌로 당보네Clos d'Ambonnay'를 생산한다. 소량 생산되는 고가 샴페인으로 오직 프레스티지 뀌베급 와인만 생산하며 후면 레이블에는 ID가 있어 크룩 홈페이지에서 해당 와인의 상세정보 확인이 가능하다.

» 뵈브클리코Veuve Clicquot

뵈브Veuve는 '과부'라는 뜻이다. 20대 후반에 남편을 여읜 클리코 여사가 샴페인 양조 시 생긴 찌꺼기를 효과적으로 제거하는 방법Remuage(르미아주)을 고안해내는 등 샴페인 발전에 큰 공헌을 하였다. 그녀는 샴페인의 귀부인Grande Dame(그랑 담)이라 불리게 되었고 하우스의 최고급 와인은 '라 그랑 담La Grande Dame'이라는 이름으로 출시되고 있다. 이러한 영향으로 여성층을 타깃으로 하여 마케팅하고 있다.

» 멈G. H. Mumm

페르노리카 소유의 샴페인. 엔트리 레벨의 꼬르동Cordon 라인, 고급 와인인 뀌베 랄루Cuvée Lalou를 포함한 다양한 종류의 샴페인을 생산한다. 병을 가로지르는 입체적인 붉은색 띠의 디자인이 승리의 아이콘으로 여겨져 F1 그랑프리 대회 등의 후원 샴페인이기도 하였다.

» 페리에주에 Perrier-Jouët

멈과 함께 페르노리카가 소유하고 있는 샴페인으로 일반 브륏급과 로제, 블랑 드 블랑 등의 샴페인과 최고급 와인 '벨레포크Belle Époque'를 생산한다. 벨레포크 병을 감싼 화려하고 아름다운 꽃 그림이 시그니처이다.

» 루이로더레 Louis Roederer

러시아 황제를 위해 생산된 뀌베 프레스티지 와인, '크리스탈'로 널리 알려졌으며 논 빈티지인 브륏 프리미에Brut Premier를 시작으로 빈티지, 최고급 크리스탈, 선명한 산도가 살아있는 브륏 네이처가 생산된다.

▲ 루이 로데레, 크리스털 밀레짐 브륏

» 볼랭저Bollinger

영국 왕실 인증 샴페인 중 하나로 영화 007에 자주 등장하며 제임스 본드의 샴페인으로 유명해진 와인이다. 샴페인 하우스 최초로 현존하는 문화유산 EPV에 등재되는 등 명성 높은 하우스이다. 기본급인 스페셜 뀌베Special Cuvée부터 라 그랑 다네La Grande Année, 스페셜 와인인 알디R.D., 가장 고가인 비에이 비뉴 프랑세즈Vieilles Vignes Françaises가 있다. 볼랭저를 비롯한 멈, 크룩, 랑송, 로랑 페리에, 모엣 상동, 뵈브 클리코 등이 영국 왕실의 샴페인Royal Warrant으로 인증받았다.

» 폴로저Pol Roger

대기업들이 샴페인 하우스를 인수하고 있는 가운데 외부 자본의 간섭 없이 아직도 가족이 운영하는 독립적인 하우스이다. 최근 샴페인 양조 후 발생한 효모 찌꺼기를 지로팔레트Gyropalette와 같은 기계를 이용하여 제거하고 있는 곳이 많은 반면, 아직도 손으로 일일이 병을 돌려 제거하는 르미아주 방식을 고수하고 있는 곳이다. 윈스턴 처칠이 매일 1병씩 마신 것으로 전해지는데 그가 사망하고 검은 띠를 두른 레이블을 부착해 조의를 표했으며 그에게 헌정하는 프레스티지 뀌베 '써 윈스턴 처칠Sir Winston Churchill'을 탄생시켰다.

» 도츠Deutz

루이 로데레 그룹에 소속된 도츠는 브릿 클래식 논 빈티지 샴페인, 로제, 빈티지, 설립자 윌리엄 도츠를 기리는 뀌베 윌리엄 도츠Cuvée William Deutz 등과 최고급 와인인 '아모르 드 도츠Amour de Deutz'를 생산한다.

» 로랑페리에 Laurent-Perrier

상파뉴에서 4번째로 큰 하우스이자 모엣 샹동, 뵈브 클리코에 이어 세계에서 가장 많이 팔리는 샴페인 브랜드이다. 플래그십 브랜드인 살롱Salon, 델라모트Delamotte 하우스를 소유하고 있으며 기본 브릿급 라 뀌베La Cuvée, 최고급 와인인 '그랑 시에클Grand Siècle' 등을 생산한다. 로제 샴페인을 잘 만드는 생산자로, 알렉상드라 로제Alexandra Rosé 같은 특별한 와인도 생산한다.

▲ 로랑 페리에, 그랑시에클

» 파이퍼하이직Piper-Heidsieck

마릴린 먼로가 즐겨 마시던 샴페인. 1785년 플로렌스 루이 하이직Florens Louis Heidsieck이 설립하였으며 이후 사촌들에 의해 찰스 하이직Charles Heidsieck, 하이직 앤 코 모노폴Heidsieck & Co Monopole 하우스가 탄생하였다. 기본급인 뀌베 브릿과 최고급 와인 레어Rare 샴페인을 생산한다.

이외에도 떼땅저Taittinger, 앙리오Henriot, 조셉 페리에Joseph Perrier, 필리뽀나Philipponnat, 뤼나르Ruinart, 드라피에Drappier, 앙리 지로Henri Giraud, 고세Gosset, 빌까르 살몽Billecart-Salmon, 뽀므리Pommery 등의 샴페인이 있다.

돔 페리뇽이 샴페인을 발명했다?

NO! 샴페인은 누군가의 발명품이 아니다. 돔 페리뇽은 샴페인의 원리를 발견하고 연구한 선구자 중 한 명이다. 돔 페리뇽으로 알려진 피에르 페리뇽Pierre Pérignon(1638~1715)은 루이 14세와 동시대인으로 과거 베네틱토회 수도원의 포도밭을 관리하던 수도사 중 한 명이었다. 추운 샹파뉴에서는 늦가을의 낮은 기온으로 인해 효모가 활동을 중단하였고 이를 와인의 발효가 끝난 것으로 여긴 사람들은 당분이 남아있는 상태로 와인을 병에 담았다. 봄에 날씨가 따뜻해지면서 효모가 다시 발효를 시작하였고 생겨난 가스 압력으로 코르크가 밀려 나오거나 병이 터지곤 했다. 그는 이런 재발효를 피하려 노력했고 지금과 같이 여러 밭의 포도를 블렌딩하는 양조 방식을 고안하였다. 또한, 그가 와인 연구에 너무 몰두하여 시력을 잃었다는 이야기도 있는데, 그것은 그가 포도를 맛볼 때 선입견을 갖지 않기 위해 블라인드 테이스팅을 했다는 데서 생긴 오해라고 전해진다. 지금은 상업적인 마케팅으로 인해 마치 신화처럼 전해지지만 피에르 페리뇽은 샴페인이 발전하는데 큰 공헌을 한 수도사이자 와인메이커였다. 샹파뉴 에페르네 지역의 모엣 샹동 하우스에서는 그의 실물 크기에 가까운 조각상을 볼 수 있다.

마릴린 먼로와 샴페인

"나는 샤넬 넘버 5 향수를 입고 잠자리에 들고, 나에게 활기를 불어넣어 주는 샴페인 파이퍼 하이직 한 잔으로 매일 아침을 시작해요." _마릴린 먼로Marilyn Monroe(1926~1962)

영국의 BBC가 '자신의 시대를 정의한 여배우'라 칭한 마릴린 먼로는 현재까지도 다양한 모습으로 우리의 문화 속에 자리 잡고 있다. 금발, 백치미, 섹스 심벌Sex Symbol로 포장된 강렬한 이미지가 마릴린 먼로를 대변하지만 팝 아트 작가인 앤디 워홀Andy Warhol이 '마릴린 먼로의 두 폭Marilyn Diptych'이라는 작품에 담은 그대로, 그녀는 양면적인 일생을 산 스타였다. 어린 시절의 본명인 노마 진Norma Jeane으로서의 삶은 평탄치 않았다. 아니, 불운하고 비극적인 삶에 가까웠다. 할리우드에서 편집 기사로 일하던 어머니에게서 사생아로 태어나 아버지에게 버림받고 외할머니와 어머니는 모두 정신분열로 정신병원에서 생을 마감한다. 백치미의 금발 여배우란 이미지 뒤에 그녀의 지인들은 그녀가 항상 책을 옆에 두었던 독서광이었다고 이야기한다. 그리고 책만큼 그녀의 삶의 많은 부분을 차지했던 것이 바로 와인이다. 전속 사진작가였던 조르주 바리George Barris는 그녀를 회상하며 "마릴린 먼로는 샴페인으로 숨을 쉬었고 샴페인 350병으로 욕조를 채워 목욕을 했다."라고 인터뷰했다.

그녀가 가장 즐겼던 파이퍼 하이직은 새빨간 레이블에 황금빛이 섞인 병 디자인으로 섹시하고 도발적인 그녀의 이미지를 투영하였다. 실제 유명 주얼리 및 패션 디자이너들과의 협업을 통해 이 화려하고 럭셔리한 이미지를 고수해오고 있다. 전 에르메스Hermes 수석 디자이너였던 장 폴 고티에Jean Paul Gaultier, 여자보다 여자의 하이힐을 더 섹시하게 탄생시킨 크리스찬 루부탱Christian Louboutin 등과의 협업을 통해 한정판을 선보이기도 했다. 악어가죽부터 망사스타킹을 뒤집어쓴 병 디자인은 파이퍼 하이직의 프레스티지 뀌베인 '레어Rare'를 더욱 레어하게 만들어 주었다. 특히, 크리스찬 루부탱이 디자인한 하이힐 모양의 샴페인 잔은 독보적이었는데 국내에서도 프로모션 행사에 사용되며 큰 이슈가 되었다. 마치, 섹시한 걸음을 위해 하이힐의 양쪽 굽의 높이를 다르게 하여 신었던 마릴린 먼로가 연상되는 콜라보였다.

▲ 파이퍼 하이직, 뀌베 브륏

기타 스파클링 와인

프랑스에는 샴페인뿐만 아니라 샹파뉴가 아닌 산지에서 샴페인과 유사한 방식으로 만들어지는 크레망Crémant이라는 스파클링 와인도 생산된다. 그 외에도 스페인의 까바Cava, 독일의 젝트Sekt, 이탈리아의 스푸만테Spumante 등 다양한 스파클링 와인이 있다. 대부분 국내에서도 1~3만 원선에서 구매가 가능한, 접근하기 쉬운 와인이다. 이제 스파클링 와인을 사러 가서 무작정 샴페인을 추천해달라기보다 스파클링 와인을 추천해달라고 해보는 건 어떨까?

스파클링 와인은 만들어지는 방법에 따라 그 스타일이 천차만별이다. 여기서 중요한 것은 스파클링 와인이 만들어지는 2개의 대표적인 양조법을 알고 나면 수많은 와인 중에서 나만의 스타일을 골라 마시기가 훨씬 쉬워진다는 사실이다.

스파클링 와인의 향과 맛, 마셔보지 않아도 고를 수 있다

▲ 전통방식　　　▲ 탱크방식

스파클링 와인을 만드는 방식은 크게 2가지로 나뉜다. 샴페인을 만드는 '샴페인 방식'과 현대식 양조 방식인 '탱크 방식'이다. 스파클링 와인은 1차 발효가 진행된 후 추가적인 알코올 도수와 탄산가스 CO_2를 얻기 위해 다시 한 번 와인에 효모와 당분을 첨가하여 2차 발효를 진행한다. 이 2차 발효가 진행되는 과정에 따라 기압의 정도와 맛에 큰 차이를 가져온다. 두 방식의 양조 과정을 이해하면 스파클링 와인 선택 시 길잡이가 된다. 샴페인

과 같이 복합적인 풍미와 조금 더 부드러운 기포를 느끼고 싶다면 샴페인 방식의 스파클링 와인을, 과일 향이 풍부하고 신선한 스파클링을 원하면 탱크 방식의 와인을 선택해보자.

샴페인 방식 Méthode Champenoise

"복합적인 풍미, 강한 탄산과 생크림같이 부드럽고 작은 기포"

» 메쏘드 샹프누아즈Méthode Champenoise
　(전통 방식Traditional Method)

샴페인뿐만 아니라 전통적으로 스파클링 와인을 생산하던 방식으로, 2차 발효가 유리병에서 이뤄진다. 발효 후 효모 찌꺼기와 와인을 장기간 숙성시키기 때문에 자가분해된 효모로 인해 빵, 크래커, 토스트 같은 구수한 풍미와 크리미한 질감이 와인에 부여된다. 빠져나가지 못한 탄산가스는 점점 증가해 5~7기압의 높은 압력을 갖게 되며 부드럽고 작은 기포가 다량 함유된다. 복합적인 풍미와 높은 기압의 오밀조밀한 기포가 탱크 방식과 차별화되는 점이며 시간과 비용도 많이 들어간다. 이 방식으로 만들어지는 스파클링 와인은 프랑스의 크레망, 스페인의 까바, 독일의 고급 젝트, 이탈리아의 프란치아 코르타 등이 있다.

· 수확

포도 껍질이 터져 포도 즙에 색이 물드는 것을 방지하기 위해 손으로 수확하며 더운 해에는 포도의 산도를 유지하기 위해 8월부터 수확하기도 한다.

· 압착

부드럽게 압착하여 의도치 않은 색이나 타닌이 우러나는 것을 방지한다. 처음 짠 즙은 뀌베Cuvée라고 하며 두 번째 나온 즙은 타이유Taille라고 하는데 품질이 뛰어난 샴페인은 뀌베로만 만든다. 과일주스와 마찬가지로 재압착한 즙은 첫 번째 즙보다 떫거나 쓴맛이 느껴질 수 있기 때문이다.

· 1차 발효

커다란 스테인리스스틸 탱크나 오크통에서 효모가 포도 주스의 당분을 이용해 알코올과 탄산가스 등을 만들어 내는 발효 과정을 거친다. 이때 만들어지는 와인을 베이스Base와인이라고 하며 상당량이 추후 논빈티지 샴페인 등에 혼합되는 리저브Reserve 와인으로 보관된다.

· 블렌딩Blending

의도하는 맛을 내기 위해 각기 다른 품종과 포도밭, 빈티지 등을 혼합한다.

· 2차 발효 및 숙성

블렌딩이 끝난 와인에 효모와 당분을 넣은 와인 용액을 첨가하여 2차로 발효를 진행한다. 유리병에 담은 후 맥주병 마개와 같은 크라운 마개로 닫고 약 6~8주간 재발효를 거친다. 이때 발생한 탄산가스가 와인에 용해되고 소량의 알코올(약 1%)을 생성한다. 발효가 끝난 후 병 안의 활동이 끝난 효모 찌꺼기와 15개월에서 수 년에 걸쳐 숙성된다.

· 병을 돌려 침전물 모으기Remuage(르미아주)

A자 모양의 나무 선반 Pupitre(푸퓌트르)에 와인 병을 꽂고 입구 쪽에 찌꺼기가 모이게 천천히 일정 기간 돌려준다. 엄청난 노동력이 소요되는 작업으로 최근에는 이 작업을 자동으로 행해주는 지로팔레트Gyropalette라는 기계가 널리 쓰인다.

· 침전물 제거하기Dégorgement(데고르주망)

찌꺼기가 모인 병목 부분을 영하 20℃의 소금물에 거꾸로 세워 냉각한다. 다시 세워 병 마개를 열면 압력에 의해 얼어붙은 찌꺼기가 밀려 나오고 맑은 와인이 된다. 거품의 손실 없이 찌꺼기를 제거하는 과정이다.

· 당도 조절과 빈 공간 채우기Dosage(도자주)

찌꺼기 제거로 인해 빈 공간을 와인으로 채우는 과정, 이때 당분을 첨가한 와인Liqueur d'expédition으로 샴페인의 당도를 결정한다.

· 밀봉하기

마지막으로 깨끗한 코르크와 철사로 입구를 밀봉한다.

» **샴페인 방식으로 만들어지는 스파클링 와인**

· **크레망** Crèmant

풍성한 거품이 크림을 닮아서인지 프랑스어인 Crème(크림)을 연상시키는 이름의 이 와인은 샴페인과 동일한 방식으로 만들어지나, 샹파뉴 외의 프랑스 지역에서 생산되는 스파클링 와인을 일컫는다. 각 산지의 대표 품종으로 만들어지며 포도품종, 떼루아에 따라 각기 다른 스타일의 크레망이 존재한다. 최소 9개월간 효모 찌꺼기와 숙성되면서 샴페인보다 낮은 3~4기압(라거나 에일 맥주의 평균 기압은 2.2~2.6 기압이다)의 와인이 완성된다. 프랑스의 알자스Crémant d'Alsace, 루아르Crémant de Loire, 부르고뉴Crémant de Bourgogne가 유명하며 남부인 랑그독의 리무Limoux 지역 와인도 가성비가 좋다.

·· **인기 생산자**

(부르고뉴)뷕시Vignerons de Buxy, 빅토린 드 샤트네Victorine De Chastenay, 바이 라피에르 Bailly-Lapierre, 뵈브 암발Veuve Ambal, (알자스)르네 뮈레René Muré, 울프베르제Wolfberger, 클레망 클루Clément Klur, (루아르)몽무쏘 Monmousseau, 도멘 프레 바론Domaine Pré Baron, (리무)생 힐레르Saint-Hilaire, 씨에르 다 뀌Sieur d'Arques

· **까바** Cava

스페인의 대표적인 스파클링 와인으로 바르셀로나가 속한 카탈루냐 지역의 페네데스에서 대부분 생산된다. 가장 합리적인 가격으로 즐길 수 있는 전통 방식의 스파클링 와인으로 스페인 토착 품종인 마카베오Macabeo, 파레야다Parellada, 자렐로Xarel·lo로 생산되며 일부 생산자는 샤르도네, 피노 누아 등도 사용한다. 까바 역시 9개월 이상 효모 찌꺼기와 함께 숙성되어, 열대과일과 아몬드 껍질 같은 구수한 풍미를 지닌 와인을 자주 만날 수 있다.

·· **인기 생산자**

프렉시넷Freixenet, 안나 드 꼬도르뉴Anna de Codorniu, 로저 구라트 Roger Goulart, 마르께스 드 모니스트롤Marques de Monistrol, 파펫 델 마스 Papet del Mas, 호메 세라Jaume Serra, 보히가스 Bohigas 등 대부분 2~3만 원대로 구매 가능하다.

▲ 안나 드 꼬도르뉴 까바 브륏

· **고급 젝트** Sekt

독일이나 오스트리아에서 생산되는 스파클링 와인을 일컫는다. 독일에서는 보통 리슬링, 피노 누아, 실바너, 엘블링 등의 품종을 사용하며 전통 방식과 탱크 방식 모두 이용한다. 고급 젝트는 전통 방식으로 만들어지며 대량 생산되는 큰 브랜드의 와인이나 저가 젝트는 탱크 방식으로 만들어지는 편이다. 리슬링으로 만들어지는 젝트가 유명하며 리슬링 특유의 레몬, 복숭아, 살구 같은 과일 향과 높은 산도, 적당하게 드라이한 맛이 어우러져 상큼하게 즐길 수 있다.

·· **인기 생산자**

SMW의 디히터트라움 리슬링 젝트Dichtertraum Riesling Sekt와 리저브 젝트Reserve Sekt 그리고 탱크 방식으로 만드는 대중적인 브랜드인 헨켈 Henkell이 있다.

탱크 방식 Tank Method
(기타 스파클링 와인 양조 과정)

**"신선하고 선명한 과일 아로마! 감미로운 맛과
낮은 기압, 편하게 마실 수 있는 기포"**

» **샤르마 메쏘드** Charmat Method

2차 발효 후 효모와의 숙성기간 없이 바로 여과하
여 병입하기 때문에 효모의 풍미가 와인에 녹아들

지 않는다. 빠른 시간 안에 양조가 이뤄지며 비용
이 적게 든다는 장점이 있다. 신선한 과일 향과 품
종 본연의 풍미를 지닌 와인을 생산한다. 이 방법
을 발전시켜 특허를 낸 프랑스인의 이름을 따 샤르
마 방식이라고도 부른다. 가장 대표적인 와인은 이
탈리아의 프로세코이며 초보자들의 큰 사랑을 받
는 모스카토 다스티와 아스티 역시 약간의 차이는
있으나 유사한 방식으로 만들어진다.

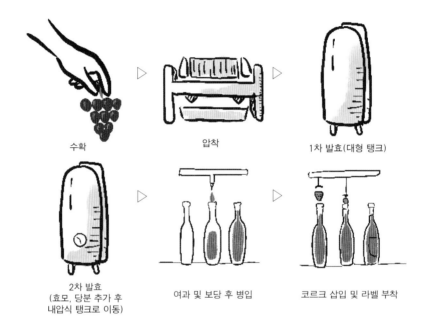

수확   압착   1차 발효(대형 탱크)

2차 발효
(효모, 당분 추가 후
내압식 탱크로 이동)

여과 및 보당 후 병입

코르크 삽입 및 라벨 부착

• 샴페인 방식과 다르게 2차 발효가 병이 아닌 탱크에서 이뤄진다. 탱크 안에 효모와 당분이
  담긴 와인 용액을 넣고 2차 발효한 후 여과하여 침전물을 제거한다. 때에 따라 당분을 추가한 후
  가압 속에서 병입한다.

» **탱크 방식으로 만들어지는 스파클링 와인**

· **프로세코** Prosecco

베니스가 위치한 베네토 지역에서 생산되는 이탈
리아의 가장 인기 있는 스파클링 와인이다. 글레

라Glera 품종을 사용하여 탱크 방식으로 만들어지
며, 전통방식으로 만드는 와인보다 기압이 낮은 편
이다(2~4기압). 감귤, 사과, 백도 등의 과일 향, 흰
꽃의 아로마와 높지 않은 산도가 느껴지며 끝 맛이
약간 씁쓸하다.

·· 인기 생산자

코르테 지아라Corte Giara, 발도카Val D'oca 까
디 라호Ca' di Rajo, 자르데토Zardetto, 조닌Zonin
등이 있다.

· 모스카토 품종의 스위트한 스파클링
(아스티Asti & 모스카토 다스티Moscato d'Asti)

모스카토 품종으로 만들어지는 과일 풍미가 강하
고 달콤한 이 와인들은 이탈리아의 대표 와인 산지
인 피에몬테Piemonte의 아스티 지역에서 생산된
다. 탱크에서 1차 발효만 진행하는 아스티 방식으
로 만들어지며 모스카토 다스티는 낮은 알코올 도
수(법적으로 5.5%까지 허용)와 기압, 달콤한 맛으로
초보자들이 접근하기 쉽다. 기압이 낮아 일반 코르

크를 사용하여 밀봉하며 과일이 올려진 생크림 케
이크 같은 가벼운 당도의 디저트와 잘 어울린다.
아스티는 모스카토 다스티보다 기압과 알코올 도
수(7~9%)가 높고 더 낮은 당도를 지녔다.

·· 인기 생산자

피에몬테 지역의 라 스피네타La
Spinetta, 간치아Gancia, 폰타나 프
레다Fontanafredda, 파올로 사라코
Paolo Saracco

▲ 라 스피네타, 브리코
꽐리아 모스카토 다스티

국가별 스파클링 와인 명칭

• 프랑스: 샴페인과 크레망을 제외한 더 저렴한 발포성 와인인 뱅 무쏘Vin Moussuaux와
2.5기압 이하 스파클링 와인의 총칭인 페티앙Pétillant이 있다.

• 이탈리아: 스파클링 와인은 스푸만테Spumante라 불리며 기포가 상대적으로 적은 것
(2.5기압 이하)은 프리잔테Frizzante이다.

• 독일: 고급 스파클링 와인인 젝트, 일반적인 스파클링 와인을 의미하는 샤움바인Shaumwein,
약발포성 와인인 페를 바인Perlwein이 있다.

• 스페인: 까바 이외의 스파클링 와인은 에스푸모소Espumoso라 부른다.

2. 화이트 와인

화이트 와인은?

부담 없이 시원하게 즐길 수 있는 화이트 와인은 해산물을 즐겨 먹는 겨울에도 빠질 수 없는 와인이다. 다채로운 과일 아로마와 산뜻한 산미는 많은 와인애호가들을 매혹한다. 화이트 와 인 품종은 서늘한 산지에서 매력적으로 자란다. 적당히 낮은 온도와 충분한 일조량 등의 조 건이 갖춰졌을 때 포도가 서서히 익어 가며 다양한 풍미를 생성하기 때문이다. 또한 대부분 의 화이트 와인이 가진 중요한 개성인 산도를 유지하게 한다. 레드 와인 역시 섬세하고 다양한 아로마를 지닌 와인들은 서늘한 산지를 선호한다. 레드 와인에서 쉽게 찾아볼 수 있는 오크 숙성은 화이트 와인에서는 일반적이지 않으며 샤르도네와 같은 한정적인 품종에서 이뤄진다. 수많은 화이트 와인 중에서도 세계적으로 가장 인기 있는, 반드시 마셔봐야 할 품종들이 있다. 국내 와인숍의 화이트 와인 코너는 대부분 이 품종들로 채워져 있다.

가장 많이 볼 수 있는 포도품종

샤르도네 Chardonnay
A~Z까지 천의 얼굴을 지닌 최고급 와인을 만드는 품종

"샤르도네를 몇 번 마셔 봤는데 제 취향이 아니에요."라고 누군가 이야기한다면 안타까워하며 "아직 못 마셔 본 샤르도네가 훨씬 더 많을 겁니다."라고 답할 것이다. 전 세계에서 가장 인기 있는 품종인 샤르도네는 아주 드라이하고 신선한 스타일부터 오크통에서 숙성한 풀바디하고 버터 향이 느껴지는 스타일까지 세상에서 가장 광범위한 스타일의 와인으로 만들어진다. 샤르도네는 종종 중성적이라 표현되는데 소비뇽 블랑 등에서 느껴지는 고유의 강렬한 아로마 대신 섬세한 풍미를 지니고 있어 생산 지역, 양조 방식, 생산자의 스타일에 따라 천의 얼굴을 보여주기 때문이다.

서늘한 산지에서 생산되는 샤르도네는 레몬 컬러를 띠며 감귤류, 사과, 백도와 같은 상큼한 과일 향이 두드러지고 특정한 토양에서 자라는 경우에는 미네랄 풍미로 표현되는 부싯돌Flint, 젖은 돌과 같은 형언할 수 없는 향이 느껴지기도 한다. 이런 풍미를 지닌 대표적인 와인으로 프랑스 부르고뉴 Bourgogne의 화이트 와인들을 꼽을 수 있다. 따뜻한 산지의 샤르도네는 황도, 파인애플, 구운 사과와 같은 보다 잘 익은 열대과일의 향이 느껴진다. 샤르도네 품종 자체의 산도는 아주 높은 편이 아니며 따뜻한 산지의 와인은 산도가 더 낮고 부드럽다.

스테인리스 스틸 탱크에서 숙성하면 깨끗한 맛과 함께 과일 본연의 맛이 살아나고 오크통에 숙성하면 나무나 바닐라, 토스트 같은 향이 복합적으로 올라온다. 와인 속의 사과산이 젖산으로 변하는 젖산 발효Malolactic Fermentation(MLF)를 거치면 브리오슈나 버터 같은 향과 크림 같은 질감이 느껴지기도 한다. 품종 본연의 풍미를 그대로 전달하기 위해 오크 숙성을 거치지 않는 화이트 와인들이 많은 반면, 샤르도네는 높은 비율로 오크통 숙성을 거치는 대표 화이트 품종이다. 좋은 와인은 샤르도네 포도 본연의 풍미를 잘 나타내고 적절한 산도를 유지해야 하며 오크 숙성은 음식에 들어가 본 재료의 맛을 살리는 양념처럼 맛을 보완하는 역할을 해줘야만 한다. 와인 판매점에서 가장 많이 볼 수 있으며 몇 천원 대의 박스에 든 와인부터 전 세계의 가장 고가 와인인 부르고뉴의 '몽라쉐Montrachet'까지 생산하는 변화무쌍한 품종이다.

» **추천지역**

프랑스 부르고뉴(샤블리, 꼬뜨 드 본, 마꼬네), 미국 캘리포니아와 오리건 주, 호주, 칠레(카사블랑카 밸

리, 리마리 밸리), 아르헨티나, 뉴질랜드 등

» 마리아주

와인스타일에 따라 생선, 굴, 갑각류, 닭고기, 돼지
고기 같은 흰 살 육류, 카망베르 치즈와 조화롭다.

소비뇽 블랑 Sauvignon Blanc
상큼한 과일향, 높은 산도,
개운한 맛의 편하게 마시는 품종

톡 쏘는 강렬한 아로마와 싱그럽고 높은 산도를
지닌 신선한 화이트 와인을 만든다. '야생'이라는
뜻의 프랑스어 'Sauvage'에서 이름이 유래된 품
종답게 갓 뜯은 풀, 잔디 같은 향과 라임, 자몽, 패
션 후르츠, 피망의 약간 매운 향이 난다.
프랑스의 루아르Loire 지역이 원산지이자 대표적
인 산지로 소비뇽 블랑 100%의 '상세르Sancerre'
와 '푸이 퓌메Pouilly-Fumé' 라는 와인을 생산한다.
와인레이블에는 품종인 소비뇽 블랑을 기재하는
대신 상세르와 푸이 퓌메라는 산지 이름이 적힌
다. 이 지역의 클래식한 스타일의 와인에서는 풀,
아스파라거스, 청사과, 고양이 오줌과 부싯돌 같
은 미묘한 향이 느껴진다. 프랑스 보르도Bordeaux
에서는 소비뇽 블랑에 세미용, 뮈스까델 품종을
블렌딩하여 만들기도 한다. 보르도와 캘리포니아

에서는 오크통에 숙성한 복합적인 풍미를 지닌 와
인을 만드는데 캘리포니아에서는 이를 퓌메 블랑
Fumé blanc이라 한다.
2~4만 원대 합리적인 가격과 시장 점유율을 따
지자면 뉴질랜드의 소비뇽 블랑을 접하기가 쉽다.
프랑스의 소비뇽 블랑보다 잘 익은 과일 향이 강
하게 나며 말보로Marlborough 지역에서 가장 많이
생산된다.

» 추천지역

프랑스 루아르 밸리와 보르도, 뉴질랜드의 말보로,
칠레, 캘리포니아, 남아공 등

» 마리아주

생선 요리, 조개, 게, 양념이 강하지 않은 닭고기,
다양한 허브와 채소, 염소 치즈와 잘 어울린다.

리슬링 Riesling
드라이~스위트 와인까지,
레몬, 복숭아의 선명한 과일 향과 감미로운 맛

독일 와인이라 하면 리슬링이 연상될 만큼 독일을
대표하는 품종이다. 독일 모젤Mosel지역과 같은
서늘한 산지에서 재배되며 레몬, 감귤, 복숭아 같
은 향이 지배적이다. 독일에서는 스위트한 와인을

주로 만드는데 산도와 당도의 밸런스가 훌륭하며 드라이한 스타일의 와인에는 트로켄Trocken과 같은 용어가 적혀 있기도 하다.

프랑스 알자스Alsace 역시 대표적인 산지이며 호주, 오스트리아 등에서도 미네랄 풍미가 느껴지는 상큼하고 드라이한 와인을 생산한다. 리슬링은 숙성되면서 꿀, 휘발유 같은 독특한 향이 생성된다. 약간의 단맛이 느껴지고 알코올 도수가 낮아 약한 알코올의 와인을 선호하는 이에게 추천한다.

» **추천지역**

프랑스 알자스, 독일 모젤, 호주 클레어 밸리와 이든 밸리, 오스트리아, 뉴질랜드 등

» **마리아주**

드라이한 리슬링은 스시, 새우, 조개, 달콤한 소스의 돼지고기 요리와 어울리며 약간 스위트한 리슬링은 태국, 베트남, 인도 등의 향신료 풍미가 강한 요리와도 어울린다.

당도에 따라 다른 이름이 붙는 독일의 리슬링

독일의 스위트한 리슬링은 당도에 따라 다른 이름이 붙는다. 가볍고 낮은 당도부터 순차적으로 카비넷Kabinett, 스페트레제Spätlese, 아우스레제Auslese, 베른아우스레제Beerenauslese, 트로켄베른아우스레제Trockenbeerenauslese 등이 있으며 베른 아우스레제(BA)와 트로켄베른 아우스레제(TBA)는 생산량이 적고 드물다. 늦수확하여 '보트리티스 시네리아'라는 귀부병Noble Rot에 의해 마른 포도를 선별하여 만들어진다. 베른 아우스레제와 당도가 비슷한 언 포도로 만들어지는 아이스바인Eiswein 역시 생산된다. 보통 카비넷 와인의 가격이 가장 저렴하며 당도가 높아질수록 가격이 비싸진다.

뮈스카 Muscat
**폭발적인 아로마와 스위트함,
다양한 계열을 거느리는 품종**

전 세계에서 가장 오랫동안, 가장 광범위하게 재배되어 온 품종으로 이탈리아에서는 모스카토 Moscato, 스페인에서는 모스카텔Moscatel이라고 부른다. 따뜻한 지중해성 기후에서 잘 재배되고 감귤류, 복숭아, 파인애플, 오렌지 꽃, 꿀 등 선명하고 화려한 향을 뿜으며 당도가 높고 산도가 낮은 품종이다.

이탈리아 피에몬테Piemonte의 '모스카토 다스티 Moscato d'Asti'와 같은 스위트하고 약간의 기포가 느껴지는 스타일이 가장 유명하며 프랑스 알자스의 드라이하고 아로마틱 한 스타일의 와인과 세계 곳곳의 강화 와인의 재료로도 사용된다.

유전적인 변종이 쉽게 일어나기 때문에, 한 가지의 뮈스카 품종이 존재하는 것이 아니다. 전 세계, 각 지역별로 고유의 캐릭터를 가진 많은 분신들이 뮈스카 패밀리를 형성한다. 이탈리아의 모스카토 다스티 와인으로 유명한 모스카토 품종인 '뮈스카

블랑 아 쁘띠 그랭Muscat Blanc à Petits Grains'과 알자스의 화이트 와인을 만드는 '뮈스카 오또넬 Muscat Ottonel'(뮈스카 블랑 아 쁘띠 그랭도 재배된다), 남프랑스에서 강화 와인을 만드는 뮈스카 오브 알렉상드리아Muscat of Alexandria(=남부 이탈리아의 지비뽀Zibibbo)가 대표적인 구성원이다.

» **추천지역**

이탈리아 피에몬테 및 대다수의 지역, 프랑스 알자스와 남부지역, 남아공 등

» **마리아주**

주로 달콤한 스타일로 만들어지는 뮈스카의 와인들은 단맛이 나는 카레, 과일 타르트, 샐러드, 짭짤한 살라미 등과 잘 어울리며 생선회, 티라미수, 진한 초콜릿류의 디저트들은 피하는 것이 좋다.

그 외 대표 품종

게뷔르츠트라미너 Gewürztraminer
**장미 꽃잎을 입에 베어 문 듯한
강렬한 향기의 풍성한 와인**

향신료Gewürz를 뜻하는 게뷔르츠트라미너는 장미, 리치, 파인애플, 망고 등의 화려한 향이 폭발적이다. 프랑스 알자스의 와인이 가장 대표적이며 독일에서도 생산된다. 산도가 낮고 부드러운 품종으로 가볍고 드라이한 스타일부터 늦수확하여 만드는 스위트하고 풀바디한 와인까지 생산된다. 중식, 인도의 카레, 진저 등의 향신료 풍미가 강한 요리, 스위트한 와인은 푸아그라나 시나몬이 들어간 사과파이 같은 디저트와 환상적이다.

» **추천지역**

프랑스 알자스, 독일, 오스트리아, 미국 캘리포니아, 호주, 뉴질랜드 등

피노 그리 Pinot Gris
오렌지 꽃 향, 미네랄 풍미가 강한 산뜻한 와인

사과, 레몬, 오렌지 꽃 등의 아로마가 은은하며 미네랄이 느껴지는 섬세한 풍미의 품종이다. 이탈리아에서는 '피노 그리지오Pinot Grigio'라 불리며 감귤 향이 느껴지는 가벼운 스타일을 주로 만들며 프랑스 알자스 지방의 와인에서는 꿀 향이 느껴지는 무거운 스타일도 볼 수 있다. 알자스 지역의 산뜻한 피노 그리는 해산물과 아주 잘 어울린다. 피노 누아의 돌연변이 중 하나로, 포도가 익으면 껍질의 색이 회색Grey에 가깝게 변하여 그리Gris 라는 이름이 붙었다.

세미용 Sémillon
드라이한 와인부터 농밀한
스위트 와인까지 변신하는 품종

보르도 화이트 와인 양조 시 블렌딩 품종으로 사
용되며 상큼하고 깨끗한 스타일부터 오크 숙성한
샤르도네같이 풀바디한 와인까지 생산한다. 서늘
한 산지인 호주 헌터 밸리와 프랑스 보르도에서는
레몬, 라임 향의 청량하고 드라이한 스타일이 나
오며, 따뜻한 기후인 캘리포니아와 남아공에서는
오크 숙성된 무거운 스타일의 와인을 볼 수 있다.
세미용은 보르도에서 가장 중요한 품종 중 하나로
껍질이 얇아 귀부균의 영향을 쉽게 받는 덕에 귀
부 와인을 만드는 데 쓰인다. 건과일, 꿀 등의 풍
부한 향이 나는 녹진한 스위트 와인이다.

» 추천지역

프랑스 보르도, 호주, 캘리포니아 등

비오니에 Viognier
풍부하고 다양한 아로마를 지닌 풀 바디 화이트

복숭아, 살구, 리치, 헤이즐넛 같은 강렬한 과일
향이 인상적이다. 산도는 낮고 알코올 도수가 높
은 무거운 와인을 만든다. 프랑스 론 지역에서도
북부의 '꽁드리유Condrieu'라는 프리미엄 화이트
와인이 유명하며 프랑스와 호주에서 가장 많이 생
산된다. 구운 치킨과 함께 하면 새로운 맛을 느낄
수 있다.

» 추천지역

프랑스 북부 론과 랑그독 지역, 호주, 캘리포니아 등

그뤼너 펠트리너 Grüner Veltliner
오스트리아의 독보적인 화이트 품종

뉴질랜드에 소비뇽 블랑이 있다면 오스트리아에
는 그뤼너 펠트리너가 있다. 전 세계 그뤼너 펠트
리너 생산량의 70% 이상이 오스트리아에서 생산
되며 국내에서도 점점 인기를 끌고 있는 품종이
다. 라임, 레몬, 자몽 같은 산뜻한 과일 향이 느껴
지며 흰 후추, 그린 빈, 부추 같은 채소와 약간의
맵싸한 향도 느껴진다. 가볍고 산도가 높은 스타
일이 더 대중적이며 잘 익은 과일 향의 풍성한 스
타일도 존재한다. 구운 아스파라거스, 기름진 돈
가스와 어울린다.

» 추천지역

오스트리아의 니더외스터라이히Niederösterreich
와 북부 부르겐란트Burgenland

슈냉 블랑 Chenin Blanc
스파클링 와인~디저트 와인까지 다양한 모습의 와인

프랑스 루아르 지역에서 생산되어 왔으며 최근 남

아공에서 가장 많은 생산량과 다양한 스타일의 와인을 보여주고 있다. 루아르에서는 드라이한 스타일의 화이트 와인과 더불어 스파클링 와인을 생산하며 귀부병이 생긴 포도로는 디저트 와인을 만든다. 남아공에서는 잘 익은 부드러운 과일의 풍미가 느껴지는 오크 숙성한 와인을 만들기도 한다.

복숭아, 꿀 오렌지, 풋사과, 배, 꿀 등의 향이 나며 산도가 높은 편이다.

» **추천 지역**

프랑스 루아르, 남아공, 캘리포니아, 호주 등

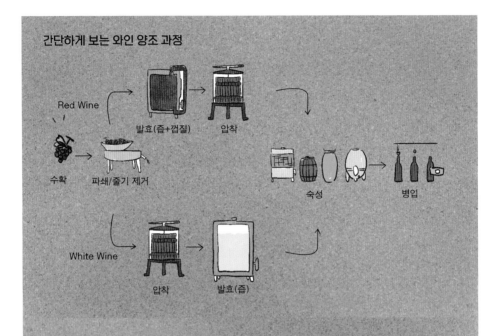

간단하게 보는 와인 양조 과정

Red Wine
수확 → 파쇄/줄기 제거 → 발효(즙+껍질) → 압착

숙성 → 병입

White Wine
압착 → 발효(즙)

- 수확Harvest: 포도가 알맞게 익은 가을에 수확이 진행된다. 수확은 기계나 손으로 진행되는데 고급 와인용이나 지형상 기계 사용이 어려운 곳은 손으로 수확한다. 심지어 귀부 와인 같은 특정 와인들은 재배자가 원하는 포도를 한 알씩 수확하기도 한다.

- 파쇄Crushing & 줄기제거Destemming: 양조장으로 옮겨진 포도는 타닌과 식물성 풍미의 추출을 방지하기 위해 줄기를 제거하며 상황에 따라 타닌과 구조감을 더하기 위해 의도적으로 일부 사용한다. 파쇄는 열매를 부드럽게 짜내고 껍질을 터트려 과육과 껍질이 분리되는 과정이다. 대부분의 화이트 와인은 이 단계는 생략한다.

- 압착Pressing & 발효Fermentation: 포도를 압착하여 즙을 추출하며 이때 쓴맛이 우러나지 않게 조심스럽게 진행하는 것이 관건이다. 화이트 와인은 최대한 빨리 압착하여 껍질, 씨와 접촉하는 시간을 줄이고 포도 즙만 발효하는 반면, 레드 와인은 껍질, 씨를 포도 즙과 일정 기간 같이 두는 침용Maceration 과정을 거쳐 색소와 타닌 등 필요 성분이 와인에 배게 한다. 이후 당분이 알코올로 변하는 발효를 진행하며 와인에 따라 사과산이 젖산으로 변하는 젖산 발효Malolactic Fermentation(MLF)를 추가로 거치기도 한다. 젖산 발효는 날카로운 산을 부드럽게 만들어 주며 레드 와인에서는 일반적이지만 화이트 와인에서는 선택적으로 행해진다.

- 숙성Aging : 떫은 타닌과 높은 산도가 부드러워지고 와인에 복합적인 풍미를 주는 화합 물질이 형성되는 과정이다. 다양한 용기의 선택이 가능하지만 일반적으로 오크 나무로 만든 오크통을 사용하며 저렴한 와인의 경우 오크칩을 담가 향을 우려내기도 한다. 대부분의 레드 와인은 오크통 숙성을 진행하며 화이트 와인은 선택사항이다. 일부 화이트 와인, 특히 샤르도네 품종의 상당수가 진행된다.

- 정제Clarification : 와인의 풍미에 영향을 끼치거나 탁해 보이게 하는 불필요한 침전물을 제거하고 안정화 시키는 과정. 달걀 흰자, 카제인, 젤라틴 등을 이용해 맑게 하거나 규조토 등으로 여과를 거친다.

- 병입Bottling : 완성된 와인을 병입하며 때에 따라 병 숙성을 진행한 후 출시한다. 마개를 덮고 레이블 부착과 같은 포장을 한다.

3. 레드 와인

레드 와인은?

레드 와인은 와인 구매 시 선택의 폭이 가장 넓고 대중적인 와인이다. 기름진 요리, 육류와 곁들여 즐기면 진가를 발휘하는 와인으로 꽃향기가 나는 섬세하고 우아한 스타일부터 진하고 부드러우며 오크 풍미가 어우러진 스타일까지 다양하게 존재한다. 언제나 편히 접할 수 있는 와인인 동시에, 세계에서 가장 유명하고 고급인 와인 역시 대부분 이에 속한다.

가장 많이 볼 수 있는 포도품종

까베르네 소비뇽 Cabernet Sauvignon
전 세계에서 가장 많이 볼 수 있는 친근한 품종

레드 와인의 왕이라 불리는 까베르네 소비뇽은 세계적으로 가장 널리 알려진, 흔하게 찾아볼 수 있는 품종이다. 두꺼운 껍질과 씨에서 우러난 강한 타닌, 적당한 산도와 무거운 바디감이 특징이며 강한 타닌과 산도는 장기 숙성이 가능하게 한다. 검붉은 과일, 피망의 매운 향, 민트, 연필을 깎고 나서 느낄 수 있는 연필심의 향 등이 느껴지며 생산 지역에 따라 맛에 차이가 발생한다.

17세기 프랑스 남서부에서 까베르네 프랑Cabernet Franc과 소비뇽 블랑을 교배하여 탄생한 품종으로 각 품종의 특징이 엿보이기도 한다. 프랑스 보르도의 까베르네 소비뇽 와인이 명성을 얻자 유럽뿐만 아니라 미국 캘리포니아, 칠레 등의 다양한 산지로 뻗어나가 그 지역의 대표 와인이 되었다.

조화로운 맛을 위해 메를로, 까베르네 프랑 등의 품종을 블렌딩하여 생산하는 경우가 많으며 이 양조법이 유래된 보르도의 이름을 따 보르도 블렌딩이라 부른다. 시원한 기후에서 생산되는 보르도와 칠레의 와인은 품종 고유의 풍미가 살아있으며 보르도는 숙성될수록 복합적인 맛을 완성한다. 따뜻한 기후의 캘리포니아 와인은 잘 익은 타닌과 당도로 부드럽고 높은 알코올을 지닌 풀바디의 와인이 많다.

» 추천지역

프랑스 보르도의 메독, 미국 캘리포니아 북부(나파와 소노마 카운티)와 중부 지역 및 워싱턴 주, 칠레(마이포 밸리), 호주, 이탈리아(토스카나), 아르헨티나, 남아공 등

» 마리아주

많은 타닌과 깊은 맛의 이 와인들은 갓 구운 소고기, 햄버거, 피자 등 기름진 음식과 잘 어울리며 숙성된 체더치즈와 함께 즐기는 것도 좋다.

보르도 블렌딩

보르도의 레드 와인을 만드는 까베르네 소비뇽, 메를로, 까베르네 프랑, 쁘띠 베르도Petit Verdot, 말벡Malbec, 까르미네르Carménère 품종의 혼합을 의미한다. 까베르네 소비뇽은 강한 타닌과 풍미를 지녀 와인의 뼈대를 이루고, 부드럽고 풍성한 느낌의 메를로와 채소, 꽃 향 등이 풍부한 까베르네 프랑 등 각 품종들은 한데 어우러져 복합적인 맛을 낸다. 이탈리아, 스페인 등의 유럽과 미국, 호주, 칠레 등에서도 이 블렌딩을 따르고 있으며 미국에서는 '메리티지Meritage'와인이라 한다. 이 외에도 미국, 호주에서는 시라 품종과 블렌딩되기도 하며 와인레이블에 '까베르네 소비뇽'이 기재되어 있는 경우, 각 지역의 법규에 따라 필수 블렌딩 비율은 다르지만 100% 해당 품종을 사용했거나 일정 비율 이상 품종이 섞였다는 것을 의미한다.

메를로 Merlot
부드럽고 매끄러우며 변화무쌍한 품종

까베르네 소비뇽과 함께 국제적으로 생산되는 품종이다. 메를로 100%의 뛰어난 와인도 생산되지만 까베르네 소비뇽과 주로 혼합되는 단짝 친구 같은 품종이다. 타닌이 까베르네 소비뇽보다 적고 과일 향이 풍부하며 중간 정도의 바디감과 실크같이 부드러운 질감을 지녔다. 블랙 체리, 라즈베리 같은 과일 향이 나며 오크 숙성 시 바닐라, 삼나무, 정향(치과에서 마취제로 쓰이는 성분, 스파이시한 향) 등의 향이 느껴진다.

도처에서 찾을 수 있는 품종이지만 고유의 특징이 살아 있는 와인을 찾기가 쉽지 않은 품종이다. 프랑스 보르도의 생 떼밀리옹Saint-Émilion, 뽀므롤 Pomerol 지역에서는 최고급 와인이 생산됨과 동시에, 따뜻한 기후에서 생산된 지나친 오크 풍미를 지닌 개성 없는 와인을 만날 수도 있다. 이탈리아에서 만들어지는 와인 역시 보르도 못지 않게 그 품질이 뛰어나며 캘리포니아의 부드럽고 접근하기 쉬운 와인도 사랑받고 있다.

» **추천지역**

프랑스의 보르도의 생 떼밀리옹과 뽀므롤, 이탈리아 토스카나, 미국 캘리포니아 북부(나파와 소노마 카운티, 몬트레이)와 워싱턴 주, 칠레 콜차구아 밸리, 호주, 남아공, 뉴질랜드 등

» **마리아주**

메를로가 주로 들어간 와인은 닭, 돼지고기나 양념이 강하지 않은 요리 특히 구운 야채, 버섯과 잘 어울린다.

피노 누아 Pinot Noir
섬세하고 우아한 향기를 마시는 와인

레드 와인 품종 중 가장 섬세하고 우아한 풍미를 지닌다. 기후에 매우 민감하고 재배하기가 까다롭다. 딸기, 라즈베리, 체리의 붉은 과일 향, 제비꽃, 장미, 축축한 흙과 나뭇잎 등 품종 본연의 향이 풍부하다. 낮은 타닌, 비교적 높은 산도, 가벼운 바디감, 낮은 알코올 도수(12~15%)를 지닌 와인이 생산된다.

서늘한 기후에서 새콤하고 단단한 붉은 과일 향, 꽃, 허브, 흙 향이 지배적인 섬세하고 가벼운 와인이 생산되는 반면, 따뜻한 기후에서는 잘 익은 라즈베리, 크랜베리의 스위트한 아로마와 풍성한 와인이 생산된다. 주로 향이 강하지 않은 프렌치 오크에서 숙성되며 일부 생산자들의 경우에는 지나치게 강한 오크 향으로 품종의 개성이 가려진 와

인을 생산하기도 한다.

프랑스 부르고뉴가 최고의 산지로, 부르고뉴의 영어명인 '버건디Burgundy' 컬러가 바로 이 지역의 피노 누아 와인색에서 유래했을 정도로 널리 알려져 있다. 수많은 와인애호가들의 드림 와인인 그 유명한 '로마네 꽁띠Romanée-Conti' 역시 이 품종으로 만들어지며 미국 캘리포니아를 비롯해 오리건Oregon 주, 뉴질랜드 등에서 양질의 와인이 생산된다.

» 추천지역

프랑스의 부르고뉴(꼬뜨 드 뉘), 미국 캘리포니아와 오리건 주, 독일, 뉴질랜드 등

» 마리아주

약한 소스(소금, 후추만 뿌린)의 닭, 오리, 돼지고기 등 흰 살 육류와 잘 어울리며 소고기 안심 같은 부드러운 붉은 살 육류와도 조화롭다. 익힌 연어처럼 기름진 생선도 추천한다.

시라, 쉬라즈 Syrah, Shiraz
향신료 향이 강렬하고 캐릭터가 확실한 와인

블루베리, 블랙베리 같은 검보라 빛 과일 향과 후추, 감초, 민트의 스파이시하고 강렬한 향이 매력적인 시라는 강한 타닌과 산도, 높은 알코올의 풀바디한 와인을 생산한다. 프랑스 론 지역과 호주가 대표적인 생산지로 보통 프랑스, 미국, 칠레 등지에서는 시라Syrah, 호주, 남아공에서는 쉬라즈

Shiraz로 표기한다.

시라와 쉬라즈는 서로 다른 이름만큼이나 상이한 캐릭터를 지니고 있다. 론의 시라는 강한 후추향, 허브, 꽃향기, 숙성 후의 베이컨, 야생적인 동물향을 느낄 수 있는 반면, 호주의 쉬라즈는 도톰하게 잘 익은 검은 과일 향, 달콤한 민트, 유칼립투스 등의 허브, 바닐라, 초콜릿, 시가 같은 오크 향이 강하게 느껴진다.

사전에 정보 없이 이 둘을 마신다면 같은 품종인지 알아채지 못할 정도로 스타일이 많이 다르다. 호주의 와인 생산자들은 자신이 만들고자 하는 와인스타일에 따라 이 둘 중 한 가지 이름을 선택할 수 있으며 규제가 없어 일관적이지는 않다. 북부 론의 시라 와인은 과거 귀족들로부터 고급 와인으로 사랑받아 왔으며 최근 큰 사랑을 받고 있는 호주의 쉬라즈 와인들은 편하게 즐기는 대중적인 와인이다.

» 추천지역

프랑스 북부 론 지역, 호주 사우스오스트레일리아, 스페인, 남아공, 미국, 칠레 등

» 마리아주

후추를 뿌린 바비큐와 짭조름한 족발, 베이컨과 치즈가 들어간 햄버거 등의 요리를 추천한다.

그 외 대표 품종

네비올로 Nebbiolo
이탈리아 명품 와인 '바롤로'의 품종

이탈리아를 대표하는 레드 와인 품종 중 하나로 안개Nebbia를 의미하는데, 이는 수확 철인 10월경에 재배 지역인 피에몬테에 짙게 밀려드는 안개에서 유래된 것이다. 부르고뉴에서 피노 누아로

단일 품종의 최고급 와인을 만들듯이 피에몬테에서도 네비올로 100%를 사용하여 '바롤로Barolo', '바르바레스코Barbaresco'와 같은 최고급 와인을 만들어 낸다. 타닌이 다량 함유된 풀바디한 와인을 만들지만 오렌지 컬러가 감도는 반투명한 외관을 하고 있다. 강한 타닌과 높은 산도로 숙성된 후 마셔야 진가를 발휘한다. 체리, 말린 자두, 장미꽃, 홍차, 타르, 트러플 등의 독특한 아로마를 느낄 수 있으며 추운 산지인 피에몬테에서 기름진 음식과 함께 즐긴다.

» 추천지역

이탈리아 피에몬테

산지오베제Sangiovese
이탈리아 토스카나를 대표하는 숙성될수록 진국인 와인

'끼안티' 와인으로 국내에서는 잘 알려진 이탈리아 토스카나Toscana 지역에서 주로 재배되는 품종이다. 라틴어로 '제우스의 피Sanguis Jovis' 라는 뜻의 이름을 지녔으며 피같이 선명한 붉은색에서 숙성되면서 적갈색으로 변하고 높은 타닌과 산도를 함유하여 숙성되었을 때 더 복합적이고 부드러운 와인을 즐길 수 있다. 체리, 자두, 무화과 등 과일 향과 토마토, 대추, (숙성되면)가죽 향이 느껴진다. 토스카나의 '끼안티Chianti', '브루넬로 디 몬탈치노Brunello di Montalcino', '비노 노빌레 디 몬테풀치아노Vino Nobile di Montepulciano' 등의 와인이 대표적이며 변종이 다양하게 일어나는 특성을 가지고 있는데 '브루넬로'는 검고 진한 고급 종이다. 피자, 파스타와 같은 토마토소스 베이스의 요리, 한식과도 잘 어울린다.

» 추천지역

이탈리아 토스카나

템프라니요Tempranillo
스페인의 최고급 와인을 만드는 귀족 품종

일찍, 이르다는 뜻의 스페인어 'Temprano'에서

파생된 이름답게 척박한 스페인에서도 다른 레드 품종들보다 빨리 익는 품종이다. 딸기, 체리, 자두, 말린 무화과의 향이 강하며 주로 미국산 오크를 사용하는 스페인 와인의 특성상 바닐라, 삼나무, 시가의 스위트한 오크 향도 풍부하게 느낄 수 있다. 높은 알코올과 무거운 바디감, 중간 이상의 타닌과 산도를 느낄 수 있으며 다른 품종과 블렌딩하거나 오크에 장기 숙성하여 풍미를 증가시키는 편이다. 전 세계 4위의 재배 면적을 가진 품종으로 약 80% 이상의 포도밭이 스페인에 위치한다. 스페인의 리오하Rioja와 리베라 델 두에로 Ribera del Duero가 대표적인 산지이다. 리베라 델 두에로에서는 틴토 피노Tinto Fino라고 불린다. 생산 지역에 따라 울 데 예브레Ull de Llebre, 틴타 델 파이스Tinta del Pais, 틴타 데 토로Tinta de Toro, 쎈시벨Cencibel이라 불리고 포르투갈에서는 틴타 로리즈Tinta Roriz 등으로 불리는 등 다양한 이름을 가졌다. 스페인의 최고급 와인으로 여겨지는 '베가 시실리아, 우니코Vega-Sicilia, Unico' 와인을 생산하는 품종이다. 숯불로 구운 고기요리, 족발, 하몽 같은 햄과 좋은 마리아주를 보인다.

» 추천지역

　스페인 리오하, 리베라 델 두에로, 라만차 지역 등

진판델 Zinfandel
미국에서는 진판델 이탈리아에서는 프리미티보?

미국에서 특화된 대표 레드 와인 품종이다. 블루베리, 건자두 등 과일 향이 잼 같이 달콤하게 나고 후추, 시나몬 같은 향신료 및 담배 향을 풍긴다. 적당한 타닌, 높은 산도와 알코올 도수를 지녔으며 스위트한 로제 와인인 '화이트 진판델'부터 진한 레드 와인까지 다양하게 생산된다. 미국에서는 초보자들도 편하게 마실 수 있는 스위트 로

제 와인이 무려 85%의 높은 비율로 생산되고 있다. 이탈리아에서는 '프리미티보Primitivo'라는 이름으로 풀리아Puglia 지역에서 주로 생산되며 가볍게 즐길 수 있는 레드와 진하고 부드러운 스타일도 생산된다. 미국 캘리포니아의 '릿지 에스테이트Ridge Vineyards'와 '털리Turly', '세게지오 Seghesio' 와이너리의 와인이 대표적이다. 달콤한 소스의 돼지고기볶음, 돈가스, 베이컨과 햄 등의 단맛과 짠맛의 조화가 좋다.

123

» 추천지역

　미국 캘리포니아(소노마의 드라이 크릭 지역, 나파 밸리, 파소 로블레스 등)

말벡 Malbec
아르헨티나를 주름잡은 독보적인 품종

보르도 레드 와인 블렌딩 품종 중 하나로 프랑스의 남서부 지역에서 재배되었으나 현재는 아르헨티나의 대표 와인으로 널리 사랑받고 있다. 아르헨티나는 전 세계 말벡 포도밭의 약 77%의 면적을 차지하며 이 중 85% 이상이 멘도자Mendoza에서 생산된다. 블랙 체리, 블루베리의 과일 향과 코코아, 모카, 가죽 등의 아로마를 가졌고 미디엄 산도와 타닌을 지니며 바디감은 무거운 편이다. 프

랑스에서는 검은 자두, 가죽 같은 풍미가 느껴지는 원초적이고 터프한 스타일이 생산되는 반면 아르헨티나의 와인은 조금 더 블랙베리, 블랙 체리의 과일 향과 재스민, 라일락 같은 꽃 향, 오크 숙성으로 인한 밀크 초콜릿, 바닐라의 풍미가 강한 편이다. 양념이 강하지 않은 육류 요리, 에담 치즈와 매치한다.

» **추천지역**

아르헨티나 멘도자 지역, 프랑스 남서부 지역(까오르)

GSM 블렌드
함께할 때 더 큰 시너지를 내는 환상의 팀

GSM블렌드 와인은 그르나슈Grenache, 시라Syrah, 무르베드르Mourvèdre를 혼합하여 만드는 레드 와인으로 프랑스 론 지역에서 시작되었다. 그르나슈와 무르베드르는 스페인에서도 생산되며 스페인에서 그르나슈는 가르나차Garnacha, 무르베드르는 모나스트렐Monastrell이라 불린다. 붉은 과일 향을 풍기며 높은 알코올을 만드는 그르나슈, 후추와 민트 같은 향신료 향과 타닌이 강한 시라, 부드럽고 검은 과일 향이 강한 무르베드르의 개성이 한데 어우러진 와인이 만들어진다. 프랑스 남부 론에서 '샤토네프 뒤 파프Châteauneuf du Pape', '지공다스Gigondas' 등의 와인으로 유명하며 호주와 캘리포니아에서도 이 환상의 팀이 혼합된 와인을 생산한다.

» **추천지역**

프랑스 남부 론 지역과 랑그독 지역, 호주 사우스 오스트레일리아 지역(여기서는 무르베드르를 마타로Mataro라고 부른다), 캘리포니아 중부 지역

프렌치 패러독스, 레드 와인은 건강에 좋다?

프렌치 패러독스French Paradox는 상대적으로 고지방을 섭취하는 프랑스인들의 심장병 발병률이 오히려 다른 선진국들보다 현저하게 낮다는 연구결과에서 유래된 말이다. 특히 와인 소비량이 높은 프랑스 남부의 툴루즈Toulouse 지역이 가장 낮은 발병률을 보였으며 이로 인해 와인이 건강에 끼치는 영향이 주목받기 시작했다. 와인에 함유된 페놀 화합물의 일종인 레스베라트롤Resveratrol이 심장병 예방에 도움이 되는 것으로 밝혀졌는데 특히 레드 와인에 다량 함유되어 있다. 레스베라트롤은 곰팡이로부터 포도가 자신을 보호하기 위해 생성하는 강력한 항산화 성분이다.
1991년 미국 CBS 뉴스 채널의 '60분'이라는 다큐멘터리 방송에서 이 주제를 다루며 심장병 발병률이 높았던 미국인들에게 뜨거운 관심을 받았고 당시 미국 내 레드 와인 판매량이 40% 이상 증가하기도 했다. 그러나, 충분한 효과를 얻기 위해서는 많은 양의 와인을 필요로 하여 알코올의 독성도 양립하므로 기름진 음식과 1~2잔의 와인을 함께 하길 추천한다. 또한 레드 와인이 한국인들에게 치명적인 헬리코박터 균의 감염도를 감소시키고 알츠하이머의 발병 위험성을 낮춰준다는 연구 결과가 있다. 이 역시 알코올의 과다 섭취는 알코올성 치매를 야기할 수 있으니 모든 음식이 그렇듯이 '적당한' 양의 와인을 즐겨야 한다.

4. 스위트 와인

스위트 와인은?

사양각색의 디저트 문화가 발전하며 스위트 와인의 인기는 점점 증가하고 있다. 많은 사람들이 드라이 와인과 스위트 와인의 구별을 어려워하는데 진정한 스위트 와인은 우리가 생각하는 것 이상으로 높은 당도를 지닌 고급 와인이다. 코카콜라의 잔당 함량이 대략 108g/L라면 스위트 와인은 무려 3~4배에 육박하는 400g/L 이상까지도 존재한다. 또한 스위트 와인은 당도나 스타일에 관한 특정 용어가 반드시 붙으므로 용어만 숙지한다면 이 둘을 구별하는데 어려움을 겪지 않을 수 있다. 크리스마스나 기념일에 술을 즐기지 않는 사람과도 편하게 마실 수 있는 와인이며 단순히 디저트와의 조합을 넘어 극강의 맛을 선사하는 마리아주가 존재하니 만들어지는 방식과 스타일에 따라 다양한 스위트 와인을 골라 마셔보자.

　　스위트 와인을 만드는 방식은 크게 발효가 완전히 끝나기 전에 중단하여 잔당을 남기는 방법과 수분이 감소된 포도의 농축된 당도로 만드는 방법 등이 있다. 고급 와인들은 일반적으로 후자의 방법으로 만들어지며 아이스 와인과 귀부 와인이 대표적이다.

아이스 와인 Ice Wine (잔당량 160~320g/L)
새콤달콤, 절인 과일 향이 가득한 와인

이름 그대로 꽁꽁 언 포도로 만들어지는 와인. 감귤류, 통조림 복숭아, 사과 주스 같은 상큼한 아로마가 느껴지며 추운 온도에서 유지된 산도와 농축된 당도의 밸런스가 좋아 새콤달콤한 맛을 내는 와인이다. 일반적인 수확 시기를 지나 겨울까지 포도나무에 남겨진 포도는 영하 7~8°C 이하의 추운 날씨에 수분이 얼어붙게 된다. 단단하게 언 포도를 빠르게 수확한 후 강하게 압착하면 얼어붙은 수분을 제외한 농축된 즙을 얻을 수 있는데 보통 포도 즙의 1/3에 불과하다. 수확 시 얼음이 녹아 포도에 수분이 스며드는 것을 방지하기 위해 보통 동이 트기 전에 수확이 이뤄진다. 이렇게 만들어진 와인의 알코올 도수는 6~13% 정도이다.

　　18세기 이후 독일에서 '아이스바인Eiswein'이라는 이름으로 양조되던 이 고급 와인은 오늘날 캐나다에서 보다 대중적이고 가성비 좋은 와인으로 생산되고 있다. 독일에서는 주로 리슬링 품종을, 캐나다에서는 비달Vidal과 카베르네 프랑, 리슬링을 사용한다. 유럽과 캐나다에서는 인공적으로 언 포도로는 와인 생산이 불가능하고 'Ice Wine'이라는 이름을 쓰지 못한다. 본래 소량 생산되던 독일의 아이스 와인은 온난화 현상으로 인해 2019년과 2020년에 전국적으로 생산에 실패하였고 현재는 캐나다가 전 세계 생산량의 80% 이상을 점유하고 있다. 이처럼 따뜻한 겨울이 지속되면 앞으로 독일산 아이스 와인은 더욱 찾기가 어려워질 것이다.

▲ 이니스킬린, 비달 아이스 와인
나이아가라 페닌슐라

캐나다 온타리오 주의 나이아가라 페닌슐라, 브리티시 콜럼비아 주의 오카나간 밸리, 독일의 모젤 등

캐나다 이니스킬린Inniskillin, 필리터리 에스테이트 Pillitteri Estates, 마그노타Magnott 와이너리와 독일의 닥터 루젠Dr. Loosen 등

귀부 와인 Noble Rot Wine (잔당량 150~600g/L 이상)
곰팡이가 만들어 내는 와인, 혀가 얼얼할 정도로 농밀한 당도, 무게감과 독특한 아로마

귀하게 'Noble' 부패한 'Rot'이라는 뜻을 지닌 귀부 와인은 보트리티스 시네레아Botrytis Cinerea라는 곰팡이로 인해 생겨난 와인이다. 곰팡이는 모든 식물에 치명적이지만 와인 양조용 포도에 적절하게 생기면 독특하고 매력적인 스위트 와인이 만들어진다. 귀부 와인은 한정된 산지에서 매년 날씨에 따라 생산이 결정되기 때문에 '자연이 주는 선물'이라 불린다. 강이나 계곡 인근의 습한 포도밭에 이른 아침 안개가 피면 곰팡이가 포도 껍질에 침투하여 미세한 구멍을 만든다. 이대로 습한 환경이 지속되면 포도가 회색으로 썩어 '그레이 롯 Grey Rot'이 되지만, 따뜻하고 건조한 오후가 이어지면 과육의 수분이 미세한 구멍이 난 껍질을 통해 증발되고 쪼그라들어 당도와 풍미가 농축된다. 고급 와인은 제대로 곰팡이가 핀 열매만 한 알씩 선별 수확하며 적은 수분 함량으로 생산량 또한 극히 적어 필연적으로 가격이 높다. 대부분 귀부병이 잘 일어나는 포도 껍질이 얇은 청포도 품종으로 양조되며 꿀처럼 진하고 달콤하다. 귀부균으로 인해 마른 포도가 매달린 포도밭을 보면 누군가는 포도 농사를 망쳤다고 오해할 수

127

▲ 이른 아침 포도밭에 안개가 짙게 끼었다.

있지만 이 포도로 만들어진 와인은 세계의 미식가들이 열광하는 짙은 황금색의 풍부한 풍미를 지닌 최고급 와인에 속한다.

가장 대표적인 와인은 프랑스 보르도 지방의 소테른Sauternes에서 생산되며 '소테른 와인'은 귀부 와인과 동일시된다. 귀부균이 형성되지 않은 해에는 드라이한 와인도 생산하지만 오직 귀부 와인에만 와인레이블에 소테른이라는 이름을 허락한다. 껍질이 얇은 세미용 품종에 소비뇽 블랑을 주로 혼합하여 만들어지며 황도 복숭아, 살구, 잘 익은 파인애플 같은 과일 향과 귀부균에서 비롯된 꿀,

▲ 샤토 디켐

호박 사탕, 견과류, 밀랍, 훈제 향이 강하게 느껴진다. 소테른 지역의 최고 등급 와인인 '샤토 디켐Château d'Yquem'이 가장 유명하며 소테른 옆의 바르삭Barsac 지역에서도 질 좋은 귀부 와인이 생산된다.

또 다른 귀부 와인, 헝가리의 토카이Tokaji 와인은 프랑스 베르사유 궁에 납품되던 와인으로 루이 14세는 이를 '와인의 왕이자, 왕의 와인'이라 칭했다. 유럽 왕실이 사랑했고 괴테, 베토벤, 리스트, 슈베르트 등 세기의 예술가들이 그들의 작품에 인용하기도 한 토카이는 가장 오랜 역사를 지닌 스위트 와인이기도 하다. 2002년 유네스코 세계 문화유산으로 지정된 헝가리 북동쪽의 토카이는 와인 산지 이름으로, 푸르민트Furmint 와 하르슈레벨뤼Hárslevelü 등의 품종으로 만든 동

▲ 루이 14세 Louis_XIV

▲ 샤토 데레즐라,
토카이 아쑤 6 푸토뇨즈

명의 귀부 와인, 토카이로 널리 알려졌다. 토카이는 토카이 아쑤Tokaji Aszú 와 에쎈시아Eszencia로 나뉜다. 귀부균에 의해 당도가 농축된 포도의 반죽을 '아쑤Aszú'라 부르는데 이 아쑤에 균에 영향을 받지 않은 일반 와인을 적절하게 섞어준다. 토카이 아쑤 와인레이블에는 전통적으로 '3~6 푸토뇨쉬Puttonyos'라는 용어를 볼 수 있는데 아쑤가 몇 바구니Puttony 들어갔는지를 표현하는 것이며, 그 수치에 따라 당도가 높아진다. 6 푸토뇨쉬의 당도가 가장 높은데, 숫자가 클수록 가격도 비싸지며 요즘은 정확한 잔당 수치를 측정한 후 구분하고 있다. 2013년 이후로는 잔당이 120g/L 이상인 경우 이 푸토뇨쉬의 수치를 생략하고 토카이 아쑤라는 명칭만도 기재할 수 있게 되었다. 에쎈시아는 오로지 아쑤로만 만든 와인으로 평균 500~700g/L 의 당도를 지니며 어떤 해에는 무려 900g/L을 넘어섰다. 당도가 너무 높아 알코올 도수 5~6% 이하로 발효가 잘 이뤄지지 않고 200년 이상 숙성도 가능하다고 한다.

소테른, 토카이 와인과 함께 세계 3대 귀부 와인으로 꼽히는 독일 와인 '트로켄베렌아우스레제Trockenbeerenauslese(TBA)'는 Trocken(마른), Beeren(열매), Auslese(선별한)의 뜻으로 귀부병에 걸린 리슬링을 까다롭게 선별하여 양조한, 산도와 당도가 극도로 농축된 와인이다. 어려운 이름만큼 희소한 와인이다. 독일 와인을 당도와 품질로 나눈 등급 '프라디카츠바인Prädikatswein'의 최고의 당도 등급에 속한다.

추천 지역

프랑스 소테른, 바르삭 지역과 알자스, 독일 모젤, 라인 지역, 헝가리 토카이, 오스트리아 등

유명 생산자

소테른의 샤토 디켐Château d'Yquem, 샤토 기로 Château Guiraud, 샤토 쉬드로Château Suduiraut, 샤토 리외섹Château Rieussec, 샤토 쿠테Château Coutet 등(같은 유명 샤토에서 생산되는 세컨드 와인에 도전해보자), 헝가리의 샤토 데레즐라Château Dereszla, 로얄 토카이Royal Tokaji 등

그 외 스위트 와인

늦게 수확한 포도로 만들어지는 '레이트 하비스트Late Harvest' 와인은 포도가 나무에 매달려 있는 동안 수분이 증발되며 농축된 성분을 이용하여 스위트 와인을 만드는데 일부 귀부병의 영향을 받기도 한다. 독일 리슬링 품종의 와인들이 대표적이며 알자스에서는 '방당쥬 따흐띠브Vendange Tardive'라 불리기도 한다. 이탈리아의 베네토 지방에서 수확한 포도를 통풍이 잘 되는 대나무 선반이나 짚 매트에 놓고 몇 주에서 몇 달 동안 건조하여 당도와 풍미를 집중시키는 '아파시멘토Appassimento' 기법을 이용한 스위트 와인인 '레치오토Recioto' 등이 존재한다.

5. 강화 와인

강화 와인은?

와인 한 잔이 생각나는, 잠이 오지 않는 밤에 어울리는 와인이 있을까? 일반 와인은 오픈 후 하루만 지나도 맛이 달라지고 3~4일 내로 마셔야 하기에 750ml나 되는 와인 한 병을 오픈하기에는 부담스러울 것이다. 그럴 때 높은 알코올 도수로 오픈 후에도 최대 2주~한 달까지 보관 가능한 강화 와인은 탁월한 선택이다. 강화 와인은 알코올 도수를 높인 와인으로, 일반 와인에 브랜디를 첨가하여 만들어진다. 브랜디는 과일을 발효하여 증류한 것을 일컫는데 강화 와인에 사용되는 것은 와인을 증류한 것이며, 이렇게 와인을 증류한 것 중 고급 브랜디가 바로 코냑이다. 디저트 와인으로 사랑받는 이 와인은 높은 알코올 도수와 생소한 풍미, 여기에 얽힌 역사적 이야기가 어우러져 새로운 경험을 선사한다. 대표적인 강화 와인으로는 포르투갈의 포트Port, 포르투갈의 마데이라 섬에서 생산되는 마데이라Madeira, 스페인의 셰리Sherry가 있고, 그 외에 이탈리아 시칠리아 섬의 마르살라Marsala, 호주의 뮈스카Muscat 등이 있다.

포트 와인 Port Wine
쌉싸름한 다크초콜릿 한 조각과 함께 달콤하게 즐기면 좋을 와인

포르투갈에서 생산되며 와인에 포도를 발효하여 만든 브랜디Aguardente(아구아르덴테)를 혼합하여 만든다. 포트는 와인이 발효되는 도중에 알코올 도수 약 77%의 브랜디를 첨가한다. 높은 알코올 성분이 효모를 죽여 발효가 중단되며 미처 알코올로 변하지 못한 잔당으로 인해 달콤한 맛이 나게 된다. 브랜디는 전체의 약 30%에 달하는 양이 첨가되며 포트의 법적 최소 알코올 도수는 17.5%로 보통 18%~20%의 높은 알코올 도수를 갖는다. 이와 같이 높은 알코올 함량은 천연 방부제 역할을 하기 때문에 와인의 현대적인 보존과 운송 방법이 발달하지 않았던 과거에 다양하게 생겨나게 된 것은 필연적이었다. 또한, 장거리를 운송하기에 적합한 이 와인들은 대부분 섬이나 항구도시에서 발달하게 되는데 포트 와인 역시 마찬가지였다. 1700년대 초, 영국은 프랑스와의 전쟁으로 프랑스산 와인의 수입이 어려워졌고 그 대안으로 포르

투갈 와인을 수입하게 된다. 포르투갈과 맺은 메투엔 조약Methuen Treaty에 따라 영국은 포트 와인을 비롯한 다양한 와인들을 낮은 관세로 수입하기 시작하였다. 그때부터 영국에서 포트 와인은 유명세를 떨치게 되었으며 지금의 대부분의 포트 와인 회사들이 영국에서 생겨나게 된 이유이다.

▲ 포르투 Porto

포트는 포르투갈 북부의 도우로 밸리Douro Valley에서 생산되는데 포트라는 이름의 유래는 17세기 후반 포트를 전 세계로 수출하였던 서쪽의 항구도시 포르투Porto에서 유래되었다. 과거에는 '라가르Lagar' 라는 화강암으로 만든 낮은 통에 사람이 들어가 발로 포도를 으깨어 발효시켰으며 완성된 포트는 포르투 지역의 도시, '빌라 노바 드 가이아Vila nova de gaia'의 지하 셀러에서 저장과 숙성을 거쳐 출시된다.

품종

법적으로 100여 종의 포도 품종이 사용 가능하나 주로 뚜리가 나시오날Touriga Nacional, 뚜리가 프란카Touriga Franca, 틴타 까웅Tinta Cão, 틴타 로리즈(뗌쁘라니요)Tinta Roriz, 틴타 바호카Tinta Barroca로 만들어진다.

종류

컬러에 따라 루비Ruby, 토니Tawny, 화이트White, 로제Rosé 포트 등으로 나뉘며 그 안에서도 생산 방식에 따른 스타일 차이가 있다.

» **루비 포트** Ruby Port

강렬한 붉은 과일 향과 초콜릿 풍미가 인상적인 루비 포트는 가장 합리적인 가격으로 접근성이 좋다. 여러 해의 와인을 블렌딩하여 대형 오크통에서 2~3년 정도 숙성을 거치며, 약 4~6년간 숙성되는 프리미엄 루비 포트는 리저브Reserve가 붙는다.

» **LBV** Late Bottled Vintage Port

매년 단일 빈티지의 와인을 최소 4~6년 이상 대형 오크통에 숙성시켜 출시되는 와인이다. 합리적인 가격으로 출시되며 장기 숙성할 필요 없이 바로 마시는 것이 좋다. 레이블에는 빈티지와 병입 연도가 표기된다.

» **빈티지 포트** Vintage Port

가장 고가로 판매되는 빈티지 포트는 작황이 좋은 해에만 만들어지는 특별한 와인으로 10년 동안 약 3~4번 정도만 생산된다. 최상급 포도밭의 선별된 포도를 사용하여 오크통에서 약 2년간 숙성 후 병입하는데 이후 10~40년 이상 숙성이 가능하다. 숙성 후 더욱 부드럽고 농축된 맛을 낸다. 여과를 하지 않아 숙성 과정에서 찌꺼기도 생기기 때문에 이를 걸러내는 디캔팅을 거친 후 마시는 것이 좋다.

» **토니 포트** Tawny Port

토니 포트는 위 포트들과 대조적으로 갈색 컬러의 캐러멜과 견과류 풍미가 강하다. 더 작은 오크통 숙성을 거치며 산화가 일어나고 맛이 부드러워진다. 일반 토니 포트는 최소 2년 이상 짧게 숙성시켜 가벼운 편이다.

» **숙성 토니 포트** Aged Tawny Port

10~40년 정도 숙성 후 병입되며 견과류, 흑설탕, 캐러멜 등의 다양한 향이 복합적이고 원숙한 풍미의 와인이다. 포트 와인 중 가장 섬세한 스타일로 숙성 기간은 병 레이블에 적힌 '10years', '20years' 등의 명칭으로 확인 가능하다.

» **콜레이타** Colheita

'수확'이라는 뜻의 콜레이타는 한 해에 생산된 포도를 사용하며 최소 7년 이상 작은 오크통에서 숙성된 토니 포트로 전체 생산량의 단 1% 정도만 차지한다.

» **싱글 퀸타 빈티지 포트**

Single Quinta Vintage Port(SQVP)

빈티지 포트와 유사하나 단일 포도원에서 생산한 포도를 사용한다.

» **화이트 포트** White Port

적포도 품종으로 만드는 일반적인 포트와 달리 청포도 품종으로 만들어지며 포트 생산량 중 10% 정도를 차지한다. 일반적으로 발효가 진행된 후반에 브랜디를 혼합해 다른 포트에 비해 단맛이 적고 칵테일로 많이 사용된다.

» **로제 포트** Rosé Port

2008년 이후 첫 출시된 로제 포트는 와인애호가들에게도 아직은 낯설다. 포도껍질과 즙의 접촉을 최소화하여 만들어지며 딸기, 바이올렛, 캐러멜 같은 아로마가 느껴진다.

이외에도 여러 빈티지를 혼합하여 다양한 특성을 최대한 활용한 크러스트 포트Crusted Port 등이 있다.

루비 포트 vs 토니 포트

신선함과 과일 향이 특징인 레드 컬러의 루비 포트는 대형 오크통Oak Casks에서 산소와의 접촉을 최소화하여 2~3년 정도 숙성을 거치는 반면, 토니 포트는 작은 오크통Oak Barrel에서 보다 많은 산소와 장기간 숙성되기 때문에 갈색 컬러를 띠고 견과류, 캐러멜 같은 향이 느껴진다.

▲ 토니 포트　　▲ 루비 포트

유명 생산자

국내에서도 쉽게 만나볼 수 있는 대표적인 생산자는 그라함Graham, 테일러Taylor, 다우Dow, 샌드맨Sandeman 등이다. 가장 합리적인 가격대로는 루비 포트와 LBV가 있고, 빈티지 포트와 장기 숙성된 토니 포트는 더 높은 가격대이다. 다우Dow가 벨기에의 초콜릿 회사와 손잡고 출시한, 초콜릿

과 궁합이 좋은 '다우, 너바나 리저브 포트Dow's, Nirvana Reserve Port'도 유명하다.

마리아주

시원하게 칠링 후 시음한다. 쌉싸름한 다크초콜릿이나 찐득한 초코 케이크, 체리나 블루베리 파이, 고르곤 졸라 같은 블루치즈를 추천한다.

셰리 와인 Sherry Wine
오로지 스페인 남부에서만 만들어지는 독특한 풍미, 타파스와 함께 하면 좋을 와인

드라이한 스타일부터 극도로 달콤한 스타일까지 다양한 매력을 지닌 셰리 와인은 스페인 남부의 안달루시아Andalucía 지방의 도시, 헤레즈 델 라 프론테라 Jerez de la Frontera에서 생산된다. '셰리'라는 이름은 생산지인 헤레즈Jerez(Xérès) 지역의 영어식 표현에서 유래된 것이다. 16세기 말, 유럽에서 최고의 명성을 떨쳤던 셰리는 특히, 1587년 영국군 프란시스 드레이크Francis Drake가 헤레즈의 항구 도시

▲ 엘리자베스 여왕 1세가 프란시스 드레이크의 공로를 치사하며 기사 작위를 내리는 장면(1580)

인 카디즈Cadiz를 약탈한 후 전리품으로 영국에 들여오며 큰 인기를 얻고 대중화되었다. 드라이한 셰리는 식전주로, 스위트한 셰리는 디저트 와인으로 즐긴다.

품종

청포도 품종인 팔로미노Palomino, 페드로 히메네즈Pedro Ximénez, 모스카텔Moscatel로 양조되며 드라이한 셰리에 사용되는 팔로미노가 셰리 생산의 90%이상을 차지한다. 페드로 히메네즈와 모스카텔은 달콤한 셰리 생산에 사용되지만 재배가 까다롭고 생산량이 적다.

종류

피노Fino, 만자니야Manzanilla, 아몬티야도Amontillado, 올로로소Oloroso, 크림Cream, 페드로 히메네즈Pedro Ximénez(PX) 등

양조

셰리의 양조 방식은 다른 와인보다 독특하고 까다롭다. 드라이한 셰리 와인은 포트 와인과는 대조적으로 발효가 완전히 끝난 후 브랜디를 첨가한다. 산화 방지를 위해 오크통 숙성 시 산소의 유입을 최소화하는 일반적인 와인과는 달리 오크에 25% 정도의 산소를 유입하여 와인을 산화시키는데, 이 과정에서 플로르Flor 라고 하는 흰색 효모막이 표면을 덮는다. 꽃을 의미하는 이름처럼 꽃이 핀 듯한 누르스름한 흰색 효모막이 와인의 산화를 방지하며 유입된 소량의 산소와 반응하여 고유의 풍미를 띠게 된다. 이 독특한 효모인 플로르는 신기하게도 다른 지역으로 가져가면 변이를 일으키거나 사멸한다. 발효가 끝난 후 강화되며 최소 2년 이상 오크통 숙성을 진행한다.

» **피노**Fino(15-17%)

팔로미노 품종으로 만들며 플로르의 영향을 받은 기본 타입으로 옅은 컬러, 드라이하고 낮은 산도를 지닌다. 플로르에서 기인해 마치 아몬드 같은 향이 나는 신선한 와인이며 해산물과 궁합이 좋다.

» **만자니야**Manzanilla(15-17%)

바다 바람이 불어오는 습한 지역, 산루까르 데 바라메다Sanlúcar de Barrameda의 항구 근처에서 만들어지는 짭조름한 맛의 가볍고 섬세한 피노 셰리이다.

» **아몬티야도**Amontillado(17-20%)

피노 셰리와 동일한 양조과정을 겪지만 더 오래 숙성하며 산화된 진한 색과 견과류 풍미를 얻는다. 너무 빨리 산화되지 않도록 17% 이상으로 추가 강화되며 드라이하다. 약간의 단맛이 나는 아몬티야도도 생산되었으나 현재는 아몬티야도라는 명칭을 쓸 수 없다.

» **올로로소**Oloroso(18-20%)

자연스레 흘러나온 즙인 프리런Free-Run 주스만을 사용하는 위 와인들과는 달리 더 거칠고 무거운 압착 즙을 사용한다. 초기에 높은 도수로 강화시켜 플로르 형성이 억제되며 장기간 산화로 짙은 호박

색과 견과류, 담배, 향신료 같은 매우 강한 아로마를 얻는다. 일반적으로 올로로소는 고급으로 여겨진다.

이외에도 페드로 히메네즈와 모스카텔 품종으로 동일한 이름의 스위트한 셰리를 만들며 이들과 아몬티야도나 올로로소를 블렌딩하여 아주 농밀하고 진한 타입의 스위트 와인인 크림 셰리Cream Sherry, 페일 크림Pale Cream 등을 만든다. 이 외에도 아몬티야도와 올로로소의 중간 느낌을 주는 팔로 코르타도Palo Cortado 등의 다양한 스타일이 있지만 희귀하여 국내에서 만나기는 쉽지 않다.

셰리가 숙성되는 방식, 솔레라 시스템

커다란 오크통이 피라미드 형태의 4층 높이로 쌓여 있는 장관, 이것이 바로 솔레라 시스템Solera System이다. 가장 오래된 셰리가 들어있는 맨 아래층은 솔레라 층, 두 번째로 오래된 와인이 들어있는 2층부터는 올라가면서 첫 번째 크리아데라Criadera, 두 번째 크리아데라 층으로 불린다. 최근에 만든 와인이 담긴 맨 위층은 소브레타블라스Sobretablas라고 한다. 솔레라 층의 통에 든 와인이 병에 담겨 나가면 통의 비워진 공간은 그 위층의 와인으로 채워진다. 위에서 밑으로 점차적으로 통이 채워지는 방식으로 여러 빈티지가 섞여 일관적인 맛을 유지할 수 있다. 따라서 셰리는 레이블에서 빈티지를 찾아볼 수 없다. 셰리를 만드는 이 전통적인 숙성 방식은 일부 샴페인 양조자들도 응용하고 있다.

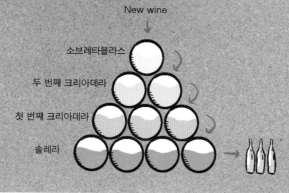

유명 생산자

스페인 내 생산량이 소량이며 국내에 수입되는 와인 또한 드물다. 곤잘레스 비야스Gonzalez Byass, 보데가스 루스토Bodegas Lustau, 티오 페페Tio Pepe 등이 있으며 와인 판매점에 방문 전 미리 문의하는 것을 추천한다.

마리아주

신선하고 드라이한 피노와 만자니야는 해산물 요리와 잘 어울리는데 특히 스시, 새우튀김, 구운 생선과 궁합이 좋다. 아몬티야도는 닭, 오리 등과 어울리며 더 무겁고 향이 강한 올로로소는 돼지, 소, 양 등의 무거운 육류를 추천한다. 스위트 셰리는 티라미수, 다크초콜릿, 바닐라 아이스크림이 좋다. 무엇보다도 셰리 산지에서 처음 생겨난 여러 재료가 올라간 타파스를 종류별로 곁들여 보자.

셰리 캐스크 숙성 위스키?

멕켈란, 조니 워커, 글렌 리벳, 발베니, 달모어 등 국내 위스키바에서도 큰 인기를 끌고 있는 스카치 위스키들의 전면 레이블에는 Sherry Cask(Finish), Oloroso Sherry Casks와 같이 셰리 캐스크에서 숙성되었다는 용어를 자주 볼 수 있다. 영국과 미국의 위스키 소비가 늘어나며 위스키 증류소들은 구하기 쉽던 와인이나 셰리 와인을 담았던 오크통을 위스키 보관용으로 사용하게 되었다. 이후 보관된 통에 따라 맛에 차이가 생겨나자 셰리 캐스크나 버번 배럴 등을 선택하여 사용하기 시작했다. 셰리는 와인 풍미에 영향을 끼치지 않는 오래된 미국산 오크 캐스크에서 숙성되는데 이 과정에서 나무의 풍미를 매력적으로 변화시킨다. 이 통에서 숙성된 위스키는 나무와의 상호작용으로 풍미의 상당 부분이 발전하게 되며 이전에 담겨 있던 셰리의 종류(피노, 올로로소 등)에 따라 풍미가 크게 달라진다.

그 외 강화 와인

포르투갈의 마데이라 섬에서 생산되는 마데이라Madeira는 드라이한 스타일부터 스위트한 스타일까지 모두 생산된다. 와인이 완전 발효되기 전 브랜디를 첨가하며 최소 90일 이상을 45°C 정도에서 가열하는 에스투파젬Estufagem 과정을 거쳐 캐러멜 같은 풍미를 얻는다. 이외에도 이탈리아 시칠리아 섬에서 생산되며 '신의 항구'라는 뜻을 지닌 마르살라Marsala, 남부 프랑스에서 생산되는 뱅 두 나튀렐Vins Doux Naturel(VDN), 호주의 뮈스카Muscat, 이탈리아에서 처음 생산된 베르무스Vermouth는 시나몬, 카모마일 등 여러 가지 허브와 향신료의 향이 첨가된 와인이다.

6. 내추럴 와인

스스로 만들어지는, 자연 그대로의 와인

몇 년 전부터 내추럴 와인숍과 바가 큰 인기를 끌고 있다. 내추럴 와인애호가들은 내추럴 와인만의 특별한 풍미와 가공되지 않은 순수함, 적은 숙취 등에 매력을 느낀다. 하지만 아직은 많은 소비자들이 내추럴 와인을 어려워하며 단순히 와인 양조 시 아황산염이 들어가지 않은 와인이라 생각하기도 한다. 그것은 아마도 과거 내추럴 와인에 대한 모호한 기준 때문일 것이다.

이에 관해 와인의 종주국인 프랑스에서조차 관련 법규가 없었으나 2020년 프랑스에서도 드디어 내추럴 와인을 인정하고 정식 명칭으로 공식화하였다. 와인과 식품의 원산지를 관리하는 INAO Institut National de l'Origine et de la Qualité에서 제시된 기준을 충족시킨 와인들에 '뱅 메소드 나뛰르Vin Méthode Nature'라는 명칭을 허용한 것이다.

 **INAO 제시 기준 : 인증받은 포도밭, 손 수확, 토착 효모를 사용한 발효, 과도한 여과 과정을 진행하지 않는 것, 발효 전과 도중에 아황산염 첨가의 금지 등**

(첨가된 아황산염의 정도에 따라 아황산염 무첨가 와인인 'Vin Méthode Nature sans sulfites ajoutés'와 30mg/L 미만의 아황산염을 첨가한 'Vin Méthode Nature avec moins de 30mg/l de sulfites ajoutés'의 두 가지 문구 중에 선택하여 사용할 수도 있다.)

내추럴 와인은 새로운 것이 아니라 상업적인 와인 제조가 성행하기 시작한 1950년대 이전으로 돌아가려는 '과거로의 회귀'이다. 비록 최근 점점 많은 생산자들이 친환경 농법과 자연적인 양조 과정, 최소한의 아황산염 사용을 통해 와인을 만들고 있지만, 여전히 화학비료를 사용하거나 첨가제가 들어간 와인이 생산되고 있다.

이와는 달리, 내추럴 와인 생산자들은 땅의 유기물과 지렁이 같은 유익한 곤충들의 상호작용이 땅의 강한 회복력과 힘을 길러준다고 믿는다. 따라서 친환경 농법과 같은 지속 가능한 재배를 통해 이러한 환경 자체를 조성하려 노력한다. 배양 효모를 비롯해 양조에 쓰이는 각종 첨가제를 배제하고 아황산염은 극소량을 사용하거나 금하고 있다. 쉽게 말해, 자연스럽게 만들어지는 와인이라 할 수 있을 것이다.

대표적인 친환경 농법은 많은 와이너리에서 실천하고 있는 오가닉Organic과 바이오다이내믹Biodynamic 농법이다. 다른 식품에서도 잘 알려진 바와 같이 오가닉 농법은 포도밭에 살충제와 합성 비료와 같은 인공적인 합성 화학물질을 사용하지 않는다. 대신, 식물이나 천연 재료를 이용해 질병과 해충을 막는 데 중점을 둔다.

바이오다이내믹 농법은 유기적으로 연결된 지구와 우주까지 생각한 농법이다. 달의 주기, 조수간만의 차이 등을 고려하여 일련의 재배, 양조 과정의 일정을 따르며 미생물이 활성화된 다양한 식물, 미네랄, 천연 비료를 사용하여 치명적인 위험을 미리 예방한다. 이러한 농법들은 화학물질의 도움을 받아온 농법보다 훨씬 더 까다롭고 손도 많이 간다. 일부 생산자들은 이 외의 새로운 농법의 연구와 도전을 지속하고 있다.

2018년 국내 개봉한 「부르고뉴, 와인에서 찾은 인생」이라는 영화에서 주인공이 자신의 포도밭과 이웃한 밭에서 농약을 살포하는 것을 보며 "그쪽이 똥 같은 걸 자연에 뿌리고 있잖아!"라고 화를 내며 싸우는 장면이 있다. 이웃은 필요에 의해 살균제를 뿌리는 것이며 "네가 이상한 쐐기풀 차 같은 걸 뿌리는 건 자유지만…"이라고 반박한다. 이 같은 마찰은 친환경 농법을 고수하는 주인공과 그렇지 않은 생산자의 갈등을 잘 보여주는 장면이다.

유기농 와인에 대한 다양한 인증(EU의 EU Organic, 프랑스의 AB, ECOCERT, 독일의 Demeter, 미국의 USDA)이 존재하지만 인증에 드는 비용이 비싸고 기준이 합리적이지 않아 굳이 인증 마

크를 획득하지 않는 생산자도 많다. 와인 수출 시 국가별 기준에 따라 인증이 무용지물이 되기도 하는데 현지에서는 유기농 인증을 받았다가 국내 기준에 맞지 않아 레이블의 마크를 없애거나 스티커로 가려 들여오는 경우도 더러 있다. 그래도 이러한 인증 기관으로 인해 친환경 농법에 대한 기준 제시와 소비자들의 관심이 생겨난 것은 사실이다.

　와인에 아황산염은 왜 사용하고 얼마나 들어가는 것일까? 아황산염은 와인의 산화 방지와 미생물을 억제하기 위해 사용되는 첨가물이다. 효모는 발효 과정에서 자연적으로 아황산염을 생성하지만 극소량이기 때문에 보다 많은 양을 첨가하여 여러 위협들로부터 와인을 보호하는 것이다. 공기 중에 오래 노출될수록 포도는 시큼한 향이 생기고 사과는 쉽게 갈변한다. 이러한 산화는 와인에 좋지 않은 향과 맛을 주기 때문에 때때로 수확 시점부터 아황산염을 활용한다. 원치 않는 박테리아와 효모 등을 방지하기 위해 와인 양조 과정과 병입 시에도 쓰인다. 아황산염은 가스나 가루, 액체 형태 등으로 첨가되는데 사용량이 엄격하게 규제되며 인체에 무해한 소량만이 허용된다. 내추럴 와인 생산자들은 이러한 아황산염의 사용이 와인 고유의 맛을 해친다고 생각하며 전혀 사용하지 않거나 와인을 병에 담을 때만 소량 사용한다. 그래서 심한 알러지가 있거나 와인을 마시면 두통을 겪는 예민한 사람들이 내추럴 와인을 선호하는 경우를 종종 본다.

　근래에는 다양한 내추럴 와인과 올바른 정보를 접하며 인식이 많이 변했지만, 아황산염을 넣지 않은 와인은 수입사에서 탐탁지 않아 하는 경우도 있었다. 거래처인 와인 판매점에서 와인이 변질될 것을 우려해 거래하는 것을 거절하는 경우가 다반사였기 때문이다. 실제로 내추럴 와인이 지금처럼 큰 관심을 받기 전, 필자가 와인 수입사에서 근무하던 때 대형마트에 내추럴 와인의 입점을 제안했지만 유통기한과 변질 위험의 문제로 거부당했던 경험이 있다. 상업적인 이유에서 아황산염이 적게 들어가거나 화학적 처리가 덜 된 내추럴 와인을 꺼리는 것은 어쩔 수 없는 문제일 것이다. 하지만, 장기 숙성이 가능하고 변질이 쉽게 일어나지 않는 강한 힘을 가진 내추럴 와인들이 다수 존재하므로 인식이 점차 개선될 것이라 생각한다.

우리가 흔히 봐온 일반적인 와인은 내추럴 와인과 대조적인 의미로 컨벤셔널 와인 Conventional Wine이라고 한다. 내추럴 와인 역시 컨벤셔널 와인과 마찬가지로 화이트, 레드, 로제, 스파클링 등 다양한 스타일이 존재한다. 화이트 와인은 컨벤셔널 와인의 신선한 과일 향보다 더 복합적인 향과 무거운 느낌을 받을 수 있다. 산화가 더 쉬운 화이트 와인의 양조 시 아황산염을 사용하지 않기 때문에 잘못 양조되었을 경우 산화된 풍미를 강하게 느낄 수도 있다. 레드 와인은 비교적 컨벤셔널과 비슷한 풍미를 지니고 있는데 경우에 따라 브렛Brett (Brettanomyces)이라고 부르는 효모의 영향으로 농장 냄새 같은 향이 느껴지기도 한다. 간혹 와인에서 유쾌하지 않은 냄새를 맡는다면 한 시간 정도의 디캔팅도 도움이 된다. 내추럴 와인은 기존의 와인과 스타일이 유사한 클래식Classic 스타일과 강한 개성을 지닌 펑키Funky 스타일로 나눠 표현하기도 한다.

내추럴 와인의 특별한 스타일

펫낫 Pét-Nat Pétillant Naturel

많은 애호가가 존재하는 내추럴 스파클링 와인 펫낫은 자연적인 스파클링 와인이라는 뜻의 '페티앙 나뛰렐Pétillant Naturel'을 의미한다. 펫낫은 '옛날 방식 Ancestral Method'의 양조법을 따른다. 효모와 당분

▲ 도멘 드 라 루 펫낫

을 첨가하여 병에서 발효하는 일반적인 샴페인 방식(전통 방식)과는 대조적으로 별도의 첨가물 없이 발효 중인 포도즙을 바로 병입한다. 이후 천연 당분과 효모에 의해 병 내에서 알코올과 기포가 생기게 둔다. 발효 중인 포도즙을 병입하기 때문에 기포 발생 정도에 따른 병입 시기가 매우 중요하다. 마치 숙성 기간에 따라 봄, 여름, 가을, 겨울의 이름으로 출시되는 '느린마을 막걸리'처럼 시음할 때마다 느껴지는 기포의 정도와 맛이 다르기도

하다. 또한 추가되는 효모와 당분이 없어 필연적으로 일반 샴페인보다 조금 더 낮은 기압과 알코올 도수를 지니는 편이다. 다양한 컬러가 있고 드라이한 스타일부터 약간의 당도가 느껴지는 스타일까지 존재한다.

오렌지 와인 Orange Wine

▲ 선즈 오브 와인 GW 인스피레이션

일반 화이트 와인은 청포도를 바로 압착한 즙으로 발효하여 껍질과 씨, 줄기와 닿아 있는 시간이 짧다. 이와는 달리 오렌지 와인은 껍질과 씨 혹은 줄기를 함께 발효하여 색소, 타닌 등이 우러나는 침

용Maceration 기간을 거쳐 만들어지는 와인이다. 실제로 오렌지빛을 띠며 레드 와인처럼 타닌과 무게감이 느껴지고 복합적인 풍미를 가지고 있다. 슬로베니아와 동유럽, 이탈리아 북부 등지에서의 오랜 역사를 지닌 와인이다.

마리아주

내추럴 와인의 강렬하고 원초적인 풍미는 된장, 고추장, 간장처럼 발효한 소스와 숙성된 음식이 많은 한식과 정말 잘 어울린다. 실제로 퓨전 한식 레스토랑의 와인리스트에는 내추럴 와인이 많다.

비건 와인

채식주의자, 알레르기가 있는 이들에게 환영받고 있는 비건 와인Vegan Wine은 와인 제조 과정에서 동물성 물질을 사용하지 않고 만드는 와인이다. 대표적으로 와인을 탁하게 만들고 풍미에 영향을 끼칠 수 있는, 원치 않는 물질을 제거하는 과정인 '청징Finining'에는 달걀 흰자, 카제인, 젤라틴 등이 사용된다. 비건 와인에서는 이 입자들이 바닥에 자연스럽게 가라앉도록 두거나 점토의 일종인 벤토나이트Bentonite 같은 비동물성 물질을 사용한다.

내추럴 와인에 관한 인터뷰-정구현 대표

내추럴 와인숍 '내추럴 보이' 대표
전 내추럴 와인 전문 수입사 벵베 팀장

내추럴 와인의 정의

내추럴 와인은 대량생산 와인이 주류가 되기 전 원래 와인을 만들던 방식대로 만드는 와인을 뜻합니다. 최대한 좋은 포도를 생산해서, 포도 껍질에서 자라는 자연 효모로 발효하죠. 포도와 효모가 건강하면 다른 재료는 넣을 필요도 뺄 필요도 없기 때문입니다.

국내 내추럴 와인 시장의 현황

전 세계 와인 시장에서 내추럴 와인의 비중은 약 2% 정도입니다. 한국에 내추럴 와인이 들어온 시기가 늦었는데, 많은 전문가들이 2020년에야 한국 와인 시장에서 내추럴 와인 비중이 2%가 되었다고 말합니다. 이제 세계 평균에 도달한 것인데, 내추럴 와인이 전체 와인 시장의 10%가 된 일본처럼 한국 시장에서도 점차 성장할 것으로 보입니다. 내추럴 와인이 장류나 채소, 해산물을 많이 먹는 한국 식단과 잘 맞기 때문입니다.

가성비 좋은 내추럴 와인 추천

피페뇨 까리잘 Louis-Antoine Luyt, Pipeño País Carrizal (레드)

1리터에 6만 원대. 칠레의 250년 수령의 올드바인으로 만든 레드 와인으로 시원하게 벌컥벌컥 마시기 좋다.

레 코스테 리트로쬬 로쏘 Le Coste, Litrozzo Rosso (레드)

1리터에 5만 원대, 이탈리아의 레전드 와인 메이커 레 코스테의 기본 라인으로 과즙이 풍부한 느낌으로 마시기 좋다.

유디트 벡 바이스부르군더 Judith Beck, Weissburgunder (화이트)

4만 원대. 오스트리아 와인으로 깔끔한 맛, 깨끗한 산미와 미네랄리티로 내추럴 와인 초보도 맛있게 마실 수 있는 와인이다.

스토리 오브 헤리 Intellego, The Story of Harry (화이트)

4만 원대. 세계적인 와인 매거진 디캔터지 선정, 최고의 내추럴 화이트 와인이다. 남아공의 슈냉 블랑으로 만든 오렌지 와인, 슈냉 블랑, 샤르도네 화이트 와인을 블렌딩 해 가볍고 상큼하면서도 청포도 향이 농축된 맛있는 와인이다.

GW 인스피레이션 Sons of Wine, GW Inspiration (오렌지)

7만 원대. 프랑스 알자스의 오렌지 와인이다. 마시기 편하면서도 향수처럼 화려한 열대과일 향으로 초보자들이 내추럴 와인에 빠져들게 하는 매력이 있다.

이바그 IVAG (화이트)

6만 원대. 이탈리아 피에몬테 지역에서 코르테제 품종으로 만드는 가비 Gavi 와인이지만 너무나 진하고 맛있게 만들어서 이탈리아 공무원들이 기존의 가벼운 가비 와인스럽지 않다며 DOCG 등급을 박탈했다. 그 후 GAVI를 거꾸로 뒤집은 IVAG라는 이름으로 와인을 출시하여 내추럴 와인의 전설이 된 와인이다. 언제 어디서나 편하게 마시기 좋다.

PART 2

CHAPTER 1

국가별 대표 산지와 와인스타일

국가별 대표 산지와 산지에 따른 와인스타일, 원
산지 명칭, 등급 등을 이해하면 레이블 안에 숨어
있는 수많은 정보를 해독할 수 있다. 이는 와인 구
매 시 선택의 폭이 넓어질뿐만 아니라 와인의 맛
을 더 풍성하고 깊게 느끼는데 도움이 된다.

1. 병 안에 담긴 '떼루아'

'떼루아'란?

WINE BELT

1. 캘리포니아 나파 밸리 2. 프랑스 보르도 3. 아르헨티나 멘도자 4. 뉴질랜드 말보로

▲ 와인이 생산되는 이상적인 기후 조건을 가진 비슷한 위도 선상의 '와인 벨트Wine Belt'

우리가 마시는 한 잔의 와인 맛을 결정하는 데는 많은 요소가 존재한다. 포도를 수확한 해(빈티지)의 날씨, 산지의 기후, 재배와 양조를 결정하는 생산자의 선택 등 모든 상호작용을 통틀어 '떼루아Terroir'라고 하는데, 이는 흙을 뜻하는 'Terre'에서 파생된 용어이다. 떼루아에 따라 같은 포도 품종이라도 전혀 다른 특징을 갖게 된다. 와인 생산 지역은 북위와 남위 30~50도, 성장기의 평균 기온 13~21°C, 일조량 1250~1500시간, 강수량 500~800mm(한국 약 1200mm) 등의 조건을 갖춘 비슷한 위도 선상에 놓여 있다. 이 북반구와 남반구의 산지들을 각각 이어 '와인 벨트Wine Belt'라고 부른다. 한 나라 안에서도 위도에 따라 기온의 편차가 생겨 와인스타

일에 영향을 준다. 예를 들어 북반구인 프랑스는 온화한 남부로 내려갈수록 낮은 산도와 높은 알코올 도수를 지닌 무거운 레드 와인이, 서늘한 북부로 갈수록 산도가 높고 가벼우며 섬세한 아로마를 가진 샴페인과 화이트 와인이 생산된다. 남반구는 남극에 가까워질수록 서늘해지므로 북반구와 반대로 작용하게 된다.

동일 위도에서도 생산 지역의 지리적 위치에 따라 대륙성, 해양성, 지중해성 기후 등으로 구별된다. 보통 대륙성 기후는 적정한 온도를 유지해 주는 강이나 호수, 바다가 없는 내륙에서 더운 여름과 추운 겨울이 나타나며 일교차도 큰 편이다. 이상적인 산지는 일조량이 풍부하여 포도나무의 광합성 작용을 활발하게 촉진시킨다. 이때 포도의 산 성분이 소비되고 포도당은 증가한다. 추운 밤에는 활동을 멈추고 산 성분을 유지하여 산도와 당도의 밸런스가 좋다. 열매는 천천히 숙성되며 복합적인 아로마를 갖는다. 대표적인 산지는 프랑스 부르고뉴, 북부론, 이탈리아 피에몬테 등이다.

149

해양성 기후는 보통 강이나 바다와 같은 큰 수역 근처에서 발견된다. 큰 물줄기는 극단적인 기온 변화에서 완충작용을 하며 계절별 온도차도 크지 않다. 대륙성과 지중해성의 중간 정도의 특성을 가지며 잦은 비와 안개로 인해 곰팡이와 같은 질병의 위험이 있다. 중간 정도의 바디감과 알코올을 지닌 와인이 생산되는데 대표적으로 프랑스의 보르도, 뉴질랜드, 포르투갈 북서부 지역 등이 있다.

연중 계절 변화가 적고, 길고 따뜻한 성장 기간이 주어지는 지중해성 기후는 건조한 성장기로 가뭄이 발생하기도 한다. 대체로 타닌과 당도가 잘 숙성되어 높은 도수의 풀바디한 와인을 볼 수 있으며 나파 밸리와 같은 캘리포니아의 해안가 지역, 호주의 사우스 오스트레일리아, 칠레 중심부의 대부분의 산지, 프랑스 랑그독 지역이 대표적이다.

조금 더 가까이 들여다보면 포도밭의 위치에 따라 달라

지는 미기후Microclimate는 아주 중요한 요소이다. 포도밭이 위치한 방향, 경사도, 토양 성분 등 수많은 요소들이 유기적으로 연결되어 있기 때문이다. 또한, 포도나무에 맺히는 포도송이 수부터 오크통의 선택까지, 와인의 맛에 큰 영향을 끼치는 사람도 떼루아의 한 구성 요소이다. 떼루아를 이해하면 와인별 스타일 차이의 이유와 선택의 고민에 해답이 되어줄 것이다.

구세계 vs 신세계

■ 신세계
■ 구세계

▲ 와인 산지는 크게 과거부터 와인을 생산해 온 '구세계'와 후발주자인 '신세계'로 나뉜다.

전 세계의 와인 산지는 크게 구세계Old World와 신세계New World로 나뉜다. 와인의 발상지로 여겨지는 유럽을 포함한 구세계는 프랑스, 이탈리아, 스페인, 독일, 포르투갈, 오스트리아, 헝가리, 루마니아 등지이다. 와인 제조가 신세계 산지보다 엄격하게 규제되며 수 세기 동안 이어져 온 긴 역사의 전통을 따르는 곳이 많다. 와인 생산자보다 떼루아에 더 중점을 두는 경향이 있어 와인 레이블에서도 생산된 지역이나 밭의 이름이 크게 적힌 것을 볼 수 있다.

미국, 호주, 칠레, 아르헨티나, 뉴질랜드, 남아공 등으로 대표되는 신세계 국가는 구세계에서 전파된 포도 품종이나 양조법 등을 따르는 곳이 많다. 보통 구세계 와인보다 무거운 바디감과 강한 과일 캐릭터, 높은 알코올 함량을 지닌 와인과 현대적이고 실험적인 양조 방식의 와인들

이 많이 생산되는 편이다. 와인레이블에는 생산자와 브랜드가 강조되며 사용된 포도 품종과 와인명 등이 명료하게 적혀 있어 구매 시 쉽게 접근할 수 있는 와인이다.

구세계 vs 신세계 와인레이블의 차이

구세계 와인레이블

▲ 와인명: 조셉 드루엥, 즈브레 샹베르땅Joseph Drouhin Gevrey-Chambertin
　 생산자: 조셉 드루앙Joseph Drouhin
　 생산지역: 프랑스 〉 부르고뉴 〉 즈브레 샹베르땅
　 품종: 피노 누아
　 * 품종은 기재되어 있지 않으며,
　 이처럼 구세계 와인은 품종보다 생산 지역명을 부각하여 적는 경우가 많다.

신세계 와인레이블

▲ 와인명: 월터 헨젤, 에스테이트 피노 누아Walter Hansel, Estate Pinot Noir
　 생산자: 월터 헨젤Walter Hansel,
　 생산지역: 미국 〉 캘리포니아 〉 소노마 카운티 〉 러시안 리버 밸리
　 품종: 피노 누아
　 * 신세계 와인은 품종과 생산지역, 생산자명 등 전반적인 정보의 확인이 쉬운 편이다.

2. 구세계 와인 🍷🍷

프랑스 France

샹파뉴, 보르도, 부르고뉴 등 세계적인 와인 산지가 있는 프랑스는 이탈리아와 와인 생산량 1, 2위를 다투는 가장 대표적인 와인 생산국이다. 유럽 기후의 축소판으로 대륙성, 해양성, 지중

해성의 기후가 공존하며 기후의 영향을 받아 산지별로 다양한 와인스타일이 생산된다. 어떤 나라보다도 모든 와인 산지가 국제적인 명성을 갖고 있으며 프랑스산 품종과 와인스타일이 전 세계로 퍼져 지금의 와인 산업의 근간을 이루게 되었다. 따라서, 프랑스 와인을 이해하는 것은 세계 각지의 와인을 이해하는 첫걸음이다.

프랑스 와인 산지

1. 보르도 Bordeaux

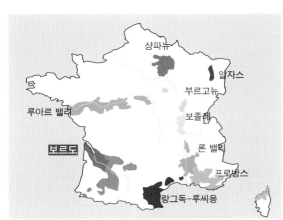

1년 내내 잦은 비가 내리는 습한 해양성 기후(연간 강수량 980mm)로 곰팡이의 위험이 컸던 지역이다. 최근에는 기후 변화로 인해 포도 성장기인 여름 동안 건조하고 맑은 날씨를 보이기도 한다. 대서양을 흐르는 온난한 멕시코 만류Gulf Stream와 해풍을 막아주는 소나무 숲인 랑드Landes가 포도가 익는데 크게 기여한다. 서쪽으로는 대서양이 흐르고 중심부에는 지롱드Gironde라는 큰 강이 가로

지르는 보르도는 이에 걸맞게 '물가(Bord+Eaux)'라는 뜻을 지니고 있다. 이곳의 대표 산지인 메독 역시 '물 가운데(Medio+Aquae)'라는 의미를 갖는다. 지롱드강을 중심으로 왼편에 있는 연안인 '좌안Left Bank'과 오른편의 '우안Right Bank'으로 나뉜다. 좌안에는 메독Médoc과 그라브Grave 지역이, 우안에는 생 떼밀리옹Saint-Émilion과 뽀므롤Pomerol이 속한 리부르네Libournais라는 대표적인 산지가 있다. 보르도의 토양은 자갈, 진흙, 석회암, 모래 등으로 이루어져 있다. 자갈이 주를 이루는 좌안의 토양은 배수가 잘 되고

빛과 열을 반사하는 따뜻한 성질을 지닌다. 이곳에서는 껍질이 두꺼워 익는데 긴 시간이 필요한 까베르네 소비뇽이 자라기에 유리하다. 우안의 물을 잘 머금는 차가운 성질의 진흙과 석회암 베이스의 토양은 상대적으로 빨리 익는 메를로의 성숙에 적합하다. 따라서 좌안인 메독의 와인은 까베르네 소비뇽을 주 품종으로 하여 타닌이 많고 파워풀한 특징을 갖는 반면, 메를로가 주 품종인 우안의 생 떼밀리옹과 뽀므롤의 와인은 더 부드럽고 매끄럽게 느껴지는 편이다.

메독 Médoc

보르도의 가장 유명한 레드 와인 산지이다. 까베르네 소비뇽을 중심으로 메를로, 까베르네 프랑, 쁘띠 베르도, 말벡, 까르미네르 품종을 블렌딩하여 복합적인 풍미의 와인을 생산한다. 메독이라는 지리적 영역 안에는 메독Médoc과 오 메독Haut-Médoc으로 나뉜 두 산지가 존재한다. 북쪽에 위치한 메독은 낮은 지대로 인해 바 메독Bas-Médoc이라고 불리는데, '낮다'는 뜻인 'Bas'는 생략하여 지칭한다. 와인레이블에도 메독Médoc으로만 적히며(그도 그럴 것이 상품에 '낮다'는 단어가 들어가면 상품의 가치가 떨어져 보일 것이다) 보통 마시기 쉽고 장기 숙성이 필요하지 않은 와인을 생산한다. '높다Haut'라는 뜻의 오 메독Haut-Médoc이 세계적인 와인 산지로, 실제 레이블에도 명칭이 그대로 기재된다. 따라서 레이블에 메독Médoc이라고 적혀 있는 와인은 대체로 편한 가격에 마시는 와인이다.

오 메독에는 유명 마을인 생 테스테프St-Estèphe, 포이약Pauillac, 생 줄리앙St-Julien, 마고Margaux와 보다 덜 유명한 리스트락Listrac, 물리Moulis가 있다. 각 산지별

로 떼루아의 영향을 받아 미세하게 다른 특징의 와인이 생산되는데 대체로 생 테스테프는 높은 산도와 강하고 투박한 타닌으로 장기 숙성을 요하는 스타일이고, 포이약은 세련된 느낌의 타닌이 강렬한 풀바디 와인으로 역시 장기 숙성 후 더 매력적인 와인이다. 와인의 향과 맛이 잘 농축되어 있으며 미디엄~풀 바디의 부드럽고 마시기 편한 생 줄리앙, 그리고 우아하고 실크같이 매끄러운 질감을 지닌 마고 지역만의 스타일이 있다. 이 중 포이약은 메독 지역의 1등급 와인이 3개나 생산되는 최고의 마을로 꼽히며 까베르네 소비뇽이 진가를 발휘하는 지역이다.

그라브 Grave

메독 지역의 남쪽에 위치한 그라브는 '자갈Gravel'이

라는 뜻의 이름을 지닌 만큼 자갈 토양이 대표적이다. 보르도 최고의 화이트 와인 산지인 페삭 레오냥Pessac-Léognan과 세계적인 스위트 와인인 귀부 와인을 생산하는 소테른Sauternes을 포함한다. 그라브의 와인 품종은 메독과 동일하며 화이트 와인과 스위트 와인은 세미용, 소비뇽 블랑, 뮈스카델Muscadelle을 혼합하여 만든다. 그라브는 화이트 와인 산지로 유명하다. 보르도의 와이너리가 주로 레드 와인만 생산하는 반면, 그라브의 와이너리는 대부분 레드와 화이트 와인 모두를 생

▲ 샤토 크뤼조 블랑
(페삭 레오냥)

154

메독의 마라톤 대회

마라톤 뒤 메독Marathon du Médoc은 1985년 시작된, 메독 지역의 마라톤 대회로 매년 9월경 메독의 생 테스테프, 포이약, 생 줄리앙 등지의 명성 있는 포도밭과 샤토를 가로지르는 코스로 진행된다. 코스에는 50개의 오케스트라와 23곳의 와인 시음장이 배치되며 후반부에는 굴과 스테이크 시식이 가능하다. 세상에서 가장 럭셔리한 이 마라톤은 약 8,500명이 참가하며 대부분의 참가자들이 유쾌한 컨셉의 코스프레를 하고 참여한다. 진귀한 경험을 해보고 싶다면 수많은 관중이 몰리는 마라톤 축제에 도전해보는 것은 어떨까? 4월에 접수 가능하며 의료 기록 증명서는 필수이다! (마라톤 뒤 메독 공식 홈페이지: www.marathondumedoc.com)

155

산한다. 그러나 레드 와인의 생산량이 더 높으며 고급 화이트 와인은 페삭 레오냥에서 생산된다. 페삭 레오냥의 화이트 와인들은 신선하면서도 진한 풍미를 갖는다. 감귤, 자몽, 꽃과 같은 향과 강한 미네랄이 느껴지며 숙성될수록 매력적인 와인으로 변신한다. 보르도에서는 현지에서 생산되는 굴과 함께 화이트 와인을 즐기는 이들을 볼 수 있다.

소테른 Sauternes

주변에 흐르는 시론강과 가론강의 온도 차로 가을에 안개가 생성되는데, 이런 습한 환경에서 보트리티스 시네레아라는 곰팡이가 포도에 피어 난다. 소테른은 이 곰팡이의 영향을 받은 진하고 농축된 귀부 와인을 만드는 산지이다. 귀부병이 잘 발생하지 않은 해에는 보르도 명칭이 붙은 일반적인 드라이 화이트 와인을 생산하기도 한다. 최소 알코올 도수 13% 이상의 당도 높은 귀부 와인만 소테른이라는

명칭을 레이블에 쓸 수 있으며 생산 비용과 희소성 때문에 고가로 판매된다. 인접한 바르삭Barsac 마을의 이름이 적힌 귀부 와인 역시 유명하다.

생 떼밀리옹 Saint-Émilion

우안에 위치한 생 떼밀리옹은 보르도에서 가장 오래된 산지이다. 메를로와 까베르네 프랑을 중심으로 하여 소량의 까베르네 소비뇽을 혼합한 레드 와인을 생산한다. 메를로와 까베르네 프랑의 비율이 높기 때문에 메독의 레드 와인들보다 빠르게 숙

성되는 편이다. 따라서 비교적 어린 빈티지의 와인
도 접근이 쉽고, 농축된 과일 향과 부드러운 질감
을 느낄 수 있다. 북동쪽으로는 4개의 위성 지역이
존재하는데 각 지역의 이름에 모두 '생 떼밀리옹'
이 포함된다. 뤼삭 생 떼밀리옹Lussac-Saint-Émilion, 몽
따뉴 생 떼밀리옹Montagne-Saint-Émilion 등의 고유의
이름을 가지며 해당 명칭이 레이블에 적혀 있다면
생 떼밀리옹과 혼동하기 쉽다.

뽀므롤

보르도의 주요 와인 산지 중 가장 작은 뽀
므롤은 주 품종인 메를로에 보조 품종인
까베르네 프랑을 사용한 레드 와인만을
생산한다. 메를로의 특징을 그대로 담은
레드 와인은 부드러움과 우아함을 동시에
지녔다. 보르도의 와인 산지 중 가장 늦게
유명해진 지역으로 '페트뤼스Petrus'라는 독보적인
와인이 생산된다. 와인 품질을 나눈 등급 제도는 없
지만 대부분 가격대가 높은 고품질의 와인이다.

▲ 샤토 가쟁(뽀므롤)

결혼할 때 혼수로 보르도 정도는 해가야지!

보르도가 포함된 프랑스 남서부의 광대한 지역인 아키텐Aquitaine(과거
기옌Guyenne)공국의 공작에게는 손녀이자 상속녀인 엘리노어Eleanor
가 있었다. 엘리노어는 루이 7세와 결혼 후 15년간 프랑스 왕비로서
두 딸을 낳지만 사이가 좋지 않던 남편이 십자군 원정을 떠나자 염문
설을 뿌렸고 후사를 핑계로 혼인을 무효화시킨다. 그로부터 8주 후 추
후 영국의 헨리 2세가 되는 띠동갑 연하인 노르망디의 공작, 앙리 플
랑따주네Henry Plantagenet와 결혼한다. 그리고 1154년, 그가 왕위에
오르자 그녀의 영토는 영국령이 된다. 이후 무려 3세기 동안 보르도
와인은 영국에서 면세와 독점 판매 등의 특혜를 받으며 큰 사랑을 받는다. 1337년 프랑스와 영
국 사이에 발발한 백년 전쟁과 흑사병의 출현으로 보르도 와인 수출에 어려움을 겪게 되고 1453
년 프랑스의 승리로 전쟁이 끝나며 보르도는 다시 프랑스 영토가 된다. 백년 전쟁의 히어로인 잔
다르크와 보르도에 주둔하던 영국군 총사령관 탤벗Talbot 장군은 까스티용 전투에서 맞붙고 탤
벗은 전사한다. 보르도에서는 이 탤벗 장군을 존경하는 마음에서 그를 기리며 '샤토 딸보Château
Talbot'라는 이름의 와인을 생산하고 있다. 지금도 샤토 딸보의 레이블에서 '총사령관 탤벗의 오
랜 영지. 기옌 지방의 총독Ancien Domaine du Connétable Talbot. Gouverneur de la Province de
Guyenne 1400~1453'이라는 문구를 볼 수 있다.

---

2. 부르고뉴 Bourgogne

와인애호가들이 가장 열광하는 화이트와 레
드 와인이 생산되는 지역이다. 프랑스 동부 중
앙의 작은 산지로 길게 뻗은 지대는 주로 언
덕으로 이루어져 있으며 대륙성 기후의 서늘
한 지역이다. 대부분의 레드 와인은 피노 누
아, 화이트 와인은 샤르도네 품종으로 만들어

부르고뉴

진다. 그 외에 가메Gamay, 알리고떼Aligoté 등의 품종도 재배된다. 쥐라기 시대에 얕은 바다로 덮여 있던 지역으로 굴과 조개 껍질 같은 해양 생물이 화석화된 석회암과 갈색의 점토질 토양은 부르고뉴 고유의 와인스타일을 만들어 낸다.

기온이 낮고 일조량이 적기 때문에 최고급 포도밭들은 햇빛이 잘 드는 동향을 바라보고 있다. 수확철인 가을에 비가 자주 오는데, 이것이 와인에 큰 영향을 끼쳐 빈티지에 따라 같은 생산자의 와인도 전혀 다른 느낌을 받을 수 있다. 샤블리Chablis, 꼬뜨 드 뉘 Côte de Nuits, 꼬뜨 드 본Côte de Beaune, 꼬뜨 샬로네즈Côte Chalonnaise, 마꼬네Macônnais 등의 유명 산지가 있다.

샤블리 Chablis

샤르도네 100%의 화이트 와인을 생산하는 샤블리는 '미네랄리티Minerality' 풍미와 동일시된다. 해양 화석이 섞인 풍부한 미네랄을 함유한 키메르지안Kimmeridgean 토양에서 부싯돌 향, 짠맛과 같은 선명한 미네랄 특징이 보이는 샤르도네가 만들어진다. 이런 포도 자체의 순수한 풍미를 유지하기 위해 전통적으로 향이 거의 남아 있지 않은 중고 오크통에 와인을 숙성해왔다. 요즘은 신선한 맛을 위해 스테인리스 스틸 탱크에서 발효, 숙성을 거치기도 하며 고급 와인은 대체로 오크통에 숙성시켜 중후한 맛을 낸다. 신선한 과일 향과 미네랄 풍미가 강하며 드라이하

고 높은 산도를 지닌 와인이다. 와인 만화 『신의 물방울』에서 굴에 가장 잘 어울리는 와인으로 등장해 국내에서도 겨울이 오면 판매량이 증가하는 와인이다.

157

» **유명생산자**

윌리엄 페브르William Fèvre, 크리스티앙 모로 Christian Moreau, 사무엘 빌로Samuel Billaud, 라로쉬Laroche, 루이 미셸Louis Michel, 당리 d'Henri, 뱅상 도비싸Vincent Dauvissat, 프랑수아 하브노François Raveneau

꼬뜨 드 뉘 Côte de Nuits

꼬뜨 드 본과 함께 꼬뜨 도르Côte d'Or라 불리는 세계 최고의 피노 누아 와인 산지이다. '황금Or의 언덕Côte'이라는 뜻의 꼬뜨 도르는 가을에 노랗게 물든 포도잎으로 덮인 언덕의 모습에서 그 이름이 유래되었다고도 하고 언덕의 포도밭들이 동쪽Orient을 향하고 있어 붙은 이름이라고도 한다. 혹은 이곳에서 생산된 와인이 금값이라서 이렇게 불린다는 웃지 못할 설도 있다. 꼬뜨 드 뉘의 피노

누아는 우아한 제비꽃과 딸기, 체리의 붉은 과일향, 흙, 동물적인 뉘앙스가 느껴지는 매력적인 와인을 만든다.

대표 마을Village은 북부에서부터 즈브레 샹베르땅Gevrey-Chambertin, 모레 생 드니Morey-St-Denis, 샹볼 뮈지니Chambolle-Musigny, 부조Vougeot, 본 로마네Vosne-Romanée, 뉘 생 조르주Nuits-St-Georges가 있다. 맛이 진하고 힘 있는 즈브레 샹베르땅, 가장 섬세하고 우아한 샹볼 뮈지니, 최고

의 와인 산지로 꼽히는 화려한 맛의 본 로마네, 산도와 타닌이 강하고 야생적인 뉘 생 조르주 등 마을별로 다른 개성을 갖는다. 마을명이 길고 어렵게 느껴지겠지만 기존 마을명과 마을의 대표적인 밭 이름이 더해진 합성어임을 알면 이해하기가 쉽다. 샹볼 마을의 최고 등급 밭인 뮈지니가 붙은 샹볼 뮈지니가 그 예다.

» 유명생산자

도멘 드 라 로마네 꽁띠Domaine de la Romanée-Conti, 르로이Leroy, 꽁뜨 조르주 드 보귀에 Comte Georges de Voguë, 꽁뜨 리제 벨에르 Comte Liger-Belair, 뒤가 피Dugat-Py, 아르망 후소Armand Rousseau, 자크 프레데릭 뮈니에 Jacques-Frederic Mugnier, 메오 까뮈제Méo-Camuzet, 엠마누엘 후제Emmanuel Rouget 등

158

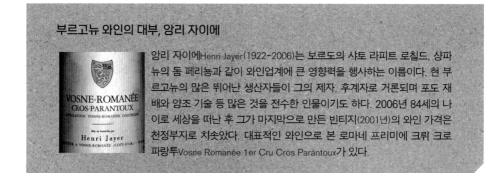

부르고뉴 와인의 대부, 앙리 자이에

앙리 자이에Henri Jayer(1922~2006)는 보르도의 샤토 라피트 로칠드, 샹파뉴의 돔 페리뇽과 같이 와인업계에 큰 영향력을 행사하는 이름이다. 현 부르고뉴의 많은 뛰어난 생산자들이 그의 제자, 후계자로 거론되며 포도 재배와 양조 기술 등 많은 것을 전수한 인물이기도 하다. 2006년 84세의 나이로 세상을 떠난 후 그가 마지막으로 만든 빈티지(2001년)의 와인 가격은 천정부지로 치솟았다. 대표적인 와인으로 본 로마네 프리미에 크뤼 크로 파랑투Vosne Romanée 1er Cru Cros Parantoux가 있다.

꼬뜨 드 본 Côte de Beaune

꼬뜨 도르 중 남부에 위치한 꼬뜨 드 본에서는 세계 최고의 샤르도네 화이트 와인이 생산된다. 특히, 뫼르소Meursault, 퓔리니 몽라셰Puligny-Montrachet, 샤사뉴 몽라셰Chassagne-Montrachet는 화이트 와인 애호가들이 열광하는 유명 지역이다. 이 마을명이 레이블에 적힌 와인은 가격대가 10만 원 초반부터 형성되는 고가이며 퓔리니와 샤사뉴, 두 몽라셰

페르낭-베르줄레스
사비니-레-본
뽀마르
생-호망
오세이-뒤레스
생-토방
샹트니
라두아
알록스-코르통
쇼레-레-본
본
볼네
몽텔리
뫼르소
쀨리니-몽라셰
샤사뉴-몽라셰

마을에 걸쳐 있는 '몽라셰Montrachet' 밭의 와인은 단연코 세계 최고의 화이트 와인이라 할 수 있다. 숙성된 와인에서는 다채로운 과일 향은 물론 견과류, 꿀에 절인 꽃 향 등 형언할 수 없는 강렬한 아로마가 느껴진다. 알록스 코르통과 인근 지역의 꼬르통 샤를마뉴Corton Charlemagne라는 최고급 화이

트 와인도 존재하며 조금 더 합리적인 가격으로 만날 수 있는 생 또방Saint Aubin, 생 호망Saint Romain, 오쎄이 뒤레스Auxey-Duresses 마을의 화이트 와인도 사랑받는다.

» 유명생산자

르플레브Leflaive, 꽁뜨 라퐁Comte Lafon, 꼬쉬 뒤리Coche-Dury, 보노 뒤 마트레Bonneau Du Martray, 아르노 앙트Arnaud Ente, 에티엔 소제 Etienne Sauzet, 장 노엘 가냐르Jean-Noël Gagnard, 퐁텐 가냐르Fontaine-Gagnard, 피에르 이브 콜린 모레이Pierre-Yves Colin-Morey, 부즈레Vougeraie 등

레이블에서 볼 수 있는 오뜨 꼬뜨 드 뉘Hautes Côtes de Nuits 와 오뜨 꼬뜨 드 본Hautes Côtes de Beaune은 꼬뜨 드 뉘와 꼬뜨 드 본의 길게 뻗은 주요 와인 산지 외곽의 높은 지대에서 생산되며 생산자에 따라 차이는 있지만 합리적인 가격대의 와인이 생산되는 곳이다.

도멘 vs 메종 ?

부르고뉴의 와인레이블에는 생산자 이름 앞에 도멘Domaine이나 메종Maison이 붙거나 혹은 아무런 용어도 적혀 있지 않는 와인들이 있다. 도멘은 자신이 소유한 밭에서 생산된 포도로 직접 와인을 만드는 생산자를 의미한다. 다른 재배자에게서 포도나 와인을 구매하여 만든 와인에 자신의 이름을 붙여 파는 생산자는 레이블에 메종을 적거나 이름만 기재한다. 소규모 생산자도 있으나 큰 규모의 회사가 많다. 조셉 페블레Joseph Faiveley, 루이 자도Louis Jadot, 루이 라뚜르Louis Latour, 부샤 페레 에 피스Bouchard Père & Fils, 알베르 비쇼Albert Bichot, 조셉 드루엥Joseph Drouhin이 대표적이다. 이렇게 포도를 구매하여 와인을 만드는 중개상을 '네고시앙Negociant'이라고 부른다. 이들은 직접 소유한 포도밭에서 와인을 생산하기도 한다. 예를 들어 자신의 밭에서만 생산된 와인은 도멘을 붙여 '도멘 페블레', 구입한 포도로 만든 와인은 '조셉 페블레'라는 이름으로 판매한다.

꼬뜨 샬로네즈 Côte Chalonnaise

가성비 좋은 레드, 화이트, 스파클링 와인이 다양하게 생산되는 지역으로 가장 크고 유명한 마을인 메르뀌레Mercurey는 품질 좋은 레드, 화이트 모두 생산한다. 알리고떼 품종의 화이트 와인 산지 부즈롱Bouzeron과 화이트, 스파클링 와인 산지 룰리Rully, 그 외 지브리Givry, 몽따니Montagny 등의 마을이 있다. 알리고떼는 아주 드라이하고 산도가 높으며 깔끔한 스타일의 와인이지만 오크 숙성된 진한 스타일도 만날 수 있다. 생산량이 많지 않고 샤르도네의 그늘에 가려 널리 알려져 있진 않지만 부즈롱의 신선한 와인은 충분히 도전해 볼 만하다.

마꼬네 Mâconnais

저렴한 가격의 부르고뉴 화이트 와인 산지인 마꼬네에서는 2~3만 원대에 만날 수 있는 생 베랑Saint-Véran, 마꽁Mâcon과 조금 더 비싸고 품질 좋은 뿌이 퓌세Pouilly-Fuissé가 대표적이다. 뿌이 퓌세는 청사과와 선명한 오크 나무 향이 느껴지며 뛰어난 생산자의 와인은 장기 숙성도 가능하다. 꼬뜨 드 본의 화이트 와인보다 가성비 좋은 와인을 찾을 때 추천한다.

» 유명 생산자

꼬르디에Cordier, 페레Ferret, 레제리티에르 뒤 꽁뜨라퐁Les Héritiers du Comte Lafon, 샤토 드 퓌세Château De Fuisse

샤토 vs 도멘?

보르도의 와이너리는 성Castle이라는 뜻의 샤토Château라고 불린다. 샤토는 포도밭과 지하 셀러, 양조장 등의 모든 시설을 일컬으며 실제 성이었던 건물을 사용하는 곳 또한 존재한다. 보르도의 포도밭은 대부분 이 시설들 옆에 붙어 있는 경우가 많다. 샤토라는 명칭은 전통이나 법적 규제가 아닌 1800년대 후반 이후로 사용되기 시작한 용어로 권위 있고 잘 만들어진 와인이라는 의미로 쓰였다. 부르고뉴에서는 와이너리를 도멘Domaine이라고 부르며 말 그대로, 다양한 지역의 포도밭에 자기의 구역을 조금씩 갖고 있는 '영역'이 중요한 부르고뉴의 생산자에게 어울리는 표현이다. 이 명칭들은 귀족들이 최고급 포도밭을 소유했던 보르도와 대부분 교회가 소유했던 부르고뉴의 대조적인 양상을 잘 보여준다. 도멘과 샤토라는 용어는 지금은 프랑스뿐만 아니라 전 세계에서 사용되고 있다.

3. 보졸레 Beaujolais

'보졸레 누보Beaujolais Nouveau'라는 와인으로 잘 알려진 보졸레는 부르고뉴 남쪽에 위치한다. 일반적으로 가메 품종의 레드 와인을 만들며 소량의 화이트와 로제 와인도 생산한다. 보졸레

누보와 10개의 마을Crus에서 생산되는 고품질 와인이 유명하다. 보졸레 누보(Nouveau는 New의 의미)는 새로 생산된 햇와인이라는 뜻으로 9~10월에 포도 수확 후 탄산 침용 Carbonic Maceration 기법으로 만들어진다. 대형 컨테이너에서 빠른 발효를 유도하는 탄산가스와 포도를 넣고 단기간에 진행되는 양조법으로 싱그러운 과일 향을 유지하고 타닌의 떫고 쓴쓸한 맛은 최소화한다. 추수 감사제처럼 한 해의 수확을 기념하며 즐기자는 의미가 담겨 있으며 전 세계에서 매년 11월

셋째 주 목요일 자정을 기점으로 출시된다. 보졸레 누보는 보졸레의 고급 와인 산지로 꼽히는 곳이 아닌, 그리 유명하지 않은 구역에서 생산된 포도로 만들어지며 보졸레 와인 전 생산량의 약 25%를 차지한다. 또한, 장기 숙성이 어려우며 싱그러움을 한 달 정도만 만끽할 수 있으니 빠르게 만나보는 것이 좋다. 보졸레의 진지한 와인은 보졸레 빌라주Village에서 나온다. 북부에 위치한 38개의 마을에서 생산되는 와인의 명칭이며 생산량의 약 1/4을 차지한다. 보졸레의 가장 높은 등급인 보졸레 크뤼는 마찬가지로 이 북부에 위치한 10개의 마을Crus에서 생산되는 고품질 와인이다. St-Amour(쌩-따무르), Fleurie(플뢰리), Moulin-a-Vent(물랭-아-방), Morgon(모르공) 등의 마을이 유명하며 물랭 아 방과 모르공 지역의 와인은 무거운 바디감과 풍부함으로 10년 이상까지도 숙성 가능하다.

» **유명 생산자**(보졸레 누보)

조르주 뒤뵈프Georges Duboeuf, 모메쌩Mommessin, 마르셀 라피에르Marcel Lapierre, 알베르 비쇼Albert Bichot

» **유명 생산자**(보졸레 크뤼)

모르공(마르셀 라피에르Marcel Lapierre, 장 푸아야르Jean Foillard, 모메쌩Mommessin, 장 폴 브헝 Jean-Paul Brun), 물랭 아 방[샤토 뒤 물랭 아 방Château du Moulin-à-Vent, 샤토 데 자크Château des Jacques (루이 자도) 소유], 플뢰리(줄리 발라니Julie Balagny)

▲ 장 푸아야르, 모르공

4. 론 밸리 Rhône Valley

보졸레와 랑그독 사이에 위치한 론은 보르도, 부르고뉴와 함께 프랑스의 대표적인 레드 와인 산지이다. 론은 떼루아와 생산 스타일에 따라 작은 규모의 고급 와인 산지인 북부 론과 더 크고 생산량이 많은 남부 론으로 나뉜다.

북부 론

대륙성 기후의 서늘한 산지로 척박한 토양의 가파른 경사에 포도밭이 위치한다. 척박한 토양은 흙이 쓸려 내려가지 않도록 돌담으로 막혀 있다. 적포도 품종은 시라 품종이 유일한데, 시라는 어릴 때 검은 과일 향과 후추 향이 지배적이고 숙성될수록 야생적인 동물 향과 꽃 향이 매력적이다. 아주 진하고 무거우며 수십 년 이상의 장기 숙성이 가능한 최고급 와인 꼬뜨 로띠Côte-Rôtie와 에르미따주Hermitage(두 와인 모두 10만 원대 이상), 그리고 과일 풍미를 지닌 보다 가볍고 저렴한 와인 생

조셉Saint-Joseph, 크로즈 에르미따주Crozes-Hermitage(4만 원대 이상) 지역이 있다. 론 지역은 적포도 품종에 화이트 품종을 혼합하여 레드 와인을 만드는 거의 유일무이한 프랑스 산지로 북부 론에서는 꼬뜨 로띠 와인에 청포도 품종인 비오니에가 20%까지 혼합 가능하다. 화이트 품종인 비오니에로 만

▲ 이기갈, 꼬뜨 로띠 '브륀 & 블롱드'

들어지는 꽁드리유Condrieu, 샤토 그리에Château-Grillet의 와인은 극소량 생산되는 명품 화이트 와인이다. 마르산Marsanne, 루산Roussanne으로 만든 화이트 와인은 무겁고 산도가 낮으며 숙성되면 더 매력적인 향을 발산한다.

» 유명 생산자(북부 론)

폴 자불레 애네Paul Jaboulet Aîné, 이 기갈E. Guigal, 비달 플뢰리Vidal Fleury, 엠 샤푸티에M. Chapoutier, 장 루이 샤브Jean-Louis

Chave, 마크 소렐Marc Sorrel, 들라스 프레흐
Delas Frères, 이브 뀌에롱Yves Cuilleron

남부론

햇빛이 강하고 따뜻한 지중해성 기후의 산지로
GSM블렌딩 와인의 고향이다. 그르나슈Grenache
를 주품종으로 하여 시라Syrah, 무르베드르
Mourvèdre를 블렌딩하며 이를 GSM블렌딩이라
한다. 이 외에도 생소Cinsault를 포함한 무려 10여
개의 품종이 혼합된 와인도 생산된다. 저렴한 와
인인 꼬뜨 뒤 론Côtes du Rhône과 꼬뜨 뒤 론 빌
라주Côtes du Rhône Villages 와인이 주로 남부에
서 생산된다. 가장 잘 알려진 고급 와인인 샤토네
프 뒤 파프Châteauneuf-Du-Pape(CDP) (7만 원대
이상~백만 원대)의 일부 최고급 생산자는 그르나슈
100%로 와인을 만들기도 하지만 대부분 다양한
품종을 블렌딩하여 생산한다. 그르나슈만으로 만
든 와인은 마치 피노 누아처럼 붉은
과일 향과 섬세한 꽃 향이 느껴지며
블렌딩 와인은 야생동물, 가죽 향이
강하게 느껴지기도 한다. 그래서 다
른 스타일의 생산자가 만든 샤토네
프 뒤 파프를 마시다 보면 절대 같
은 산지의 와인이라는 생각이 들지
않을 때가 있다. 다른 주요 레드 와
인이자 CDP의 절반 수준의

▲ 도멘 라 바로쉐,
샤토네프뒤 파프

가격인 지공다스Gigondas와 프랑스의 3대 로제
와인 산지로 꼽히는 따벨Tavel, 강화 와인인 뮈스
카 드 봄 드 브니즈Muscat de Beaumes de Venise
도 생산된다.

» 유명생산자(샤토네프 뒤 파프)

샤토 드 보카스텔Château de Beaucastel, 도멘

뒤 페고Domaine
du Pégau, 도멘
뒤 뷰 텔레그라프
Domaine du Vieux
Télégraphe, 들라스Delas Frères, 끌로 생 장Clos
Saint Jean, 도멘 라 바로쉬Domaine la Barroche,
그르나슈 비중이 높은 우아한 스타일(도멘 샤르뱅
Domaine Charvin, 샤토 하야스Château Rayas(고
급))

163

씨디피 와인?

와인애호가들은 샤토네프 뒤 파프Châteauneuf-Du-Pape 와인을 줄
여서 씨디피CDP라고 부른다. 이 긴 이름은 '교황Pape의Du 새로
운Neuf 성Château'이라는 뜻을 담고 있다. 프랑스 왕과의 갈등으로
로마로 돌아가지 못한 교황이 1309년부터 이 지역의 아비뇽에 머
물게 되었다. 이후의 교황들이 이곳에 여름 별장을 지어 이용하였
으며 와인명뿐만 아니라 와인병에 양각으로 교황의 상징(두 개의 엇걸
린 베드로의 열쇠, 교황의 모자 등)이 새겨지게 되었다.

샤토네프 뒤 파프 와인과 비행접시?

프랑스의 가장 이상한 지방법이자 유쾌한 마케팅 방법이 있다. CDP 지역에서 한 남성이 시가Cigar 모양의 UFO를 목격했고 1954년 CDP 지방의 시장은 일반 UFO나 시가 모양의 UFO, 그 어떤 항공기라도 이 영토 안에서의 비행과 이착륙을 금지한다는 지방법을 선언했다. 그것은 CDP를 알리는 유쾌한 홍보 수단이었다. 캘리포니아에서 남부 론 지역의 포도 품종을 재배하는 보니 둔Bonny Doon 와이너리는 샤토네프 뒤 파프의 이 역사적인 사건을 오마주한 레이블을 제작했다.

5. 랑그독 루씨용Languedoc-Roussillon

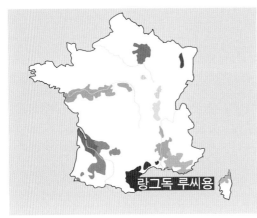

프랑스 와인 생산량의 1/3, 전 세계 와인 생산량의 5%를 차지하는 세계에서 가장 큰 산지이자 프랑스에서 가장 오래된 포도밭이 있는 곳이다. 프랑스 동남부의 지중해 연안을 따라 스페인 국경부터 프로방스Provence 지역까지 걸쳐 있으며 건조한 지중해성 기후를 띤다. 값싸고 품질이 떨어지는 와인을 대량 생산하던 시기도 있었지만 점진적인 품질 개선으로 최근에는 가성비 좋은 와인이 생산되어 주목받는 산지이다. 랑그독Languedoc과 루씨용Roussillon 두 지역으로 분리되어 여겨지던 산지는 2006년 이후부터 '남부 프랑스Sud de France'로 명칭이 통합되어 기억하기에 더 쉬워졌다.

GSM(그르나슈, 시라, 무르베드르), 까리냥Carignan, 생소 등 론 지역과 유사한 품종을 기반으로 한 진하고 부드러운 레드 와인이 주로 생산되며 그르나슈 블랑, 마카베우Macabeu (스페인의 마카베오), 마르산, 루산 품종 등의 화이트 와인도 생산된다. 까베르네 소비뇽, 메를로, 샤르도네, 소비뇽 블랑과 같은 국제 품종의 재배도 증가하였으며 레이블만 보고는 품

종을 유추하기 어려운 다른 프랑스 와인과 달리 친절하게 포도 품종을 레이블에 기재해 신세계 와인에 대한 수출 경쟁력을 갖춘 지역이다. 품종의 레이블 기재, 전통 품종이 아닌 국제 품종 생산 등의 이유로 프랑스 와인 분

▲ 엠.샤푸티에,
리브잘트

류 중 보다 덜 엄격한 규제를 받는 뱅 드 페이Vin de pays 급의 와인이 가장 많이 생산된다. 지중해와 맞닿은 고품질의 와인은 더 서늘한 고지대에서 생산되며 픽 생 루Pic Saint Loup, 꼬르비에르Corbières, 미네부아Minervois, 생 시냥Saint-Chinian 등지의 레드 와인과 블랑케트 드 리무Blanquette de Limoux와 같은 리무Limoux 지역의 스파클링 와인, 강화 와인 '뱅 두 나뛰렐Vins Doux Naturel, VDN'의 일종인 리브잘트Rivesaltes가 만들어진다.

» 유명생산자

제라드 베르트랑Gérard Bertrand, 샤토 푸에슈오Château Puech-Haut, 루도빅 앙젤방 Ludovic Engelvin, 당글레d'Anglès, 도씨에르d'Aussières

블랑케트 드 리무Blanquette de Limoux는 모작 품종 90% 이상, 슈냉 블랑과 샤르도네는 10% 이내를 사용하여 만드는 스파클링 와인이다. 블랑케트Blanquette는 'Small White'라는 뜻으로 이 지역에서 모작 품종을 일컫는 말이다.

6. 알자스 Alsace

라인강을 따라 독일과의 국경에 위치한 알자스는 역사의 오랜 시간 동안 독일과 프랑스의 영토이길 반복했고 명칭, 포도 품종뿐만 아니라 와인병 디자인 등 많은 부분이 독일 와인과 유사하다. 포도밭은 알자스 주변에 세로로 길게 뻗은 보주 산맥의 동쪽 언덕 면에 위치하는데 산맥이 서쪽에서 생성된 편서풍과 비구름을 막아 건조하고 햇빛이 잘 들며 포도 숙성에 이상적인 지리적 조건과 기후를 형성한다. 이 지역에는 고급 품종으로 정해진 리슬링, 게뷔르츠트라미너, 피노 그리, 뮈스카가 있으며 그 외 피노 블랑Pinot Blanc, 오세루아Auxerrois, 적포도 품종인 피노 누아도 소량 재배된다.

알자스에는 화이트 품종으로 만들어지는 다양한 와인 스타일이 존재한다. 단일 품종 100%로 만들어져 레이블에 품종이 적히는 일반 알자스 와인과 허용된 범위 안에서 품종을 블렌딩하여 정틸Gentil 혹은 에델츠비커Edelzwicker를 표기한 와인이 일반적이다. 스파클링 와인인 크레망 달자스Crémant d'Alsace를 비롯해 50여 개의 인증된 포도밭에서 4개의 고급 품종으로만 만들어지는 그랑 크뤼Grand Cru 와인(전체 생산량의 5%)이 생산된다. 늦수확하여 귀부병의 영향을 받은 포도로 만드는 와인, '방당주 타르디브Vandange Tartive(드라이 ~스위트)'와 아주 스위트한 귀부 와인 '셀렉시옹 드 그랑 노블Sélection de Grains Nobles'과 같은 특별한 와인이 있다.

알자스 와인은 독일의 달콤한 리슬링과 대조적인 스타일로 숙성될수록 더 깊은 맛을 내는 드라이한 리슬링 와인으로 유명하다. 품종 고유의 풍부한 아로마, 미네랄리티, 높은 산도를 지닌 상큼한 알자스 화이트 와인들, 특히 드라이한 리슬링과 피노 그리는 해산물과 함께할 때 정말 매력적이다.

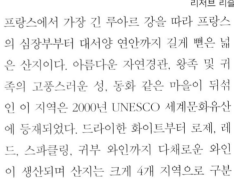

▲ 트림바크,
리저브 리슬링

» 유명생산자

위겔Hugel, 트림바크Trimbach, 진트 훔브레이트Zind Humbrecht, 울프베르제Wolfberger, 마르셀 다이스Marcel Deiss, 쉴룸베르제Schlumberger, 바인바흐Weinbach

7. 루아르 밸리 Loire Valley

프랑스에서 가장 긴 루아르 강을 따라 프랑스의 심장부부터 대서양 연안까지 길게 뻗은 넓은 산지이다. 아름다운 자연경관, 왕족 및 귀족의 고풍스러운 성, 동화 같은 마을이 뒤섞인 이 지역은 2000년 UNESCO 세계문화유산에 등재되었다. 드라이한 화이트부터 로제, 레드, 스파클링, 귀부 와인까지 다채로운 와인이 생산되며 산지는 크게 4개 지역으로 구분된다. 대서양 연안부터 내륙까지 이어지는 순서대로 페이 낭테Pays Nantais, 앙주 소뮈르Anjou Saumur, 투렌Touraine, 상트르Centre(프랑스의 중앙에 위치하여 유래된 이름) 지역이 위치한다.

폭 넓은 와인스타일을 가진 루아르 밸리지만 국내에서 만날 수 있는 스타일은 한계가 있다. 와인 판매점에서 쉽게 볼 수 있는 와인은 대부분 화이트 와인(생산량 50% 이상)과 크레망 드 루아르이다. 까베르네 프랑, 가메, 그롤로 등의 적포도가 사용되는 로제와 레드 와인은 이에 비해 생산량이 훨씬 적다. 청포도는 소비뇽 블랑, 슈냉 블랑, 믈롱 드 부르고뉴Melon de

Bourgogne 등이 재배되는데 상트르 지역에서 소비뇽 블랑 품종으로 만들어지는 상세르Sancerre와 뿌이 퓌메Pouilly-Fumé(원산지 명칭이자 와인명)가 가장 유명하다. 상트르는 프랑스의 중심부에 위치하여 추운 겨울과 뜨거운 여름이 뚜렷한 대륙성 기후이며 루아르 밸리의 산지 중 국제적으로 가장 잘 알려진 산지이다. 상세르와 뿌이 퓌메 모두 품종의 캐릭터가 직선적으로 느껴지는 편이며 숙성되면 더 매력적인 맛을 지닌다. 소비뇽 블랑의 순수한 풍미를 지키기 위해 대부분 대형 오크통이나 스테인리스스틸 탱크에서 양조하는데 '디디에 다그노Didier Dagueneau' 같은 프리미엄 생산자는 오크통에 숙성하여 진하고 풀바디한 와인을 생산하기도 한다. 좋은 와인일수록 풀, 자몽과 같은 감귤류의 아로마가 느껴지며 간혹 이 지역 와인에서 고양이 오줌 냄새라고 표현되는 재미있는 향이 나기도 하는데 이는 덜 익은 포도에서 기인할 수 있다. '훈제된Fumé'이라는 이름의 뿌이 퓌메는 상세르보다 조금 더 부드럽고 과일향이 강하지 않은 대신 스모키 한 아로마가 느껴지기도 한다. 확연하게 큰 차이는 나지 않지만 동일 생산자의 두 지역의 와인을 비교 테이스팅 하는 것도 재미있는 경험이다.

상트르와 페이낭테의 중간에 앙주 소뮈르와 투렌 지역이 위치한다. 투렌은 해양성과 대륙성 기후가 공존하며 소지역에 따라 다른 기후 양상을 보인다. 까베르네 프랑, 가메, 말벡 등의 적포도와 소비뇽 블랑, 슈냉 블랑 등 청포도가 생산된다. 레드 와인 산지인 부르게이Bourgueil와 시농Chinon, 화이트 와인 산지인 부브레Vouvray가 대표적이다. 레드 와인은 까베르네 프랑을 기반으로 하여 만들어지며 일찍 마실 수 있는 부드러운 와인이 주로 생산된다. 부브레에서는 슈냉 블랑 100%의 화이트 와인이 독점적으로 생산된다. 드라이 와인부터 귀부 와인, 간혹 스파클링 와인이 만들어진다.

앙주Anjou와 이웃한 소뮈르Saumur 지역을 묶어 앙주 소뮈르라 부르는 이 지역은 온화한 겨울과 더운 여름의 해양성 기후를 보인다. 와인전문가 톰 스티븐슨Tom Stevenson은 앙주 소뮈르 지역을 '루아르 밸리의 축소판Microcosm of the Loire Valley'이라고 묘사하였는데 뛰어난 품질의 레드 와인부터 화이트, 로제, 스파클링, 그리고 스위트 와인에 이르기까지 모든 스타일의 와인이 생산되기 때문이다. 세계 최고의 슈냉 블랑 와인으로도 불리는 드라이 화이트 와인 산지인 사브니에르Savennières, 귀부균의 영향을 받은 최고급 스위트 와인인 까르 드 숌Quarts de Chaume과 본조Bonnezeaux, 까베르네 프랑의 레드 와인 소뮈르 샹피니Saumur-Champigny가

대표적이다. 까베르네 프랑과 까베르네 소비
농을 혼합한 미디엄 스위트 스
타일의 까베르네 당주Cabernet
d'Anjou와 그롤로Grolleau 품종
으로 만드는 로제 당주Rose
d'Anjou 등의 로제 와인, 슈냉 블
랑과 샤르도네 등의 품종을 이

용하여 전통적인 방식으로 만들어지는 스파클링 와인들 역시 생산된다.

루아르 강이 대서양과 만나는 입구에 위치한 페이 낭테는 습하고 온화한
해양성 기후를 띠며 해산물과 잘 어울리는 드라이하고 절제된 캐릭터의 와
인, 믈롱 드 부르고뉴 품종의 뮈스까데Muscadet 와인을 생산한다.

▲ 파미으 부 그리에르,
로제 당주

» 상세르&뿌이 퓌메의 유명 생산자

앙리 부르주아Henri Bourgeois, 파스칼 졸리베Pascal Jolivet, 프랑수아 코타François Cotat, 루시앙 크로쉐
Lucien Crochet, 바쉐롱Vacheron, 디디에 다그노Didier Daguenea

168

혼동되는 와인명, '뿌이 퓌세'와 '뿌이 퓌메'

두 와인 모두 프랑스에서 생산되는 화이트 와인으로 생산자에 따라
차이는 있으나 보통 4만 원~10만 원 정도로 가격대도 비슷한 편이
다. 와인레이블에 적힌 이름을 보면 얼핏 같은 산지의 와인으로 착각
하기 쉽지만 뿌이 퓌세Pouilly-Fuissé는 부르고뉴의 마꼬네 지역에서
샤르도네 100%로 만드는 와인이며 뿌이 퓌메Pouilly-Fumé는 루아르
밸리에서 소비뇽 블랑 100%로 만들어지는 와인이다. 강하지 않은 레
몬, 청사과, 은은한 나무의 오크 향이 느껴지는 뿌이 퓌세와 자몽, 패
션후르츠, 풀의 향이 강한 뿌이 퓌메는 전혀 다른 개성을 지닌 와인이
니 구매 시 참고하자.

B. 샹파뉴 Champagne

샹파뉴는 지역명과 동일한 스파클링 와인으로 알려진 세계에서 가장 유명한 와인 산지이다. 프랑스 북동부에 위치하며 파리와 가까운 이 점으로 일찍이 성공적인 와인 무역과 명성을 구축하였다. 중심 지역인 랭스Reims는 프랑스 왕들의 대관식이 진행되는 랭스 대성당이 위치하며 이 곳은 유네스코 세계문화유산으로 지정되었다. 세계 와인 산지의 북방 한계선에 위치하여 연평균 기온 10°C, 성장기는 18°C에 불과한 서늘한 산지이다. 포도의 성숙은 어렵지만 이로 인한 높은 산도는 스파클링 와인에 가장 중요한 구성요소로 작용한다. 바다로 덮여 있던 이곳의 토양은 백악질Chalky 토양으로 열 흡수와 배수에 효과적이며 건조한 여름에도 수분 저장에 용이하다. 또한 샴페인의 섬세하고 산뜻한 풍미에 영향을 끼친다. 샹파뉴의 생산 지역은 몽타뉴 드 랭스Montagne de Reims, 발레 드 라 마른Vallée de la Marne, 꼬뜨 데 세잔Côte de Sézanne, 꼬뜨 데 블랑Côte des Blancs, 오브Aube로 총 5개의 산지로 나뉜다.

포도 품종은 샴페인의 생산 품종인 샤르도네, 피노 누아, 피노 뫼니에가 90% 이상을 차지한다. 피노 누아는 몽타뉴 드 랭스, 샤르도네는 꼬뜨 데 블랑, 피노 뫼니에는 발레 드 라 마른에서 각 품종의 특성을 살린 우수한 포도가 생산된다. 샴페인에 비해 현저하게 낮은 생

169

산율이지만 샴페인 품종으로 만드는 스틸 와인인 꼬또 샹프누아Coteaux Champenois와 로제 와인인 로제 데 리세Rose des Riceys, 그리고 강화 와인 역시 생산되고 있다.

1941년 설립된 CIVC(Comité Interprofessionnel du Vin de Champagne)는 샴페인의 명칭과 명성을 보호하고 알리며 와인 생산에 관한 규제를 주관하는 협회이다.

9. 기타 프랑스 산지

앞서 소개한 생산지만큼 세계적인 명성을 가진 곳은 아니지만 특색 있는 와인 산지인 프로방스Provence, 쥐라Jura, 남서부Sud-Ouest 지역도 있다.

프로방스 Provence

10년 이상의 숙성이 가능한 어두운 컬러의 진한 맛을 지닌 레드 와인이 대표적이다. 풍부한 맛과 스파이시한 로제 와인인 방돌 로제Bandol Rosé도 세계적인 인지도를 가지고 있다. 그 외에 로제 와인 생산량이 80%를 차지하는 가장 큰 산지인 꼬뜨 드 프로방스Côtes de Provence, 화이트 와인으로 알려진 벨레Bellet 등의 산지가 있다.

프로방스는 론 밸리 남부의 이탈리아 국경과 인접한 산지이다. 생산량의 50% 이상을 차지하는 로제 와인으로 유명하며 대부분이 인근 지중해 휴양지에서 소비된다. 생산량 약 30%의 진한 풍미의 향신료 향이 풍부한 레드 와인의 생산량도 점점 증가하는 추세이다. 이탈리아에서는 베르민티노Vermentino라 부르는 롤Rolle, 클레레트Clairette 등의 청포도 품종과 무르베드르, 그르나슈, 까베르네 소비뇽 등 적포도 품종의 와인이 주로 생산된다. 가장 대표적인 산지인 방돌Bandol에서는 50% 이상의 무르베드르가 사용된 레드와 로제 와인이 생산되며 최소

▲ 도멘 오뜨,
로제 방돌 '샤토 로마쌍'

쥐라 Jura

▲ 플로랑 루브,
뱅 존 꼬뜨 뒤 쥐라

부르고뉴 동쪽의 스위스 국경 사이에 위치한 쥐라에서는 토착 품종인 풀사르Poulsard, 트루쏘Trousseau, 사바냥Savagnin과 더불어 샤르도네, 피노 누아가 재배된다. 이곳은 독특한 스타일의 와인을 생산한다. 청포도 품종인 사바냥으로 만든 와인을 오크통에 가득 채우지 않고 산소와 접촉하며 숙성시키면 표면에 효모막인 '보일Voile'이 생긴다. 이 보일로 인한 독특한 풍미를 가진 뱅 존Vin Jaune(스페인의 셰리 와인과 비슷하지만 강화는 하지 않는다), 수확 후 말린 포도를 이용하여 만든 스위트 와인 뱅 드 파이으Vin de Paille, 샤르도네를 주로 사용하는 스파클링 와인

170

인 크레망 뒤 쥐라Crémant du Jura 등이 생산된다.

남서부 Sud-Ouest

보르도 내륙을 포함해 스페인과의 경계인 피레
네 산맥Pyrénées Mountains 지역까지 이어진 남
서부의 광범위한 산지를 일컫는다. 수드 외스트
Sud-Ouest는 각 지역마다 다양한 스타일의 와인
을 생산하여 와인레이블에는 수드 외스트 명칭 대
신 더 작은 산지와 개별적인 명칭이 표기된다. 보
르도 동쪽의 내륙지역에는 보르도와 유사한 스
타일의 와인을 생산하는 베르주락Bergerac, 몽트
라벨Montravel, 귀부 와인을 생산하는 몽바지약
Monbazillac 등이 위치한다. 풀바디한 레드 와인
산지인 카오르Cahors가 대표적이며 특히 강렬한

말벡이 매력적이다. 보르도 남부
의 서쪽으로 펼쳐진 꼬뜨 드 가스
코뉴Côtes de Gascogne 지역에
는 타닌의 어원이 된 풍부한 타
닌을 지닌 적포도 품종인 따나
Tannat와 청포도인 쁘띠 망상Petit Manseng, 그로
망상Gros Manseng 등의 와인이
생산된다. 특히 알랭 브루몽Alain
brumont의 샤토 몽투스Château
Montus 와인으로 유명한 마디랑
Madiran AOC이 대표적이며 드라
이 화이트와 스위트 와인 산지인
쥐랑송Jurançon 지역이 있다. 남서
부 지역은 브랜디 산지인 아르마냑
Armagnac이 속해 있기도 하다.

▲ 샤토 몽투스

코냑과 아르마냑

프랑스 브랜디인 코냑Cognac과 아르마냑Armagnac은 각각 세계적인 와인 산지
인 보르도의 북부와 남부에서 생산된다. 두 브랜디 모두 각 지역에서 재배된 위
니 블랑Ugni Blanc(코냑은 98% 이상 이 품종만 사용한다.), 폴 블랑쉬Folle Blanche, 콜롬
바르Colombard 등의 청포도 품종으로 만든 와인을 증류하여 제조된다. 국제적
으로 더욱 유명한 코냑과 해당 지역에서 더 사랑받는 아르마냑은 떼루아와 생산
과정의 증류 방식, 알코올의 농도 차이 등으로 인해 스타일에서도 조금 다른 양
상을 보인다. 코냑은 조금 더 가볍고 향긋한 경향이 있으며 아르마냑은 입 안에
꽉 차며 조금 더 점성이 있는 편이다.

▲ 생 비방, 아르마냑

프랑스 와인 분류

1. AOC 제도 Appellation d'Origine Contrôlée (아뻴라시옹 도리진 콘트롤레)

프랑스는 원산지의 떼루아가 와인을 만든다는 믿음으로 일찍부터 와인의 원산지 명칭을 보호하는 품질관리제도인 AOC제도를 만들었다. 국내 이천 지역의 쌀, 횡성의 한우처럼 각 지역의 뛰어난 품질과 명성을 지닌 특산물의 품질을 유지하고 이름을 남용하지 못하도록 만든 법적 제도이다. 프랑스의 국립원산지명칭협회 이나오 INAO: Institut Nationale des Appellations d'Origine (엥스티튀 나시오날 데 자뻴라시옹 도리진)에서는 와인뿐만 아니라 국내에서도 볼 수 있는 브리 Brie 치즈나 이즈니 Isigny 버터 등 품질을 인증받은 농산물의 지리적 원산지를 관리 및 보호하고 있다. 이 제도는 프랑스 와인이 지금의 입지를 다지는데 기여했고 와인을 비롯해 다양한 농산품을 명품 브랜드화시켰다. 1935년부터 프랑스 와인에 AOC제도가 시행되었으며, 각각의 지역별로 품종, 재배, 양조, 품질에 대한 엄격한 기준을 제시한 프랑스를 표준으로 하여 각국에서 원산지 보호가 이뤄지고 있다.

INSTITUT NATIONAL DE L'ORIGINE ET DE LA QUALITÉ

172

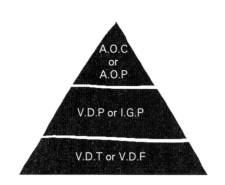

AOC Appellation d'Origine Contrôlée

프랑스의 최고급 와인들이 카테고리의 최상위인 AOC범위에 속해있다. 이 와인들은 레이블에 'Appellation ○○○ Contrôlée'라고 표기된다 (여기서 ○○○은 생산지이다). Appellation은 '명칭'을 의미하며 해당 분류는 가장 까다로운 규제를 받는다. 생산지역, 품종, 단위 면적당 생산량, 최

1. Appellation Bordeaux Contrôlée

저 알코올 도수 등 다양한 규정을 엄격하게 준수해야 하며 지켜지지 않을 시 원산지 명칭을 사용할 자격을 박탈당한다. 더 작은 지역의 명칭이 적힐수록 해당 지역만의 고유한 스타일을 가진 고품질 와인으로 여겨진다.

2. Appellation Haut Médoc Contrôlée

보르도산 와인을 살 때 왼쪽과 같이 적힌 와인들이 있다고 가정해보자. 2번 와인은 1번의 보르도라고 적힌 와인보다 더 작은 산지인 오 메독에서 재배된

3. Appellation Pauillac Contrôlée

포도로 만든 와인을 뜻하며 3번 와인은 오 메독 지역 내에서도 포이약 마을에서 생산된 와인을 뜻한다. 1번에서 3번 순으로 더 고급 와인으로 여겨진다.

생산된다. 모든 지방에서 생산되는 카테고리는 아니며, 뱅 드 페이의 약 70% 이상이 랑그독 루씨용에서 생산된다. 이 등급의 랑그독 와인레이블에는 'Vin de Pays d'Oc'이라는 명칭을 볼 수 있었으나 2009년 제도가 변경되며 'Pays d'Oc'이라는 명칭이 쓰인다. 미국, 호주 등 신세계 산지처럼 품종을 레이블에 명확하게 표기하기 때문에 상업적인 측면에서 크게 경쟁력을 갖는다.

뱅 드 페이 Vin de Pays (VDP)

각 산지별로 AOC보다 덜 까다로운 규제를 거쳐 생산되며 보다 많은 생산량이 허용되고 포도 품종 역시 더 다채롭게 선택이 가능하다. AOC제도의 제약에서 벗어나 도전적인 와인 생산이 가능하며, AOC와인보다 고가로 판매되는 고품질의 와인도

뱅 드 따블 Vin de Table (VDT)

프랑스 와인 중 가장 낮은 품질을 지닌 와인으로 특정 산지가 지정되지 않은 기본 테이블 와인을 뜻한다. 생산 규제가 가장 덜 엄격하며 이 카테고리의 와인은 프랑스에서 생산되었다는 것만이 확실하게 인증된다. 극히 드물게 AOC제도의 규제를 따르지 않은 자유롭고 독특한 스타일의 와인은 다른 카테고리를 포기하고 이 명칭으로 생산되기도 한다.

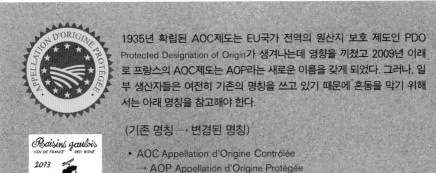

1935년 확립된 AOC제도는 EU국가 전역의 원산지 보호 제도인 PDO Protected Designation of Origin가 생겨나는데 영향을 끼쳤고 2009년 이래로 프랑스의 AOC제도는 AOP라는 새로운 이름을 갖게 되었다. 그러나, 일부 생산자들은 여전히 기존의 명칭을 쓰고 있기 때문에 혼동을 막기 위해서는 아래 명칭을 참고해야 한다.

(기존 명칭 → 변경된 명칭)

- AOC Appellation d'Origine Contrôlée
  → AOP Appellation d'Origine Protégée

- VDP Vin de Pays
  → IGP Indication Géographique Protégée

- VDT Vin de Table
  → VDF Vin de France

2. 보르도의 등급제도

보르도, 부르고뉴 등지에는 뛰어난 품질의 와인에 별도의 등급을 표기하기 위한 특별한 등급 제도가 존재한다. 이런 복잡한 '특별 등급'들이 와인레이블을 해석하는데 어려움을 주며 가격 차도 크기 때문에 지역별 등급을 알아 두는 것이 좋다.

보르도 와인은 세부 산지마다 다른 등급 체계를 가지고 있어 와인 구매 시 어려움을 겪을 때가 많다. 보르도의 등급 분류는 1855년 파리에서 개최된 만국박람회 당시, 전 세계 방문객들에게 전시될 프랑스 최고의 보르도 와인을 선별하고자 했던 나폴레옹 3세의 지시 하에 공식적으로 와인을 서열화하며 시작된다. 와인의 품질을 증명해 줄 명성과 거래가 등에 따라 등급이 매겨졌으며 메독 지역 와인들이 먼저 그랑 크뤼 클라쎄Grands Crus Classés라는 이름으로 1등급부터 5등급까지 분류되었다. 60여 개 메독 지역의 샤토들이 선정되었는데 그라브 지역의 우수한 와인이던 샤토 오 브리옹Château Haut-Brion만 예외로 포함되었다. 그 후, 1973년 2등급이던 샤토 무통 로칠드Château Mouton-Rothschild가 1등급으로 승격된 사건을 제외하고는 불변의 체계로 자리를 지키고 있다(5등급에 선정되었던 샤토 깡뜨메를르Château Cantemerle가 1855년 박람회 리스트에서 누락된 사건이 있다).

1932년 등급이 제정된 이후에 생겨나거나 순위권에서 탈락했던 200여 개의 샤토들 중 일부가 크뤼 부르주아Cru Bourgeois라는 그룹으로 분류되었는데 대체로 등급 분류 와인에 비해 가격은 저렴하고 품질은 높은 와인들이다. 이후 공정성의 문제로 갱신을 거듭해오다 2020년 249개의 샤토가 선정되었다. 2018 빈티지 이후의 해당 와인레이블에는 5년 동안 이를 표기하여 판매할 수 있다.

소테른 지역의 등급 체계 역시 1855년 메독 지역과 함께 시작되었으며 1950년대에 그라브와 생 떼밀리옹 지역의 체계가 완성되었다. 메독, 소테른, 그라브, 생 떼밀리옹 지역의 등급이 각기 다르므로 혼동을 막기 위해 아래의 등급 체계를 확인하자.

메독 와인 등급
(그랑크뤼 클라쎄 Grands Crus Classés)

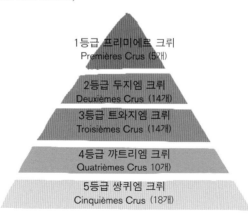

1등급 프리미에르 크뤼
Premières Crus (5개)

2등급 두지엠 크뤼
Deuxièmes Crus (14개)

3등급 트와지엠 크뤼
Troisièmes Crus (14개)

4등급 꺄트리엠 크뤼
Quatrièmes Crus 10개

5등급 쌍퀴엠 크뤼
Cinquièmes Crus (18개)

» 1등급 와인 소개(프리미에르 크뤼)

· 샤토 라피트 로칠드 Château Lafite Rothschild
(소속 마을: 포이약 Pauillac)

전 세계 부의 상징인 로칠드Rothschild 가문 소유의 라피트 로칠드는 1855년 그랑 크뤼 클라쎄 분류 목록에 공식적으로 처음 이름을 올린 세계적으로 가장 명성 있는 와인이다. 품질과 숙성 잠재력으로 최고의 평판을 지녔으며 이에 상응하듯이 시장에서 최고가를 갱신하고 있다. 특히, 중국인들이 가장 사랑하는 와인으로 수많은 라피트 수집가들이 있으며 경매 시장뿐만 아니라 프랑스 현지에서의 구매도 급증했다. 그 인기를 증명하듯이 2012년 중국의 한 도시에서만 가짜 라피트로 추정되는 약 1만 병의 와인을 압수했으며 전문가들은 시중에 유통되는 50~70%의 와인이 가짜일 가능성을 제기했다. 2013년 개봉한 호주 영화 「와인을 향한 열정 Red Obsession」에서는 중국인들이 라피트에 얼마나, 왜 열광하는지를 잘 다루고 있으며 아마도 이것이 최근 몇 년간 라피트의 가격이 급상승한 가장 큰 이유일 것이다.

나무 한 그루를 사이에 두고 바로 옆에 위치한 같은 1등급 샤토이자 사촌지간인 샤토 무통 로칠드와의 갈등은 와인애호가들의 큰 관심사이자 오랫동안 회자되어 온 이야기이다. 라피트 로칠드의 설

립자 제임스Baron James Mayer de Rothschild의 조카인 나다니엘 Baron Nathaniel de Rothschild은 삼촌 제임스가 소유한 파리의 한 은행에서 일하였는데 1853년 샤토 브란 무통 Château Brane-Mouton 와이너리를 매입하여 샤토 무통 로칠드로 개명한다. 그로부터 15년 후, 삼촌 제임스는 바로 이웃한 샤토 무통 로칠드의 3배 이상의 토지를 갖춘 샤토이자 메독 지역 1등급인 샤토 라피트(후에 샤토 라피트 로칠드로 개명)를 구매한다. 당시 무통 로칠드는 2등급 와인이었기에 제임스의 라피트 매입은 가족 간의 경쟁 심리를 부추기며 갈등의 불씨를 지폈는데, 정작 제임스는 샤토 라피트 매입 후 3개월 만에 사망한다. 무통 로칠드는 나다니엘의 사망 후, 21세의 어린 나이로 샤토를 맡아 수많은 노력 끝에 무통을 1등급으로 승급시킨 증손자 필립Baron Philippe de Rothschild에 의해 지금의 세계적인 입지를 다지게 되었다. 그런 그에게 1등급 승급을 반대하며 노골적으로 반기를 든 이가 바로 당시 라피트를 소유한 사촌 엘리Baron Elie de Rothschild이다. 한 가문

의 두 와이너리가 대립각을 세웠던 비극은 1973년 샤토 무통 로칠드가 1등급을 획득하며 필립의 승리로 돌아갔다.

80~95%의 까베르네 소비뇽, 5~20%의 메를로, 최대 5%의 까베르네 프랑과 쁘띠 베르도를 혼합하여 18~20개월간 새 오크통 100%에서 숙성된다. 블랙 커런트와 같은 강렬한 검은 과일 향, 연필심, 삼나무, 민트, 시가(정확히는 시가 박스) 등의 섬세한 향이 느껴지는데 누군가 이 와인을 마시고 "숲을 마시는 것 같다."라고 했던 표현이 떠오른다. 선명한 산도와 타닌의 구조감이 견고하고 좋은 빈

175

티지는 수십 년 동안 숙성이 가능하다. 빈티지에 따라 차이가 있지만 2시간 이상의 디캔팅을 추천한다.

· **샤토 라뚜르** Château Latour
(소속 마을: 포이악Pauillac)

'탑La Tour'을 의미하는 '라뚜르'의 포도밭에는 샤토의 상징인 원형의 하얀 탑이 있어 쉽게 눈에 띈다. 레이블에는 백년전쟁 중 이 곳에 세워졌다가 지금은 사라지고 없는 탑이 그려져 있고, 위에는 사자 한 마리가 올라가 있다. 라뚜르는 와인 자체가 마치 탑과 사자만큼이나 단단하고 강건하다. 뛰어난 빈티지는 50~70년 이상 숙성이 가능한 놀라운 숙성력을 가졌으며 빈티지의 영향이 큰 보르도에서 일관된 품질을 만들어내는 것으로 유명하다. 마시기 전, 평균 6시간의 디캔팅을 거치기도 한다. 진한 컬러의 풍부한 과일 향이 두드러진 아로마와 입 안을 꽉 채우는 매끄러운 질감, 풍부한 타닌이 인상적이다. 라피트, 무통 로칠드와 더불어 포이악 마을에서 생산되는 1등급 와인으로, 2000년 남북 정상회담에서 김정일 국방 위원장은 고(故) 김대중 대통령과의 만찬에 이 와인을 내놓았으며 고(故) 이건희 회장이 2000년대 초반 경제인들의 모임에서 사용하며 국내에서도 유명해졌다. 소유주의 자금난으로 1963년 영국인에게 팔리며 한때 프랑스의 자산이 아니던 시기가 있었다. 전반적인 시설에 많은 투자와 발전이 이뤄졌지만 프랑스 내에서는 문화재나 다름없는 와이너리가 외국에 팔렸다는 비난 여론이 일었고 1993년에서야 프랑스의 사업가가 되찾아 오게 된다.

높은 비율(80~90%)의 까베르네 소비뇽과 나머지 품종들이 블렌딩되며 16~18개월간 새 오크통에서 숙성 후 출시된다.

· **샤토 무통 로칠드** Château Mouton-Rothschild
(소속 마을: 포이악Pauillac)

1855년 그랑크뤼 클라쎄 분류 중 1973년 2등급에서 1등급으로 승격된 유일무이한 와인인 무통 로칠드의 역사는 1922년 이후 소유주가 된 로칠드 가의 필립Baron Philippe de Rothschild을 빼놓고 이야기할 수 없다. 이 획기적인 승급은 필립의 다년간의 로비 끝에 얻어진 결실이었다. 1855년의 와인 분류는 전적으로 시장에서 유통되던 가격을 기반으로 선정하였는데 무통은 라피트 로칠드와 동가로 판매되고 있음에도 불구하고 1등급에 선정되지 못했다. 필립은 당시의 결정에 불만을 표하며 '1등급은

될 수 없지만 2등급이 되진 않겠다. 나는 (그저)무통이다 (Premier ne puis, second ne daigne, Mouton suis).'라는 문구를 와인레이블에 표기했고 1등급이 된 후 이 문구는 다음처럼 변경되었다. '나는 1등급이다. 과거에는 2등급이었지만 무통은 변함이 없다(Premier je suis, Second je fus, Mouton ne change).'

무통은 매 빈티지마다 변경되는 레이블로 인해 다 마신 빈병조차도 소장 가치가 크다. 1등급이 된 해인 1973년의 레이블은 파블로 피카소Pablo Picasso의 그림으로 채워졌다. 무통 로칠드에게도 뜻깊은 해였지만

피카소가 타계한 해이기도 하다. 그 외에도 1947
년 장 콕토Jean Cocteau, 1958년 살바도르 달
리Salvador Dali, 1969년 호안 미로Joan Miró,
1970년 마르크 샤갈Marc Chagall, 1971년 바실
리 칸딘스키Wassily Kandinsky, 1975년 앤디 워
홀Andy Warhol, 1988년 키스 해링Keith Haring
등 이름만 들어도 입이 떡 벌어질 세기의 예술가들
이 레이블을 수놓았다. 재미있는 사실은 그들 대부
분이 작품에 대한 대가를 받는 대신, 자신이 레이
블을 그린 빈티지와 다른 빈티지의 와인들을 받고
기꺼이 자신의 작품을 실었다는 것이다. 2013년
에는 한국의 화가 이우환 화백의 그림이 실리며 세
계적인 거장들과 어깨를 나란히 했다(2013년이 보
르도의 최근 20년 중 빈티지 점수가 가장 낮은 해였던
것은 못내 아쉽다). 샤토에 잠시 머물렀던 엘리자베
스 여왕에게 경의를 표하기 위해 1977년에는 특별
한 레이블이 제작되기도 했다. 가장 주목받았던 것
은 바로 발튀스Balthus가 그린 1993년의 레이블
이다. 십 대 소녀의 나체를 그린 이 작품은 미국에
수출되기 전 큰 문제가 되어 아무것도 그려지지 않
은 배경색만으로 채워진 레이블로 변경되었다. 덕
분에 발튀스가 그린 레이블의 와인이 희소해지자
훨씬 더 높은 가격으로 투기가 일어나는 등 웃지
못할 해프닝도 일어났다.

또한 무통은 신세계 국가 와이너리와의 협업으
로 명품 와인을 탄생시키기도 했다. 미국의 로버
트 몬다비Robert Mondavi와 손잡고 오퍼스 원
Opus One을, 칠레 최고의 와인 회사 콘차이 토로
Conchy Toro와는 알마비바Almaviva를 출시했다.

포도 품종의 비율은 앞의 두 와인과 비슷하며 약
18~22개월간 오크통에 숙성한다. 우아하면서도
개성 있는 라피트나 강한 타닌과 진한 풍미가 느껴
지는 라뚜르와는 달리 탄탄한 구조감과 매끄러움
이 함께 느껴지는 무통만의 스타일을 가진다.

샤토 마고Château Margaux
(소속 마을: 마고Margaux)

메독 지역의 마을 중
남쪽으로 가장 멀리
떨어져 있는 마고의
와인들은 섬세하고
유려한 스타일을 지
닌다. 그중에서도 샤토 마고는 실크같이 매끄러운
질감과 꽃향기가 느껴지는 우아함의 대명사이다.
엘리자베스 여왕 2세는 자신의 기품에 걸맞는 이
와인을 즉위식 만찬주로 선정했다.

샤토 마고는 일관성 있는 품질을 자랑하는 다른 5
대 샤토들보다 조금 더 변덕스러운 와인이다. 작황
이 안 좋았던 해의 빈티지는 묽고 가냘프기도 하지
만 뛰어난 빈티지는 어떤 와인과도 비교가 불가능
한 고혹적인 매력을 뿜어내기 때문이다.

한때 프랑스에 대사로 파견되었던 미국의 3대 대
통령인 토마스 제퍼슨은 프랑스 와인에 흠뻑 빠져
대통령이 되고 나서도 백악관에 와인셀러를 만들
었다. 그는 샤토 마고를 마시고 보르도에 이보다
더 좋은 와인은 없다고 극찬했다. 미국의 전설적

인 작가인 어니스트 헤밍웨이Ernest Hemingway
는 그의 손녀딸의 이름을 마고Margaux라고 지었
을 정도이니 얼마나 마고에 빠졌던 것일까. 또한
2003년 소유주의 재정난으로 샤토의 매각 문제가
불거졌을 당시, 결국 프랑스인의 손에 돌아갔지만
빌 게이츠Bill Gates가 구매에 관심을 보였다는 엄
청난 루머가 떠돌기도 했다. 여러 대중문화에도 반
영되어 에드거 알렌 포Edgar Allan Poe의 소설과
「배트맨 대 슈퍼맨(저스티스의 시작)」, 「스티브 잡
스」와 같은 영화를 비롯해 마블 사의 만화『스파이
더맨』 등에도 등장한다.
까베르네 소비뇽 품종을 80~90%대의 높은 비율로
블렌딩하고 있으며 18~24개월간 오크 숙성한다.

· **샤토 오 브리옹** Château Haut-Brion
(소속 마을:그라브Grave)페삭 레오냥Pessac-Léognan)

메독 지역의 와인들만이 1855년 등급 분류에 속
한 가운데 유일하게 그라브 지역의 와인이 하나 포
함되었는데 그것은 바로 샤토 오 브리옹이다. 높은
비율의 까베르네 소비뇽 품종을 중심으로 만들어
지는 나머지 1등급 와인들과 달리 메를로의 함량
이 50% 정도를 차지하며 일반적으로 더 빨리 숙성
되고 마시기 편한 부드러운 와인이다. 어린 빈티지
도 힘이 느껴져 디캔팅이 필요하기도 하며 좋은 빈
티지의 와인은 12~30년까지 숙성이 가능하다. 로

버트 파커는 그
의 저서에서 "오
브리옹은 내가
개인적으로 가
장 좋아하는 와
인 중 하나이기

도 하다. 향에서 최고 빈티지의 오 브리옹을 능가
할 와인은 찾아보기 어렵다."라고 말했다.
보르도에서 가장 길고 흥미로운 역사를 갖고 있는
샤토이며 오 브리옹이라는 명칭은 16세기의 기록
들에서 이미 발견되었고 17세기에 오 브리옹의 소
유주는 영국에 주점을 열어 와인을 알리는 획기적
인 홍보를 하며 영국인들에게 널리 알려지기 시작
했다. 프랑스에서 대사로 지내던 시절, 토마스 제
퍼슨 대통령은 오 브리옹을 극찬한 편지와 와인을
미국에 선물로 보냈고 그의 대통령 재임 시절뿐만
아니라 후대의 대통령들까지도 백악관에서 즐겨
마시는 와인이 되었다.

와인과 미식을 즐겼던 프랑스의 외무장관, 딸레이
랑Talleyrand이 1801년부터 3년간 샤토 오 브리
옹을 소유했다. 1814년 나폴레옹이 전쟁에서 패
한 후 유럽의 장기적인 평화를 위해 열렸던 오스트

리아 빈 회의에 딸레이
랑이 참석하게 된다. 오
브리옹을 비롯해 그가
아끼는 최고의 셰프를
동반하였다. 그는 프랑
스에 유리한 합의를 이
끌어 내는 중요한 역할
을 하였는데 그 자리에
함께 했던 오 브리옹 역
시 큰 역할을 했다는 평
가를 받았다.

전 세계 부의 상징, 로칠드 가문의 와인 역사

유대인인 로칠드Rothschild 가문은 유럽 왕실의 금고 관리를 도맡았으며 독일, 오스트리아, 영국, 이탈리아, 프랑스에 은행을 설립하며 유럽 최대 금융 재벌로 발돋움했다. 나치에 의해 그 영향력이 축소되기까지 많은 시련을 겪었으나 전 세계 부의 3분의 1 이상을 소유했다고 알려져 있으며 지금까지도 여전히 막강한 부를 손에 쥐고 있다. 20세기 초 이스라엘 건국에 많은 자금을 지원하며 유대민족의 염원을 이루는데 큰 기여를 한 주인공이다. 2015년에는 콘래드 힐튼의 증손녀이자 패리스 힐튼의 동생인 니키 힐튼이 제임스 로칠드와 결혼하며 로칠드 가문에 합류했다.

무통 로칠드의 설립자인 나다니엘은 19세기 프랑스 파리로 이주하며 유럽의 상류사회에 진출하기 위한 발판으로 와인 사업을 선택한다. 이후 라피트 로칠드를 설립한 사촌들과의 불화가 커졌고 그 갈등은 쉽게 해결되지 않았다. 2007년에서야 로칠드 가문의 분파는 십여 년간의 준비를 거쳐 공동의 샴페인을 출시했다. '샴페인 바롱 드 로칠드Champagne Barons De Rothschild'는 로칠드의 이름으로 최고의 샴페인을 만들고자 했던 그들의 도전 과제였다. 로칠드 가의 와인에는 다섯 개의 화살이 그려져 있는데, '화살 한 개는 쉽게 부러지지만, 여러 개로 겹친 화살은 부러지거나 휘지 않는다.'는 가문 창시자의 신념을 담고 있다. 드디어, 이 문양의 의미처럼 가족이 화합할 준비를 조금씩 해나가고 있다.

▲ 샴페인 바롱 드 로칠드

» **메독의 마을별 등급 와인 소개**(2등급~5등급)

*생산자명 앞의 Château는 모두 생략함

· **생 테스테프** St-Estèphe

1등급은 존재하지 않으며 총 5개의 등급 와인이 존재한다.

·· **꼬스 데스뚜르넬**Cos D'Estournel(2등급)

생 테스테프 최고의 와인으로 강건함과 섬세함을 동시에 지녔으며 슈퍼 세컨드 와인으로 꼽히기도 한다.

·· **몽로즈**Montrose(2등급)

'장미빛 언덕'이라는 뜻의 2등급 와인이다.

·· **깔롱 세귀르** Calon Ségur(3등급)

레이블에 큰 하트 모양이 그려져 있어 연인들의 선물로 사랑받는 와인이다. '포도나무의 왕자'라고 불렸던 니콜라 드 세귀르Nicolas de Ségur는 라피트 로칠드, 무통 로칠드, 라뚜르 등 보르도 최고의 샤토들을 소유했지만 정작 가장 아꼈던 것은 깔롱 세귀르였다. "나의 마음Heart은 깔롱 세귀르에 있다."라는 말을 남겼고 그 후 레이블에 하트 모양이 그려지게 되었다.

·· **라퐁 로쉐**Lafon Rochet(4등급)

·· **꼬스 라보리** Cos Labory(5등급)

· 포이약 Pauillac

3개의 1등급이 생산되며 5등급의 와인도 높은 퀄리티를 자랑한다.

·· 피숑 롱그빌 꽁떼스 드 라랑드 Pichon Longueville Comtesse de Lalande (2등급),

·· 피숑 롱그빌 바롱 Pichon Longueville Baron (2등급)

하나의 와이너리에서 분열된 백작부인 Comtesse과 남작 Baron의 이름을 지닌 와인으로 롱그빌 바롱이 더 강한 스타일이다.

·· 달마이약 d'Armailhac (5등급)

무통 로칠드의 바로 옆에 위치한 무통 로칠드 소유의 와이너리로 최근 5등급 중 가장 뛰어난 퍼포먼스를 보여주는 와인 중 하나이다.

·· 린치 바쥬 Lynch Bages (5등급)

5등급 중에서도 뛰어난 품질을 보여주며 '가난한 자의 무통 로칠드'라고 불리는 와인이다.

·· 퐁테 까네 Pontet Canet (5등급)

무통 로칠드, 달마이약과 인접하며 린치 바쥬와 함께 가장 인정받는 5등급 와인.

·· 오바따이 Haut Batailley (5등급)

·· 그랑 퓌 뒤카스 Grand Puy Ducasse (5등급)

·· 린치 무싸 Lynch Moussas (5등급)

·· 페데스클로 Pédesclaux (5등급)

·· 클레르 밀롱 Clerc Milon (5등급)

·· 크로아제 바쥬 Croizet-Bages (5등급) 등

· 생 줄리앙 St.-Julien

1등급은 없으며 2~4등급 와인이 생산된다.

·· 레오빌 라스까스 Leoville Las Cases (2등급)

생 줄리앙 최고의 와인으로 꼽히며 라뚜르와 담 하나를 사이에 두고 있다.

·· 그뤼오 라로즈 Gruaud-Larose (2등급)

영국 왕실의 공식 하우스 와인이었으며 2등급임에도 합리적인 가격에 판매된다. 고(故) 노무현 대통령과 엘리자베스 여왕의 만찬주였다.

·· 딸보 Talbot (4등급)

국내에서 가장 큰 사랑을 받고 있는 생 줄리앙의 와인이다.

·· 레오빌 뿌아페레 Leoville Poyferre (2등급)

·· 레오빌 바르똥 Leoville Barton (2등급)

·· 뒤크뤼 보까이유 Ducru-Beaucaillou (2등급)

·· 라그랑쥬 Lagrange (3등급)

·· 베이슈벨 Beychevelle (4등급) 등

· 마고 Margaux

1~5등급까지 가장 많은 등급 와인을 보유한 지역이다.

·· 빨머 Palmer (3등급)

3등급이지만 마고 마을의 2인자라 불리며 뛰어난 빈티지에는 샤토 마고보다 훌륭하다는 평가를 받는다.

·· 로장 세글라 Rouzan Segla (2등급)

1970년대 등급 대비 품질이 떨어졌다는 평을 받았지만 명품 패션 회사인 샤넬 Channel이 인수하며 과거의 명성을 되찾고 있다.

·· 라스꽁브 Lascombes (2등급)

국내 항공사의 퍼스트 클래스 석 하우스 와인으로 사용되었다.

·· 브란 깡뜨낙 Brane Cantenac (2등급)

2등급 와인 중 가장 저렴하게 판매되는 와인으로 마고 마을의 깡뜨낙 3인방 중 하나이다(브란 깡뜨낙, 깡드낙 브라운, 보이드 깡뜨낙).

·· 지스꾸르 Giscours (3등급)

생산량이 많아 시중에서 비교적 쉽게 볼 수 있으며 등급 대비 합리적인 가격으로 유통되고 있다.

·· 로장 가시 Rouzan Gassies (2등급)

·· 뒤르포르 비벙 Durfort-Vivens (2등급)

·· 키르완 Kirwan (3등급)

·· 디쌍 d'Issan (3등급)

·· 깡뜨낙 브라운 Cantenac Brown (3등급)

·· 보이드 깡뜨낙 Boyd Cantenac (3등급)

·· 도작 Dauzac (5등급) 등

· 크뤼 부르주아 Cru Bourgeois

그랑크뤼 클라쎄에 속하지 못한 품질 좋은 메독 지역의 와인 그룹으로 등급 분류 와인에 비해 대체로 낮은 가격대이다. 공정성의 문제로 공식적인 첫 2003년의 개정이 무효화되고 2020년 새로운 그룹이 발표될 때까지 몇 차례의 변동이 있었다. 등급의 개념보다는 품질을 인증하는 마크로 여겨진다. 높은 등급부터 순서대로 크뤼 부르주아 익셉시오넬Crus Borugeois Exceptionnels, 크뤼 부르주아 수페리에르Crus Bourgeois Supérieurs, 크뤼 부르주아Crus Bourgeois로 나뉜다.

·· 2003년의 개정이 비록 무효화되었지만 여전히 큰 사랑을 받고 있는 '크뤼 부르주아 익셉시오넬' 등급의 와인
  샤스 스플린Chasse-Spleen, 푸조Poujeaux, 드 페즈de Pez 등

·· 2020년 신규 '크뤼 부르주아 익셉시오넬'
  다가삭d'Agassac, 벨-뷰Belle-Vue, 샤르마이 Charmail 등

소테른 와인 등급
(그랑크뤼 클라쎄 Grands Crus Classés)

소테른과 바르삭 지역의 귀부 와인이 속한다.

• 프리미에 크뤼 수페리외르
Premier Cru Supérieur (1개)

• 프리미에 크뤼
Premiers Cru (11개)

• 두지엠 크뤼
Deuxièmes Crus (15개)

최고 등급인 프리미에 크뤼 수페리외르에는 소테른을 대표하는 디켐

▲ 샤토 기로

Château d'Yquem이라는 단 하나의 와인이 존재한다. 11개의 프리미에 크뤼 중에는 기로Guiraud, 쉬드로 Suduiraut, 리외섹Rieussec, 쿠테Coutet(바르삭) 등의 와인이 가장 유명하며 디켐이 50~100만 원 선에

판매된다면 프리미에 크뤼 와인들은 10만 원대로 구매 가능하다.

» 샤토 디켐 Château d'Yquem

가장 호화롭고 농밀한 맛을 느낄 수 있는 디켐은 소테른 최고의 와인이다. 일반적으로 귀부 와인은 귀부균이 든 포도를 정성스레 골라 수확해야 하기에 가장 까다롭고 긴 수확기간을 필요로 하는 와인이다. 그중에서도 디켐은 포도나무 한 그루에서 단 한 잔의 와인만이 생산된다는 철저한 품질관리의 상징적인 존재이다. 약 6~8주 정도의 수확 시기에 포도밭을 꼼꼼하게 살피며 길게는 약 10여 차례의 수확을 진행하고 기준에 충족하지 못한 해에는 단 한 병의 와인도 생산하지 않는다. 고농축된 와인으로 50~75년 이상의 숙성이 가능하며 최소 15년 이상이 지나야 시음 적기에 들어선다. 그래서, 아이가 태어나면 20년 후 성년이 되었을 때 함께 즐기라며 선물하기에도 좋은 와인으로 꼽힌다. LVMH가 소유하고 있으며 생 떼밀리옹의 최

181

고 등급 와인 중 하나인 샤토 슈발 블랑의 총괄 책임자이기도 한 피에르 뤼통Pierre Lurton이 관리하고 있다. 디켐에서는 귀부병이 발병하기 전 완숙된 세미용과 소비뇽 블랑으로 풀바디한 드라이 화이트 와인인 '이그헥 Y'도 생산한다. 디켐과 마찬가지로 매년 생산되지 않으며 약 1만 병 정도의 소량만 생산된다.

▲ 샤토 디켐,
이그헥(Y)

그라브 와인 등급
(크뤼 클라쎄 Crus Classés)

1959년 최종적으로 개정된 그라브의 등급 분류인 '크뤼 클라쎄 드 그라브Crus Classés de Graves'는 보르도의 다른 지역과는 달리, 레드 와인뿐만 아니라 화이트 와인을 함께 포함한다. 레드 와인 7곳, 화이트 와인 3곳, 화이트와 레드 모두 생산하는 6곳의 샤토까지 총 16개의 샤토 와인이 그라브 최고의 지역인 페삭 레오냥Pessac-Léognan 지역명으로 생산된다. 각 와인에 순위가 매겨져 있지는 않으며 최고급 와인인 오 브리옹은 이 등급 안에 포함됨과 동시에 메독 지역의 1등급 와인으로 분류되어 있다. 화이트와 레드 와인 모두 생산하는 샤토 카르보니유

▲ 샤토 카르보니유

Château Carbonnieux와 도멘 드 슈발리에Domaine de Chevalier가 대표적이다.

생떼밀리옹 와인 등급
(그랑 크뤼 Grands Crus)

- 프리미에 그랑 크뤼 클라쎄'A'
  Premier Grand Cru Classé 'A' (4개)
- 프리미에 그랑 크뤼 클라쎄'B'
  Premier Grand Cru Classé 'B' (14개)
- 그랑 크뤼 클라쎄Grand Cru Classé (64개)

▲ 프리미에 그랑크뤼 클라쎄 'A' (4개)

생 떼밀리옹의 등급 분류는 1955년 등급이 제정된 이후 2012년까지 약 5회에 걸쳐 10여 년마다 갱신되어 왔으며 보수적인 메독 지역 등급과 차별화된다. 18개의 샤토가 최상위 등급인 '프리미에

그랑 크뤼 클라쎄Premier Grand Cru Classé'에 포함되며 그중에서도 뛰어난 4개의 와인은 프리미에 그랑크뤼 클라쎄 A등급, 나머지 14개의 와인은 B등급으로 구분된다. A등급은 오존Ausone, 슈발 블랑Cheval Blanc이 있었고 앙젤루스Angélus와 파비Pavie가 2012년 승급되었다. B등급을 대표하는 와인은 피작Figeac, 라 가펠리에르La Gaffelière, 까농Canon, 발랑드로 Valandraud 등이 있다.

그랑 크뤼 클라쎄와는 별개로 '그랑 크뤼Grand Crus'라는 명칭이 적히는 200개 이상의 생 떼밀리옹 와인이 존재한다. 그랑 크뤼 와

▲ 샤토 피작

인은 일반 생떼밀리옹 와인들보다 약간 더 엄격한 생산 제한을 받지만 품질에 큰 차이는 없다. 그랑 크뤼 클라쎄라고 레이블에 기재된 등급 와인과 구별할 필요가 있다.

뽀므롤 와인 등급

▲ 르 팽

뽀므롤은 작은 규모의 산지이고 생산량도 적기 때문에 공식적인 등급은 없다. 과거, 지리적인 문제로 운송이 어려워 메독 지역보다 덜 알려졌지만 보르도의 가장 고가 와인인 페트뤼스와 같이 희소성 있는 와인이 생산된다. 페트뤼스Pétrus, 르 팽Le Pin 등이 최고급 와인으로 꼽히며 그 외에도 널리 알려진 샤토는 아래와 같다.

라플뢰르Lafleur, 뷰 샤토 세르땅Vieux Chateau Certain, 라 콩세이앙트La Conseillante, 레글리제 끌리네L'Eglise-Clinet, 레방질L'Evangile, 끌리네 Client, 가쟁Gazin, 세르땅 드 메이 드 세르땅Certan de May de Certan, 네넹Nenin 등

» 페트뤼스Pétrus

세계적인 명성과 높은 가격을 지닌 와인, 연간 약 3만 병만이 생산되며 빈티지에 따라 상이하지만 평균 400~600만 원대 이상으로 판매되는 와인이다. 대부분의 빈티지가 메를로 100%로 만들어지는, 메를로 품종의 정수를 보여주는 와인으로 철분이 다량 함유된 독특한 푸른색 점토질 토양에서 생산한다. 샤토에서는 오직 페트뤼스만 생산하며 다른 샤토들과는 다르게 세컨드 와인은 생산하지 않는다.

성경 속 인물인 베드로Peter에서 이름이 유래되었으며 와인레이블에서 베드로의 얼굴을 확인할 수 있다. 1961년부터 장 피에르 무엑스Jean-Pierre Moueix로 인해 페트뤼스를 비롯한 뽀므롤 지역의 와인들이 급격하게 성장했으며 현재는 그의 아들인 장 프랑수아 무엑스Jean-François Moueix가 책임지고 있다.

세컨드 와인과 슈퍼 세컨드 와인

각 샤토에서는 최고의 와인을 의미하는 그랑 뱅Grand Vin(Wine)이 생산된다. 메독의 1등급 와인들은 바로 그 샤토의 그랑 뱅이며 이보다 어린 포도나무에서 수확하거나 조금 더 품질이 떨어지는 포도, 다른 포도밭에서 생산된 와인들 중에는 더 저렴한 세컨드 와인Second Wine으로 출시되는 경우가 있다. 경우에 따라 써드 와인Third Wine이 생산되기도 하며 대중적인 마케팅을 활용하여 자체 브랜드로 판매되기도 한다.

슈퍼 세컨드 와인Super Second Wine이란, 2등급이나 그 이하의 등급을 받았지만 품질이 1등급 수준을 능가하는 와인을 일컫는다. 품질과 함께 가격대도 그만큼 고가로 형성되어 있는 경우가 많으며 1등급이 없는 생 테스테프의 2등급 꼬스 데스뚜르넬Cos d'Estournel, 포이약의 2등급인 2개의 피숑 롱그빌Pichon Longueville 시리즈, 마고의 3등급 와인인 팔머Palmer가 가장 유명한 슈퍼 세컨드 와인이다.

▲ 르 쁘띠 무통 드 무통 로칠드

그랑뱅 Grand Vin	세컨드뱅 Second Vin
샤토 라피트 로칠드 Château Lafite Rothschild	까뤼아드 드 라피트 로칠드 Carruades de Lafite-Rothschild
샤토 라뚜르 Château Latour	레 포르 드 라뚜르 Les Forts de Latour
샤토 무통 로칠드 Château Mouton-Rothschild	르 쁘띠 무통 드 무통 로칠드 Le Petit Mouton de Mouton Rothschild
샤토 마고 Château Margaux	파비용 루즈 드 샤토 마고 Pavillon Rouge de Château Margaux

3. 부르고뉴의 등급 제도

보르도에서는 개별적인 생산자(샤토)에 등급이 부여되지만 프랑스에서 원산지와 떼루아를 가장 중요시하는 부르고뉴의 등급 분류는 지리적으로 나뉜다. 생산자와 관계없이 지역과 특정 밭에 등급이 주어지며 총 4단계로 나누고 있다. 와인레이블에서도 생산자 명보다 이 분류 명칭들이 가장 눈에 띈다.

일반 부르고뉴 지역 등급

그랑 크뤼 등급
전체 약 1%미만 생산

프리미에 크뤼 등급
전체 약 10% 생산

마을 등급
전체 약 36% 생산

지역 등급
전체 약 53%미만 생산

» **그랑크뤼** Grands Crus(생산량 1%)

부르고뉴의 최상급 포도밭에서 생산되며 이 특별한 밭만의 캐릭터를 잘 표현한 와인이다. 33개의 AOC가 존재하며 꼬뜨 도르 지역 내에 위치한다. 가장 고급 와인으로, 와인레이블에는 마을 이름 대신 그랑 크뤼 포도밭의 이름만 표기된다.

예) 샹베르땅Charmbertin, 뮈지니Musigny, 에세죠Échezeaux, 몽라셰Montrachet 등

» **프리미에크뤼** Premiers Crus(생산량 10%)

그랑 크뤼 다음으로 높은 품질로 여겨지는 와인으로 개성과 품질을 인정받은 마을 내의 특정 포도밭Climat에서 생산된다. 와인레이블에는 마을명

과 함께 프리미에 크뤼(1er Cru) 등급, 포도밭 명칭을 기재한다. 간혹 같은 마을 내의 여러 개의 프리미에 크뤼 밭에서 생산된 포도로 만든 와인들은 포도밭명은 적지 않고 프리미에 크뤼만 기재하기도 한다.

예) 즈브레 샹베르땅 프리미에 크뤼 '끌로 생자크'Gevrey-Chambertin 1er Cru 'Clos St Jacques', 뫼르소 프리미에 크뤼 즈네브리에르 Meursault Premier Cru 'Genevrières' / 뫼르소 프리미에 크뤼Meursault 1er Cru(여러 포도밭에서 생산) 등

» **마을**(빌라주)**등급** Appellations Villages(생산량 36%)

포도 재배 지역 중 우수한 44개의 마을에서 생산된 와인으로 마을 명칭이 그대로 레이블에 적힌다. 단일 포도밭에서 생산되는 경우에는 프리미에 크뤼 같은 등급의 밭은 아니더라도 레이블에 포도밭 명의 표기가 가능하다. 다만, 혼동을 피하기 위해 마을명보다 작은 글씨로만 표기하며 빌라주 급부터는 보통 10만 원 초반부터 구매 가능하다.

예) 본 로마네Vosne-Romanée, 뿌이 퓌세Pouilly-Fuissé,

샤샤뉴 몽라셰Chassagne-Montrachet / 샤샤뉴 몽라셰 '레 마쥐르'Chassagne-Montrachet 'Les Masures'(특정 밭에서만 생산) 등

» **지역**(헤지오날) **등급**
Appellations Régionales(생산량 53%)

부르고뉴 전역에서 생산되는 23개의 AOC와인으로 가장 합리적인 가격으로 구매할 수 있다. 빌라주, 프리미에 크뤼, 그랑 크뤼 와인은 피노 누아의 레드 와인과 샤르도네의 화이트 와인만 생산이 가능한 반면, 지역 등급 와인은 알리고떼나 가메와 같은 품종의 와인,

로제, 스파클링 와인도 생산된다. 부르고뉴 AOC외에 부르고뉴 오뜨 꼬뜨 드 뉘Bourgogne Hautes-Côtes de Nuits, 마콩 빌라주Mâcon-Villages 등의 하위 지역이 적히는 경우도 있으며 해당 와인들은 부르고뉴 AOC와 빌라주 급의 중간 수준으로 평가되기도 한다.

예) 부르고뉴 블랑Bourgogne Blanc(샤르도네로 만든 화이트), 부르고뉴 루즈Bourgogne Rouge(피노 누아로 만든 레드), 부르고뉴 알리고떼Aligoté(기타 품종은 반드시 기재해야 한다), 부르고뉴 오뜨 꼬뜨 드 뉘Bourgogne Hautes-Côtes de Nuits, 부르고뉴 오뜨 꼬뜨 드 본Bourgogne Hautes-Côtes de Beaune 등

세계 최고의 와인, 로마네 꽁띠의 파란만장한 이야기
(#6억짜리 와인 #협박범 #사기범)

전 세계에서 가장 유명하며 가장 값비싼 와인으로 알려진 와인애호가들의 드림 와인, '로마네 꽁띠Romanée Conti'. 최고의 와인 산지인 부르고뉴의 본 로마네Vosne-Romanée 마을에서 '도멘 드 라 로마네 꽁띠 DRC Domaine de la Romanée-Conti'가 빚는 와인으로, 로마네 꽁띠라는 그랑 크뤼 밭에서 자란 포도로 만들어진다. 로마네 꽁띠는 DRC가 만든 다른 그랑 크뤼 와인들과 세트로 판매되며 로마네 꽁띠Romanée-Conti(1병), 로마네 생비방Romanée-St-Vivant(2병), 리쉬부르Richebourg(2병), 라 따슈La Tâche(3병), 그랑 에세조Grands Échezeaux(2병), 에세조Échezeaux(2병) 등 약 12병으로 구성된다. 로마네 꽁띠는 연간 평균 약 4,000~6,000병만이 생산되며 200여 명의 개인과 전 세계 유명 레스토랑 등에 판매하며 도멘에서 유통경로를 관리하고 있다.

"포도나무 납치되다. 몸값은 1백만 유로"

로마네 꽁띠 밭에서는 억대의 와인이 생산되지만 삼엄하게 높은 돌담이나 철조망 따위는 둘러져 있지 않다. 다만, 여느 밭과 마찬가지로 낮은 돌담으로만 둘러싸여 있을 뿐이다. 한국에서는 사람들의 눈만큼 도처에 위치한 그 흔한 감시 카메라도 이곳에선 찾아볼 수가 없는데 다만 '로마네 꽁띠를 찾는 관광객들이 늘어나고 있습니다. 밭에 들어가거나 묘목을 손상시키지 말아 주세요.'라는 경고문만이 남아있을 뿐이다. 2010년 DRC의 오너인 오베르 드 빌렌Aubert de Villaine은 한 통의 협박편지를 받았다. 1백만 유로(약 13억 5천만 원)를 준비하지 않으면 포도나무에 독극물을

주입하겠다는 내용과 포도밭의 지도가 포함된 편지였다. 포도나무 두 그루에는 이미 독극물을 부어 놨다는 무시무시한 선전포고도 함께. 협박범은 포도밭을 아주 잘 아는 사람 같았고 그가 언급한 포도나무 두 그루에서는 구멍과 함께 독극물을 주입한 흔적도 발견됐다. 경찰에게 신고한 후 위치 추적 장치를 부착한 가짜 돈을 준비해 근처의 공동묘지 주변에 두었다. 잠복 수사가 진행되었고 가짜 돈을 찾으러 온 협박

범 자크 솔티Jacques Soltys는 가짜 돈을 찾으러 왔을 때 이내 체포되고 말았다. 그는 전과가 화려했던 인물로 과거 보르도의 부유한 샤토들에서 강도 짓을 일삼았고 종국엔 인질을 잡고 몸값을 요구하다 체포되었다. 감옥에서 새로운 범죄 계획을 세운 그는 와이너리의 주인이 아닌 포도밭 자체를 납치하기에 이른다. 잡지를 보며 최고의 와인메이커들을 조사했고 명성을 고려하여 로마네 꽁띠를 선택한 것이다. 체포된 2010년 여름, 재판을 기다리던 그 남성은 57세의 나이로 자살을 택하며 이 사건은 마무리가 되었다. 로마네 꽁띠가 더욱 유명해지게 만들었던 비극적인 사건이었다.

"로마네 꽁띠, 단 2병이 1백만 달러에 팔리다!"

2018년 뉴욕 소더비 경매에서 1945년산 로마네 꽁띠 2병이 약 1백만 달러가 넘는 가격에 낙찰되며 8년 만에 와인 경매가 신기록이 깨졌다. 종전 와인 경매 최고가는 2010년 제노바에서 팔린 1947년산 샤또 슈발블랑(6L)으로 304,375달러(약 3억 4천만 원)에 팔리며 세간을 놀라게 했다. 그러나, 1945년산 로마네 꽁띠 일반 사이즈(750ml) 2병이 각 558,000달러(약 6억 3천만 원), 496,000달러(약 6억)에 판매되며 소더비의 예상 최고가 32,000달러보다 17배나 더 비싸게 팔린 것이다. 1945년은 2차 세계대전이 끝나고 포도밭 회복에 힘쓰기 시작할 무렵으로 로마네 꽁띠 역시 포도나무를 다시 심기에 앞서 마지막으로 600병만을 만들었던 해이다. 단 600병만이 생산된 로마네 꽁띠는 병 안에서 와인이 지내온 유구한 시간과 희소가치를 인정받은 셈이다.

"짝퉁 와인의 귀재, 닥터 꽁띠"

닥터 꽁띠Dr. Conti로 불리는 루디 쿠르니아완Rudy Kurniawan. 그는 짝퉁 와인계의 대부다. 인도네시아 자카르타에서 태어나 캘리포니아 주립대학교를 나온 후 2003년 불법 체류자가 되고 미국에 체류하게 된다. 그는 2000년대 초반부터 대량의 희귀 와인들을 사고팔며 2006년까지 한 달에 1백만 달러를 와인 경매에 쏟아부었다. 그리고 공범들과 함께 로마네 꽁띠를 비롯하여 르 팽Le Pin, 샤또 라플레르Chateau Lafleur 등 세계적인 명성을 지닌 고가의 와인들을 가짜 와인과 레이블을 이용해 만들어 냈고 역으로 경매에 부쳐 판매했다. 그러던 어느 날, 와이너리에서 경매에 붙여진 와인이 가짜라고 신고 했고, 그는 순진한 척하며 자기도 속아서 와인을 구매했다는 핑계를 댔

다. 그러나 꼬리가 길면 밟히는 법. 끝내 그는 체포되었고 FBI가 그의 집을 수색했을 때 저렴한 보르도의 오래된 빈티지의 와인들, 코르크, 레이블 등 위조 와인과 관련된 수많은 증거물이 발견되었다. 그는 가짜 와인을 만들어 판 죄로 10년이라는 시간을 감옥에서 보내게 된다.

DRC의 명성을 지켜온 오베르 드 빌렌은 세계 최고의 와인을 만드는 DRC의 오너이며 부르고뉴의 포도밭이 유네스코 세계유산에 등재되는데 가장 큰 노력을 한 주인공이다. 크지 않은 키와 당찬 모습의 70대 노인은 어떤 행사장에서든 바로 밭에 들어가서 일할 채비가 되어 있는 수수한 차림을 하고 등장한다. 명성만큼 크고 작은 사건이 많았지만 천생이 농사꾼인 그의 수수한 모습이 보여주듯이 로마네 꽁띠의 와인들이 와인 자체의 진정한 가치와 전통을 평탄하게 이어갈 수 있길 빌어주고 싶다.

샤블리 등급

미, 숙성미가 있다. 샤블리+그랑 크뤼 '포도밭명'이 함께 표기된다.

부르고뉴 내에서도 샤블리 와인은 4개의 독자적인 등급 체계를 갖는다.

» 샤블리 그랑 크뤼 Chablis Grand Cru

7개의 그랑크뤼 포도밭에서 생산되는 최고급 샤블리 와인으로 일부 생산자는 오크통에 숙성하여 샤블리 등급의 와인과는 다른 풍미를 느낄 수 있다. 10년 이상의 숙성이 가능하며 꽃, 꿀 향, 산뜻한 산

· 7개의 포도밭

블랑쇼Blanchot, 부그로Bougros, 레 끌로Les Clos, 그르누이Grenouilles, 프뢰즈Presuses, 발뮈르Valmur, 보데지르Vaudésir

» 샤블리 프리미에 크뤼 Chablis Premier Cru

연간 생산량의 약 15%에 불과하며 3~5년 정도의 숙성이 가능하다. 40여 개의 밭이 이에 속하며 푸솜Fourchaume, 몽테 드 토네르Montée de Tonnerre, 몽 드 미유Mont de Milieu, 바이용 Vaillons 등의 밭이 가장 잘 알려져 있다. 샤블리+프리미에 크뤼 '포도밭명'으로 표기한다.

» 샤블리 Chablis

시중에서 가장 흔히 볼 수 있는 기본급 와인이다. 산뜻한 감귤류의 향과 미네랄이 느껴지며 3년 정도 숙성이 가능하다.

» 쁘띠 샤블리 Petit Chablis

산도가 높고 가벼운 감귤류의 특성이 느껴진다. 국내에서는 오히려 보기 드문 가장 낮은 등급의 와인이다.

굴과 가장 잘 어울리는 와인?

샤블리는 굴과 가장 잘 어울리는 와인으로 꼽히기도 한다. 오크통 숙성의 느낌이 강한 일부 생산자들의 와인은 굴의 비린 맛을 배가시키므로 피하는 것이 좋다. 또한, 그랑크뤼와 같은 높은 등급의 샤블리보다 깨끗한 느낌의 일반 샤블리급의 와인이 굴과 곁들이기에 수월하다.

이탈리아 Italy

최대 와인 생산량을 자랑하는 이탈리아는 국토 전역에서 포도 재배와 와인 생산이 이뤄지는 와인 종주국이다. 오랜 전통과 역사에 비해 품질 개선과 등급 개정 등의 현대적 와인산업이 프랑스보다 뒤처지기도 하였으나, 해를 거듭할수록 혁신적인 변화가 일어나고 있다. 로마 제국 시대에 전 유럽으로 원정했던 로마군과 함께 와인이 각지로 전파되었으며 물보다 믿고 마실 수 있는 안전한 음료로 일상생활에서 애용되었다. 이탈리아, 프랑스, 독일, 스페인, 포르투갈 등 제국의 전 지역으로 와인 양조에 관한 기술이 퍼졌을 뿐만 아니라 주요 산지의 역사가 동트는데 막대한 영향을 끼쳤다. 이탈리아에는 토착 품종만 500여 종 이상이 존재하며 북부, 중부, 남부 지역의 각기 다른 기후와 역사로 인해 다양한 문화만큼 다양한 와인스타일을 갖는다. 이탈리아의 대표적인 산지로는 피렌체가 주도인 토스카나, 바롤로의 생산지인 피에몬테, 북동부의 베네토 지역 등이 있다.

이탈리아의 음식이 한국인 입맛에 잘 맞듯이, 한식과 가장 잘 어울리는 와인으로 이탈리아의 와인을 추천하고 싶다. 한국에서 자주 쓰는 마늘, 고추장 등의 양념과 같이 이탈리아에서도 마늘과 고추, 토마토소스 등의 강렬한 맛의 양념이 두루 쓰이고 이러한 음식에 어울리는 와인들이 생산되기 때문이다.

이탈리아 와인 분류

DOC 제도 Denominazione di Origine Controllata(데노미나치오네 디 오리지네 콘트롤라타)

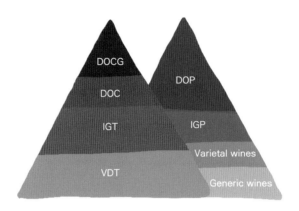

» **DOCG** Denominazione di Origine Controllata e Garantita(데노미나치오네 디 오리지네 콘트롤라타 에 가란티타)

디오치DOC제도는 프랑스의 AOC제도와 유사하며 포도 품종, 생산량 제한, 양조 방식, 최소 알코올 농도 등 엄격한 기준을 충족해야 한다. DOCG는 보증된 원산지명칭통제라는 뜻으로 정부에서 보증하는Garantita 가장 품질 좋은 와인이 속한다. DOC분류에서 최소 10년 이상 유지되면 심사를 거쳐 DOCG로 승격될 수 있다. 위조 방지를 위해 해당 와인의 병목에는 번호가 매겨진 봉인 스티커가 부착되어 있다.

» **DOC** Denominazione di Origine Controllata (데노미나치오네 디 오리지네 콘트롤라타)

지정된 산지에서 생산된 질 좋은 와인. 최소 5년 이상 IGT분류를 유지한 와인 중 기후와 지질학적 특성, 품질 등 독창성을 인정받은 경우에 DOC로 격상될 수 있다. 약 330여 개의 DOC 명칭이 존재한다.

» **IGT** Indicazione Geografica Tipica (인디카치오네 지오그라피카 티피카)

1992년, 다른 분류에 비해 늦게 도입되었으며 와인메이커에게 조금 더 자유로운 와인 생산을 가능하게 했다. IGT분

류가 생겨나기 전에는 질이 낮기 때문이 아니라 DOCG, DOC의 기준에 승인되지 않은 포도 품종(이탈리아의 토착 품종이 아닌 품종)으로 만들어진 와인도 최하 분류인 VDT를 받았다. IGT는 산지에 중점을 둔 분류로 레이블에는 원산지가 명시되며 해당 지역에서 나는 포도를 85% 이상 사용해야 한다.

» **VDT** Vino da Tabola (비노 다 따볼라)

'테이블 와인'을 의미하며 IGT분류가 생겨나기 전에는 실험적인 와인메이커들의 뛰어난 와인들이 여기에 속하기도 하였으나 지금은 가장 낮은 분류의 와인이다. 원산지 구분이 없으며 품종, 빈티지

등의 표기도 의무가 아니다.

» 기존명칭→변경된명칭(2008년)

DOCG, DOC분류는 DOPDenominazione di Origine Protetta에 속하며 IGT는 IGPIndicazione Geografica Protetta로 변경되었다. VDT등급은 품종과 빈티지를 표기하지 않아도 되는 기존의 VDT와 신세계 와인들처럼 국제 품종을 편하게 기재하는 Vini Varietali의 2개 분류로 나뉘었다. 복잡해 보이지만 기존 체계와 큰 차이는 없으며 일부 생산자들은 아직도 예전의 명칭을 쓰고 있다.

이탈리아 국기를 상징하는 요리들

이탈리아에는 초록색, 흰색, 빨간색이 어우러진 이탈리아 국기를 닮은 음식들이 있다. 카프레제 샐러드는 신선한 모짜렐라 치즈(흰색), 토마토 슬라이스(빨간색), 바질(초록색)로 만드는 간단한 요리로 와인 안주나 간단한 식사로 사랑받고 있다. 국내 대부분의 이탈리안 레스토랑에서 만나볼 수 있는 시그니처 피자인 마르게리타는 국기를 형상화한 가장 대표적인 음식이다. 1889년 셰프인 라파엘로 에스포시토Raffaele Esposito는 이탈리아의 마르게리타 왕비에게 이탈리아의 통합에 대한 염원(당시는 여러 공국으로 나뉘어 있던 이탈리아와 국토가 갓 통일되었을 때이다)과 애국심을 담아 토마토, 모짜렐라, 바질의 재료를 이용하여 피자를 만들어 바쳤다. 왕비의 방문으로 인해 마르게리타 피자는 유명해졌고 재료들을 도우 위에 꽃처럼 펼쳐 놓았다는 데서 데이지 꽃Margherita을 닮아 유래된 이름이라고도 한다.

이탈리아의 와인 산지

1. 토스카나 Toscana

피렌체Firenze, 피사Pisa와 같은 유명 관광지가 먼저 떠오르는 토스카나는 역사, 문화적으로 이탈리아의 심장부일 뿐 아니라 가장 명성 있는 와인 산지이다. 이탈리아의 중서부에 위치하며 떼루아와 와인스타일에 있어 프랑스의 보르도와 유사해 이탈리아의 보르도라 불리기도 한다. 전통적으로 와인을 빚어 온 토착 품종, 산지오베제를 중심으로 까베르네 소비뇽, 메를로, 까베르네 프랑과 같은 프랑스 품종의 와인도 생산한다. 접하기 쉬운 끼안티Chianti를 비롯해 브루넬로 디 몬탈치노Brunello di Montalcino, 비노 노빌레 디 몬테풀치아노Vino Nobile di Montepulciano, 슈퍼 투스칸Super-Tuscan 등의 세계적인 와인들이 만들어진다.

끼안티 Chianti

파스타와 편하게 즐길 수 있는 끼안티는 적포도 산지오베제, 까나이올로Canaiolo, 청포도 말바지아Malvasia, 트레비아노Trebbiano를 블렌딩한 신선한 과일 풍미가 나는 가벼운 와인이었다. 끼안티

와인의 인기가 상승하는 만큼 점점 더 가벼운 스타일의 와인이 대량으로 생산되었고 일부 혁신적인 생산자들은 품질과 이미지 개선을 위해 더 힘있고 농축된 와인을 만들고자 노력했다. 현재 끼안티는 법적으로 최소 75% 이상의 산지오베제가 함유되어야 하며 소량의 까나이올로, 까베르네 소비뇽, 메를로, 시라 등의 혼합(화이트는 10% 이하)이 허용된다.

끼안티의 레이블에서는 보통 끼안티Chianti 혹은 끼안티 클라시코Chianti Classico라는 명칭(DOCG)을 볼 수 있다. 끼안티 클라시코는 끼안티 지역의 거의 전역(7개의 하부지역)에서 생산 가능한 끼안티와는 달리, 전통적으로 끼안티 와인을 생산해 온 끼안티의 심장부에 위치한 산지이다. 끼안티 와인의 증가하는 수요로 광범위한 산지

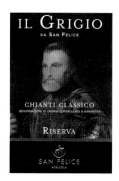

가 점차 끼안티 와인 생산지역으로 인정받게 되자 기존의 끼안티 와인 산지는 크게 반발하였다. 이후 정통성의 유지와 보호를 위해 '끼안티 클라시코'라는 독자적인 명칭을 갖게 되었고 끼안티 클라시코는 더 고급 와인으로 여겨지고 있다. 80% 이상의 산지오베제가 사용되고(청포도는 혼합 금지) 최저 알코올 도수 12%, 최소 1년 이상 숙성하여 보다 농축되고 깊은 맛을 낸다. 이 외에도 품질과 숙성 기간에 따라서 와인레이블에서 볼 수 있는 다음 용어들을 알아 두자.

제한적인 생산량, 높은 알코올 함량, 최소 1년 숙성 등의 엄격한 요구 사항을 충족하는 '수페리오레Superiore'(클라시코 와인에는 허용되지 않음), 2

년 이상 숙성된 와인 '리제르바Riserva', 그리고 최고급 끼안티로 여겨지는 그란 셀레치오네Gran Selezione는 오직 30개월 이상 숙성된 클라시코 와인에만 부여되는 명칭이다. 하부 지역 중 끼안티

루피나Chianti Rufina 와인은 1년 이상 숙성되며 보다 질 좋은 와인으로 여겨진다.

》 유명생산자

바론 리카솔리Barone Ricasoli, 쿼르차벨라 Querciabella, 카스텔로 디 아마Castello di Ama, 반피Banfi, 산 펠리체San Felice, 폰테루톨리Fonterutoli, 볼파이아Volpaia, 카스텔라레Castellare, 폰토디Fontodi, 안티노리 Antinori

193

끼안티 클라시코 와인과 검은 수탉

끼안티 클라시코 와인병에 그려진 검은 수탉은 끼안티 클라시코 와인의 상징이다. 전설에 따르면 13세기 피렌체와 시에나는 와인과 곡물이 풍부한 끼안티 지역을 두고 벌여 온 토지 분쟁을 종식시키기 위한 묘책을 떠올렸다. 수탉이 새벽에 울면 두 공국을 대표하는 기사들이 말 경주를 시작하고 이 둘이 만나는 지점을 두 공국의 경계선으로 정하기로 한다. 피렌체는 검고 마른 닭을 선택해 먹이를 제대로 주지 않은 반면 시에나는 닭을 극진히 보살폈다. 경주 당일, 피렌체의 수탉은 배고픔에 먼동이 트기 전의 새벽부터 울어 댔고 피렌체의 기수는 시에나의 기수보다 훨씬 먼저 출발하여 둘은 시에나 성벽에서 불과 20km 떨어진 폰테루토리Fonterutoli에서 만나게 된다. 끼안티 지역의 패권을 쥐게 한 이 사건으로 검은 수탉은 이곳의 상징이 되었으며 2005년 이후부터는 공식적으로 끼안티 클라시코 와인에 이 검은 수탉 그림의 상표를 부착하게 되었다.

피렌체를 여행하다 마주치는 특별한 이탈리아의 와인병, 피아스코

피아스코Fiasco는 짚으로 만든 바구니에 호리병과 같이 둥근 몸체를 가진 와인병이 들어 있는 형태이다. 전통적으로 입으로 유리를 불어 만들던 유리병은 때때로 바닥이 둥글게 만들어진 실패작이 되곤 했다. 그래서 쉽게 구할 수 있는 볏짚으로 만든 바구니에 이것을 넣어 사용하기 시작했고 이렇게 피아스코가 탄생하였다. 현재까지도 전통이 이어져, 피아스코는 더 이상 실패작이 아닌 관광객들을 위한 기념품과 볼거리가 되고 있다.

슈퍼 투스칸 Super-Tuscan

"슈퍼 투스칸이란, 이탈리아 중부지방 토스카나에서 생산되는 새로운 스타일의 질 높은 와인에 대해 영어권에서 붙인 어휘이다."
_The Oxford Companion to Wine, Jancis Robinson

토스카나 이상의 와인을 뜻하는 '슈퍼 투스칸' 와인은 1970년대 기존의 DOC나 DOCG분류의 규정과 같은 틀에서 벗어나 프랑스 포도 품종인 까베르네 소비뇽, 메를로, 까베르네 프랑, 시라 등의 품종을 자유롭게 선택하고 혁신적인 스타일로 생산된 고품질의 와인을 의미한다. 보수적인 관습과 규정에 얽매여 있던 토스카나의 생산자들이 변화의 필요성을 느끼고 도전한 이 와인들은 국제적으로 그 품질을 인정받으며 '슈퍼 투스칸'이라는 이름을 얻게 되었다. 일반적으로 사용하던 큰 오크통Cask 대신 프랑스의 작은 오크통에 소량의 와인을 숙성하였고, 고가로 판매되었지만 규정에서 벗어나 있었기에 1992년 와인에 창의성을 보장하

는 IGT분류가 생기기 전까지는 가장 낮은 분류인 VDT(테이블 와인)에 종속되어 있었다. 여전히 대다수의 와인들이 IGT로 생산되고 있지만 일부 뛰어난 와인들은 DOC로 분류되었다. 대표적인 와인은 아래와 같다.

» **사시까이아** Sassicaia(DOC등급)

보르도의 샤토 라피트 로칠드에서 가져온 까베르네 소비뇽 묘목을 보르도와 유사한 자갈 토양과 습한 기후를 가진 볼게리Bolgheri 지역에 심으며 도전이 시작되었다. 테누타 산 귀도Tenuta San Guido에서 생산하며 1968년 첫 상업적인 빈티지를 출시한 이래로 슈퍼 투스칸의 개척자로 불린다. 더 저렴한 세컨드 와인 귀달 베르토Guidalberto와 써드 와인 레 디페제Le Difese를 생산한다.

» **티냐넬로** Tignanello(IGT등급)

삼촌이 만든 사시까이야를 시장에 유통한 피에로 안티노리Piero Antinori가 영감을 받고 끼안티 클라시코 구역에서 탄생시킨 와인이다. 산지오베제(80~85%), 까베르네 소비뇽, 까베르네 프랑

194

등의 블렌딩 와인을 프렌치 오크에서 숙성한다. 안티노리 가문이 운영하는 마르께시 안티노리 사는 또 다른 이름난 슈퍼 투스칸 '솔라이아Solaia'를 생산 중이며 토스카나 전역과 움브리아, 롬바르디아 등에서도 와인을 생산한다.

» 오르넬라이아 Ornellaia(DOC등급)

피에로 안티노리에 이어 동생인 로도비코 안티노리Lodovico Antinori가 볼게리에서 생산했으며 세컨드 와인 레 세레 누오베Le Serre Nuove, 써드 와인 레 볼테Le Volte가 있다. 테누타 델 오르넬라이아Tenuta dell'Ornellaia 와이너리는 최고의 메를로 품종의

슈퍼 투스칸 와인인 마세토Masseto를 출시하는 것으로 유명하다. 현재는 이탈리아 최대 와인 가문인 프레스코발디Frescobaldi가 소유 중이다.

» 메를로 품종의 와인들

메를로로 만들어지는 마세토 Masseto, 메쏘리오Messorio, 레디가피Redigaffi가 최고급 와인으로 꼽히며 카스텔로 디 아마의 '라빠리타Castello di Ama, 'L'Apparita'' 와 프레스코발디의 '라마이오네 Frescobaldi, 'Lamaione'' 등도 뛰어나다.

브루넬로 디 몬탈치노 Brunello di Montalcino(BDM)

끼안티 지역에서 조금 더 남쪽에 위치한 몬탈치노 Montalcino는 구불구불한 구릉과 농지, 역사가 깃든 마을이 있는, 2004년 유네스코 세계문화유산에 등재된 아름다운 도시이다. 브루넬로 디 몬탈치노BDM는 몬탈치노의 아름다운 농지에서 브루넬로라는 이름을 가진 산지오베제 100%로 생산되는 와인이다. '갈색Bruno'을 의미하는 브루넬로 Brunello는 산지오베제의 유전적인 변종들 중에 짙은 색감과 강한 타닌, 풀바디한 스타일의 와인을 생산하는 고급 품종이다. 따뜻하고 건조한 몬탈치노 지역은 브루넬로 품종에 깊고 원숙한 특징

을 부여하며 다량의 견고한 타닌이 풍부한 과일 풍미와 조화를 잘 이룬다. 숙성 초기에는 마시기가 어렵고 10년은 지나야 최상의 상태를 보여준다. 일반 BDM은 최소 4년(오크통 2년), 리제르바는 5년(오크통 30개월) 이상 숙성되어야 한다. 이탈리아의 가장 유명하고 값비싼 와인 중 하나인 BDM은 이상적인 빈티지가 아니거나 와인이 기대에 미치지 못하는 경우, BDM이라는 이름 대신에 짧은 숙성기간을 거치는 더 저렴한 로쏘 디 몬탈치노 Rosso di Montalcino로 출시된다. 당시, 획기적이었던 지금의 BDM스타일과 그 이름을 갖게 한 비온디 산티Biondi-Santi의 와인은 이탈리아를 방문한 국빈에게 내놓는 최고의 와인으로 꼽힌다. BDM은 최초로 DOCG로 지정된 와인 중 하나가 되었다.

비온디 산티Biondi-Santi, 까날리치오 디 소프라Canalicchio di Sopra, 까사노바 디 네리Casanova di Neri, 콘티 코스탄티Conti Costanti, 일 포지오네Il Poggione, 풀리니Fuligni, 포지오 산 폴로Poggio San Polo, 반피Banfi

BENVENUTO BRUNELLO!(브루넬로에 오신 것을 환영합니다!)

1992년 빈티지를 시작으로 BDM 협회 Consorzio del vino Brunello di Montalcino는 매년 2월 BENVENUTO BRUNELLO(벤베누토 브루넬로) 행사 기간 동안 몬탈치노의 시청 벽에 특별한 그림이 그려진 기념 타일을 전시한다. 예술, 스포츠, 쇼 비즈니스 등 각 분야의 유명인사들이 그린 그림으로 하나같이 별이 그려져 있다. 이는 각 빈티지를 평가하여 1~5개의 별을 자신들의 작품에 그려 넣은 것으로 품질이 뛰어난 해의 그림은 최고 5개의 별을 볼 수 있다.

비노 노빌레 디 몬테풀치아노
Vino Nobile di Montepulciano

과거 피렌체를 지배했던 메디치 가문과 더불어 귀족들이 즐겨 마셔 '귀족의 와인Vino(와인), Nobile(귀족의)'이라는 이름을 갖게 되었으며 산지오베제의 또 다른 변종인 프루뇰로 젠틸Prugnolo Gentile 품종 80% 이상으로 만들어진다. BDM과 동시에 DOCG자격을 얻었지만 인지도와 가격적인 측면 모두 BDM보다 낮은 편이다. 까나이올로Canaiolo 품종이 소량 혼합되며 BDM보다 더 가볍고 우아한 스타일의 와인으로 보통 2년 이상 숙성되고 리제르바는 3년 이상 숙성된다. 더 짧게 숙성되어 쉽게 마시는 로쏘 디 몬테풀치아노Rosso di Montepulciano도 생산된다. 최고의 명성을 지닌 아비뇨네지Avignonesi, 폴리찌아노Poliziano, 보스카렐리Boscarelli 등의 생산자가 있다.

▲ 아비뇨네지,
비노 노빌레 디
몬테풀치아노

기타 와인

화이트 와인보다 레드 와인이 유명한 토스카나에서 1966년 최초로 DOC분류(현재는 DOCG)가 된

베르나챠 디 산 지미냐노Vernaccia di San Gimignano는 특별한 화이트 와인이다. 베르나챠 품종으로 만들어지는 풀바디의 드라이한 와인으로 다채로운 과일 향이 나는 스타일부터 꿀과 미네랄, 오크 풍미가 느껴지는 와인까지 생산된다.

까르미냐노Carmignano는 최초로 까베르네 소비뇽과 까베르네 프랑이 블렌드(품종 혼합)와인 생산에 허용된 DOC산지였다. 이 외에 산지오베제와 기타 품종들을 혼합하여 레드 와인을 만들며 현재는 DOCG로 분류되었다. 또한 토스카나 전역에서 생산되는 디저트 와인, 빈 산토Vin Santo는 전통적으로 짚으로 된 매트 위에서 말린 포도로 만들어진다.

▲ 토스콜로,
베르나챠 디
산 지미냐뇨

197

이탈리아 와인레이블 쉽게 읽기

아마 지금쯤 눈치챈 독자들이 있을 것이다. Brunello di Montalcino, Vernaccia di San Gimignano, Moscato d'Asti와 같이 긴 이름을 지녀 난해하게 생각되던 이탈리아 와인들이 사실 생각보다 단순한 원리를 가진 이름이란 것을!

'Brunello di Montalcino'는 '몬탈치노 지역에서 브루넬로 품종으로 만든 와인'이라는 뜻이다. 영어 'of'와 같은 뜻인 'di', 'del', 'della'를 기준으로 앞에는 품종명이, 뒤에는 생산지명이 들어간다. 단, '귀족의 와인'이라는 뜻을 지닌 'Vino Nobile di Montepulciano'는 예외라는 것을 기억하자.

2. 피에몬테 Piemonte

산기슭(발, 기슭Piède, 산Mònte)이라는 이름의 피에몬테는 이탈리아 북서부의 알프스산맥 자락에 위치한다. 산맥의 영향을 받는 추운 겨울, 덥고 건조한 여름의 대륙성 기후가 나타난다. 대부분 가파른 지형으로 이뤄져

있으며 특히 수확 시기인 가을부터 짙은 안개가 낀다. 여러 품종의 블렌딩과 와인스타일에 있어 토스카나가 보르도와 비슷하다면, 단일 품종 본연의 특징이 잘 나타난 와인을 생산하는 피에몬테는 부르고뉴와 비교된다.

주요 품종인 적포도 네비올로Nebbiolo로 생산하는 와인은 세계적인 명성을 지닌 레드 와인 바롤로Barolo와 바르바레스코Barbaresco이다. 이 두 와인은 토스카나의 브루넬로 디 몬탈치노, 비노 노빌레 디 몬테풀치아노와 함께 1980년 첫 번째로 DOCG로 분류되었다.

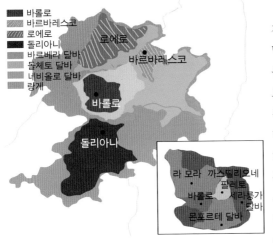

바롤로와 바르바레스코 모두 품종, 재배, 양조 방법 등에 큰 차이는 없지만 떼루아의 차이로 인해 미세하게 다른 스타일을 느낄 수 있다. 기본적으로 장미, 타르, 체리 향을 갖지만, 상대적으로 따뜻한 산지에서 더 잘 익은 네비올로로 만든 바르바레스코는 타닌이 더 부드럽고 가벼워 편하게 마실 수 있는 와인이다. 약 16Km 떨어진 보다 추운 곳에서 생산되는 바롤로는 강한 타닌과 강건한 스타일을 가지며 숙성될수록 두 와인은 닮아간다. 강한 타닌을 부드럽게 만들고 복합적인 향을 얻기 위해 바롤로는 출시 전 최소 3년(리제르바 5년), 바르바레스코는 2년(리제르바 4년)의 숙성을 거친다. 뛰어난 빈티지의 와인 중에는 6~10년 이상 숙성을 거쳐야 진면목을 보이는 와인도 있다. 바르바레스코는 바롤로의 연간 생산량의 35% 정도만 생산되어 시중에서는 바롤로를 더 쉽게 찾을 수 있다.

바롤로를 구매할 때는 바롤로 와인의 대부분이 생산되는 5개의 주요 지역(바롤로Barolo, 까스띨리오네 팔레토Castiglione Falletto, 라 모라La Morra, 몬포르테 달바Monforte d'Alba, 세라룽가 달바 Serralunga d'Alba)을 알아두면 도움이 된다. 라 모라와 바롤로 지역에서는 보다 부드럽고

향기로운 바롤로가 생산되며 세라룽가 달바의 와인은 장기 숙성이 필요한 강한 타닌의 더 풀바디한 와인이다.

이 외의 레드 와인 품종은 피에몬테에서 가장 널리 재배되는 산도가 높고 묵직한 스타일의 바르베라Barbera와 신선하고 달콤한 과일 향이 두드러진 돌체토Dolcetto가 뒤따른다. 바르베라는 네비올로에 비해 어릴 때도 마시기 편한 와인으로 여겨졌지만 수확량을 줄이고 소형 오크통에 숙성하며 장기 숙성이 가능한 무거운 스타일로 거듭나고 있다. 돌체토 품

종의 레드 와인만을 만드는 돌리아니Dogliani(DOCG)의 와인들은 검은 과일, 커피, 다크초콜릿 등의 강렬한 향이 느껴지는 풀바디 스타일로 다른 지역의 돌체토와 차별화된다.

어쩌면 피에몬테의 가장 유명한 와인일지도 모르는 스위트한 스파클링 와인, 모스카토 다스티와 아스티가 생산되며 적포도인 브라케토Brachetto 품종으로 아뀌Acqui 지역에서 만드는 브라케토 다뀌Brachetto d'Acqui도 편하게 즐기는 달콤한 약발포성 와인이다. 줄리어스 시저가 클레오파트라에게 브라케토 다뀌를 선물했다는 이야기가 전해지니 기포가 반짝이는 이 붉은 와인은 선물용으로도 좋을 듯하다. 이탈리아 최고의 화이트 와인 중 하나인 코르테제 Cortese 품종으로 만드는 가비Gavi 지역의 와인 역시 피에몬테에서 생산된다. 신선한 산도와 레몬, 녹색 사과, 흰 꽃의 향이 느껴져 산뜻하게 즐길 수 있으며 해산물과도 좋은 파트너이다. 또한 무척 향기로운 아르네이스Arneis 품종의 화이트 와인도 매력적이며 로에로Roero지역이 유명하다.

▲ 미켈레 끼아를로, 가비 '레 마르네'

와인레이블에는 Nebbiolo d'Alba, Barbera d'Asti와 같이 품종과 지역명이 더해진 형태로 원산지를 나타내며, 가장 대표적인 지역은 랑게Langhe, 알바Alba, 아스티Asti, 몬페라토Monferrato 등이다. 이 지역들은 바롤로와 바르바레스코 지역을 포함하는 랑게 언덕의 알바 마을과 북동쪽의 아스티에 이르기까지 광범위하게 펼쳐져 있다.

» 유명 생산자

폰타나프레다Fontanafredda, 피오체사레Pio Cesare, 가야Gaja, 라 스피네따La Spinetta, 체레토Ceretto, 미켈레 끼아를로Michele Chiarlo, 엘비오 코뇨Elvio Cogno, 지아코모 페오키오Giacomo Fenocchio, 지아코모 콘테르노 Giacomo Conterno, 도메니꼬 끌레리꼬Domenico Clerico, 로베르토 보에르지오Roberto Voerzio

---

피에몬테의 특산물, 백송로버섯

2010년 피에몬테 지역의 한 경매에서 백송로버섯White Truffle 900g이 105,000유로(한화 약 1억 4천만 원)의 경이로운 가격에 낙찰되었다. 이 고가의 버섯을 낙찰 받은 것은 바로 와인 전문가인 지니 조 리Jeannie Cho Lee로 어린이를 돕기 위한 자선 경매에 뜻깊은 참여를 한 것이었다. 백송로는 마약과 같은 강렬하고 중독적인 향을 풍기며 미식가들의 마음을 사로잡은 버섯이다. 푸아그라, 캐비아와 함께 세계 3대 진미로 꼽히는 전 세계 70여 종의 송로버섯 중 가장 귀한 종으로 여겨지며 피에몬테, 특히 알바 지역이 최고의 산지이다. 땅속 30cm 이상의 깊은 곳에서 자라기에 채취꾼은 훈련받은 돼지나 개와 함께 수색하

며 발견하자마자 먹어버리지 않도록 항상 긴장의 끈을 놓지 않는다. 언뜻 보면 큰 생강 같기도 한기이한 형상의 백송로의 풍미는 바롤로, 바르바레스코 와인과 최고의 궁합을 보인다.

3. 베네토 Veneto

토스카나, 피에몬테와 더불어 이탈리아의 3대 와인 산지로 꼽히는 베네토는 무려 세계 와인 생산량의 3%, 이탈리아의 18%(토스카나 생산량의 약 5배 이상)를 차지하는 최다 와인생산지이다. 이탈리아 북동부에 있는 지역으로 알프스산맥이 북유럽의 혹한 기후로부터 보호해 주며 이런 서늘한 기후에서는 화이트 품종이, 아드리안 해안과 가르다Garda 호수가 만나는 따뜻한 지역에서는 유명 레드 와인들이 생산된다. 로맨틱한 관광지인 베네치아Venezia와 베로나Verona 중 와인 생산은 대부분 내륙의 베로나Verona 지역 부근에서 이뤄지는데 이탈리아의 가장 중요한 와인 박람회인 빈이탈리Vinitaly가 매년 봄 이곳에서 개최된다. 발폴리첼라Valpolicella, 소아베Soave, 바르돌리노Vardolino 등의 대표 와인과 말린 포도로 만든 아마로네Amarone, 레치오토Recioto, 스파클링 와인인 프로세코Prosecco가 널리 알려져 있다. 토스카나만큼 국내에서 인지도가 높은 산지는 아니지만 특색 있는 와인들로 점점 더 중요성이 커지고 있는 지역이다.

발폴리첼라 Valpolicella

레드 와인의 주요 품종인 코르비나Corvina, 코르비노네Corvinone, 론디넬라Rondinella, 몰리나라Molinara로 만든 와인이 생산된다. 가벼운 편이며 체리 같은 붉은 과일 향이 풍부하다. 발폴리첼라 수페리오레Valpolicella Superiore 명칭의 와인은 1년 이상 숙성된 알코올 도수 12% 이상의 와인을 의미한다. 이 지역의 가장 보석 같은 와인은 말린 포도로 만들어지는 독특하고 농밀한 풍미를 지닌 아래의 와인들이다.

» 아마로네Amarone

건강하고 잘 익은 포도만 엄선하여 수확한 후 약 3~4개월 정도 통풍이 잘 되는 대나무 선반에 말린다. 건조과정은 세심하게 관리되며 썩거나 곰팡이

가 핀 포도는 버린다. 잘 마른 포도는 약 40%의 수분이 증발되며 당도와 풍미가 농축되는데 이 과정을 '아파시멘토Appassimento'라고 한다. 포도의 높은 당도로 인해 발효 후 알코올 도수 14~16%에 달하는 와인이 만들어지며 약 3~7g/L의 잔당은 본연의 높은 산도를 보완해 주는 역할을 해준다. '(맛이)쓰다Amaro'에서 유래한 아마로네는 자두, 무화과, 초콜릿 등의 달콤한 향과 쌉싸름한 맛을 동시에 지닌 풀바디한 와인이다. '아마로네 델라 발폴리첼라'라는 이름을 레이블에서 확인할 수 있으며 끼안티 클라시코 와인과 마찬가지로 기존의 전통 있는 소지역에서 나오는 와인은 '아마로네 델라 발폴리첼라 클라시코Amarone della Valpolicella Classico'라는 긴 이름이 붙는다.

» **레치오토** Recioto

말린 포도로 만들어지는 아마로네 생산 과정과 비슷하지만 발효 과정 중 모든 당분이 사라지기 전에 발효를 중단하여 만드는 농축된 맛의 달콤한 레드 와인이다. 레치오토를 만드는 과정 중 실수로 발효를 너무 길게 해서 단 맛이 없는 와인이 생겨났는데 이것

▲ 토마시, 레치오토 델라 발폴 이 아마로네의 시초라
리첼라 클라시코 '피오라토' 는 설이 있다.

» **리빠소** Ripasso

발폴리첼라 레드 와인에 아마로네와 레치오토를 만들고 남은 포도 껍질과 찌꺼기를 섞어 만들어지며 일반 발폴리첼라 레드 와인보다 더 진하고 농축된 맛을 느낄 수 있다.

» **아마로네 유명 생산자**

달 포르노 로마노Dal Forno Romano, 퀸타렐리 쥬세페 Quintarelli Giuseppe, 마시Masi, 토마시Tommasi, 알레그리니

Allegrini, 체사리Cesari 등

그 외 베네토 와인

» **소아베** Soave

이탈리아의 가장 유명한 드라이 화이트 와인이다. 70% 이상의 가르가네가 Garganega 품종과 기타 품종인 트레비아노 디 소아베Trebbiano di Soave, 샤르도네 등을 블렌딩하여 만드는 레몬, 꽃향이 풍부하고 산뜻한 드라이 화이트 와인이다. 화산성 토양에서 기인한 염분성 미네랄이 느껴지며 원래의 산지에

▲타멜리니, 서 만드는 클라시코 와인은 5~10
소아베 년의 숙성 잠재력도 갖는다. 수페리오레와 리제르바는 각각 최소 6개월과 1년 이상의 숙성이 진행된다.

» **프로세코** Prosecco

대체로 글레라Glera 품종을 이용해 탱크 방식으로 만들며 약간의 감미가 느껴지는 스파클링 와인으로 발도비아데네Valdobbiadene, 코넬리아노 Conegliano 마을 인근의 베네치아 북쪽 포도밭에서 최고급 와인이 생산된다.

▲ 조닌, 프로세코 퀴베 1820 브륏

이외에도 발폴리첼라 와인과 동일한 3개의 품종으로 만드는 레드 와인 바르돌리노Bardolino가 있으며 이는 체리와 검붉은 과일 향, 촘촘한 타닌이 느껴진다. 뮈스카 계열 '피오르 다란치오Fior d'Arancio(오렌지꽃이라는 뜻)'로 만드는 향기롭고 스위트한 꼴리 에우가네이 피오르 다란치오Colli Euganei Fior d'Arancio는 오렌지 꽃 같은 상큼한 아로마가 인상적이다.

4. 북부 지역

패션과 금융, 예술 등 활발한 상업 도시 밀라노와 소규모 와이너리가 있는 농촌 지역이 공존하는 롬바르디아Lombardia는 프랑스의 샴페인과 유사한 우아하고 세련된 스파클링 와인인 프란치아코르타Franciacorta의 산지이다. 샤르도네, 피노누아, 피노 비앙코Pinot Bianco 등의 품종으로 제조되며 국내에 수입이 거의 되지 않는다. 국내에서는 벨라비스타Bellavista, 카델 보스코Ca'del Bosco 등 생산자의 와인을 추천한다.

▲ 벨라비스타, 프란치아코르 타 알마 뀌베 브뤗

이탈리아 북동부의 베네토Veneto, 프리울리 베네치아 줄리아Friuli-Venezia Giulia, 트렌티노 알토 아디제Trentino-Alto Adige 이 세 지역을 트레 베네치아Tre Venezie(Tre=3)라고 부른다. 레드 와인 생산량이 압도적으로 높지만 일반적으로 피노 그리지오, 샤르도네, 피노 비앙코 등의 품종으로 만든 화이트 와인과 스파클링 와인이 더 유명하다. 다양한 스타일의 화이트가 생산되나, 섬세한 과일 풍미와 높은 천연산도를 지닌 깨끗한 타입이 지배적이다. 이곳은 앞으로 더욱 기대되는 산지이다. 조금 더 남쪽에 위치한 에밀리아 로마냐Emilia-Romagna에서는 람부르스코Lambrusco 품종의 가볍고 약간 스위트한 스파클링 와인인 동명의 람부르스코 와인이 나온다.

▲ 아템스, 피노 그리지오

이탈리아 요리의 진원지, 에밀리아 로마냐

토스카나의 평야, 아펜니노산맥, 생선이 풍부한 삼각주 등 예로부터 재료 공수가 용이한 지리적 입지의 에밀리아 로마냐Emilia-Romagnao는 풍부한 먹거리가 넘쳐나는 미식의 도시이다. 파마산Parmesan 치즈로도 알려진 치즈의 왕이자 완벽한 음식으로 불리는 파르미지아노 레지아노Parmigiano Reggian와 그라나 파다노Grana Padano 치즈, 최소 12년 이상 숙성시키며 30~50년 숙성된 고가의 발사믹 식초Balsamic Vinegar가 이곳에서 나온다. 또한 프로슈토Prosciutto, 화이트 트러플White Truffle 같은 특산물과 볼로네즈Bolognese로 알려진 라구Ragù 소스, 라자냐Lasagne 등 다양한 스타일의 파스타로 유명하다. 이탈리아 요리의 진원지인 이곳에서 상큼한 람부르스코 와인과 미식을 즐겨보는 것도 좋다.

5. 중부 지역

최고의 가성비 와인인 '몬테풀치아노 다부르쪼Montepulciano d'Abruzzo'의 산지인 아
부르쪼 Abruzzo 지역은 따뜻하고 건조해 포도 생산에 이상적인 산지이다. 품질보
다 수량을 우선시하는 생산자들이 많아 고급 와인보다 대중적인 와인을 찾기가 쉽
다. 몬테풀치아노 다부르쪼는 몬테풀치아노 품종으로 만들어 잘 익은 보랏빛 과일
향이 감도는 부드럽고 진한 와인이며, 트레비아노Trebbiano 품종의 화이트 와인
까지 국내 와인 판매점에서도 합리적인 가격의 데일리 와인으로 만날 수 있다.

▲ 에미디오 페페, 몬테
풀치아노 다부르쪼

까베르네 소비뇽, 메를로 등의 국제 품종도 재배하며 프리미엄 와인을 생산하는 에미디오 페
페Emidio Pepe, 아지엔다 아그리콜라 발렌티니Azienda Agricola Valentini, 칸티나 자카니니Cantina
Zaccagnini 같은 생산자들도 분명 존재한다. 이탈리아 중남부의 와인 생산자 중 하나인 파네세
Farnese 그룹도 이곳에서 '에디찌오네Edizione'를 비롯해 다양한 와인을 생산하고 있다.

　토스카나 남쪽의 중앙에 위치한 움브리아에서는 사그란티노Sagrantino 품종의 강건하고 힘
있는 레드 와인, 사그란티노 디 몬테팔코Sagrantino di Montefalco가 대표적이다. 배, 사과 향이
나고 드라이~스위트한 스타일까지 생산되는 화이트 와인 오르비에토Orvieto도 유명하며 그
산지는 라치오Lazio까지 뻗어 있다. 이외에도 중부 지역에는 화이트 와인을 주로 생산하는 마
르케Marche와 라치오 지역이 있다.

서로 다른 두 와인, '몬테풀치아노 다부르쪼', '비노 노빌레 디 몬테풀치아노'

몬테풀치아노라는 이름이 중복되어 두 와인의 이름을 자칫 착각
할 수 있지만 전혀 다른 뜻으로 쓰인다. 몬테풀치아노 다부르쪼
Montepulciano d'Abruzzo는 몬테풀치아노 포도 품종으로 아부르쪼
에서 생산되는 와인이며 비노 노빌레 디 몬테
풀치아노Vino Nobile di Montepulciano는 토스카
나의 몬테풀치아노라는 지역에서 산지오베제
로 만들어지는 와인이다. 가격 또한 차이가 크다. 부드럽고 쉽게 마실 수 있는
몬테풀치아노 다부르쪼는 2~4만 원대가 많다. 비노 노빌레 디 몬테풀치아노
는 7~10만 원대이며 국내 와인숍에서 만나보기 어렵다.

6. 남부 지역

남부지역은 경제적인 여유가 없는 생산자들이 많아 무더운 여름에 온도조절이 가능한 발효탱크 같은 현대식 시설이 부족하다. 품질보다 양적인 측면에 집중해서 와인을 생산하는 편이나 개성 있는 와인도 찾을 수 있다. 일반적으로 북부 지역의 와인보다 진한 스타일의 레드가 생산되며 몇 가지의 화이트 와인들도 알려져 있다. 남부에는 장화 모양을 닮은 국토의 끝자락에 위치한 4개의 지역 깜빠니아Campania, 풀리아Puglia, 바실리카타Basilicata, 칼라브리아Calabria가 있다.

폼페이를 화산 폭발로 덮은 베수비오 산이 있고 나폴리, 카프리 섬 등의 유적과 자연을 즐길 수 있는 깜빠니아는 알리아니코Aglianico 품종의 레드 와인을 주로 만들며 이 품종으로 검보라 색의 견고한 타닌을 지닌 풀바디한 와인, 타우라시Taurasi가 생산된다. 토착 청포도인 피아노Fiano, 그레코Greco, 팔랑기나Falanghina 품종의 화이트 와인도 특색 있다. 깜빠니아의 와인을 발전시킨 마스트로베라르디노Mastroberardino, 둘째 아들의 테레도라Terredora, 베세보Vesevo 등의 생산자를 추천한다.

▲ 베세보,
타우라시

미국에서 까베르네 소비뇽 다음으로 특화된 품종, 진판델Zinfandel은 풀리아 지역에서 프리미티보Primitivo로 불린다. 무덥고 와인 생산량도 많은 편인 풀리아의 주요 와인은 프리미티보와 네그로 아마로Negro Amaro 품종의 과즙이 풍부하고 묵직한 레드 와인이다. 초보자가 마시기에도 안성맞춤이며 레이블에서 품종의 이름을 확인할 수 있어 구매가 편하다. 프리미티보 디 풀리아Primitivo di Puglia(IGT)와 중요 산지인 만두리아에서 생산되는 프리미티보 디 만두리아Primitivo di Manduria(DOC)가 적힌 와인에 도전해보자.

▲ 파팔레,
'리네아 오로' 프리미티보 디 만두리아

바실리카타는 알리아니코 품종의 알리아니코 델 불투레Aglianico del Vulture(DOC)가 생산되며 고대 그리스인들이 처음으로 와인을 만들기 위해 포도나무를 재배했던 긴 역사를 지닌 칼라브리아는 최근 주목받는 산지는 아니다. 조금 가볍게 느껴지는 북부 이탈리아의 와인이 입에 맞지 않았다면 남부의 묵직하고 진한 와인들이 좋은 선택지가 될 것이다.

7. 시칠리아Sicilia

지중해에서 가장 큰 섬인 시칠리아Sicilia는 생산량 4위를 차지하는 산지이다. 다른 남부 지역들과 마찬가지로 양에 치우친 생산을 했으나, 일부 생산자들의 품질 개선을 위한 노력으로 훌륭한 와인들이 생산되며 일류 생산지로 급부상하고 있다. 온난한 기후에서 자라나 육중하고 과즙이 넘치는 네로 다

볼라Nero d'Avola 품종의 레드 와인이 높은 비율을 차지하며 이 품종은 칼라브레제Calabrese라고도 불린다. 그릴로Grillo 품종으로 만들어지는 상큼한 과일 향과 미네랄이 느껴지는 화이트 와인은 해산물과도 잘 어울린다. 특별한 와인인 강화 와인, 마르살라Marsala는 드라이한 것부터 아주 스위트한 스타일까지 생산되며 최고급 와인은 스페인의 셰리 와인과 유사하게 솔레라 시스템으로 생산되기도 한다. 이 외에 스위트 와인, 모스카토 디 판텔레리아Moscato di Pantelleria가 매력적이며 이 지역의 모스카토는 지비뽀Zibibbo라고도 불린다. 국내에서도 만날 수 있는 대표 생산자는 돈나푸가타Donnafugata, 타스카 달메리타Tasca d'Almerita, 베난티Benanti, 지롤라모 루소Girolamo Russo 등이 있다.

스페인 Spain

스페인은 세계에서 가장 큰 포도밭 면적을 보유하지만 와인 생산량은 프랑스와 이탈리아에 이어 3위에 그친다. 생산량이 적은 고령의 포도나무가 건조하고 척박한 토양에 넓은 간격으로 듬성듬성 심어져 있는데(전 세계에서 가장 낮은 포도나무 밀도) 필요한 영양분을 얻을 수 있는 일정 영역을 보장받기 위해서이다. 까베르네 소비뇽, 메를로의 뒤를 이어 전 세계에서 3번째로 넓은 면적에서 재배되는 청포도 품종인(우리에게는 생소한 품종이다) 아이렌Airén이 있으며 이는 보통 스페인 내수로 판매되거나 브랜디 제조에 쓰인다. 질과 양적인 측면 모두 최고로 여겨지는 품종은 적포도 템프라니요Tempranillo로 스페인 와인을 대변한다. 그 외의 적포도 품종, 가르나차Garnacha, 모나스트렐Monastrell이 유명하다.

스페인 와인은 프랑스로부터 큰 영향을 받아 발전하였고 신세계 국가들과 얽힌 와인 역사를 빼놓고 이야기할 수 없다. 콜럼버스가 신세계를 발견한 후 스페인의 정복자와 선교사들은 유럽 포도종을 칠레와 아르헨티나 등의 식민지로 가져왔다. 17세기 남미의 와인 산업이 발전하자 스페인 산업의 큰 부분을 차지하던 와인 수출에 위협이 되었고 결국, 식민지에 포도나무를 뽑고 와인 생산을 중단하라는 명령을 내렸다. 이는 스페인으로부터

독립 전까지 남미 와인 산업의 성장과 발전을 방해하는 계기가 되었다.

다른 유럽 국가들보다 와인 산업이 뒤처져 있었으나 19세기 중반 유럽의 포도나무를 전멸시킨 전염병, 필록세라Phylloxera가 발병한 후 그들은 새로운 국면을 맞게 된다. 필록세라로 포도밭이 황폐해진 프랑스에서 와인 생산이 불가능해지자 많은 나라가 스페인 와인으로 눈을 돌렸고 프랑스 와인 메이커들은 남부의 피레네산맥을 넘어 리오하Rioja와 카탈로니아Catalonia 같은 스페인 북부 지역에 정착하여 와인을 생산하고 제조 기술을 전수했다. 이후, 스페인에도 필록세라의 재앙이 닥쳤고 내전으로 인해 수많은 포도밭과 양조장이 파괴되었다. 2차 세계대전으로 인해 기아 현상이 만연하자 포도나무를 뽑고 밀을 재배하기도 하였으며 수출 시장 또한 막혀 어려운 시기를 겪다가 20세기 중후반을 기점으로 양질의 와인 생산이 시작되었다.

스페인 와인을 떠올리면 왠지 진하고 거칠 것 같지만, 고품질의 세련되고 섬세한 와인도 다수이다. 가장 중요한 산지는 고급 레드 와인 산지인 리오하Rioja와 리베라 델 두에로Ribera del Duero, 스파클링 와인인 까바Cava로 유명한 페네데스Penedès, 셰리 와인의 고장 헤레즈Jerez 등이다.

전 세계의 술의 역사를 바꾼 단 1mm의 벌레, 필록세라(포도나무뿌리진디)

필록세라Phylloxera는 포도나무뿌리에 기생하며 수액을 빨아먹는다. 감염된 포도나무의 뿌리에는 혹이 생기고, 가지는 말라비틀어지며 잎은 누렇게 변하다 마침내 생명을 다하고 만다. 한 번에 수백 개의 알을 낳는 엄청난 번식력을 자랑하는 이 벌레는 다산의 왕이다. 1863년 프랑스의 남부 론Rhone 지역에서 이 벌레의 존재가 처음으로 보고되고 10년도 채 되지 않아 프랑스 전역이 감염된다. 프랑스 포도밭의 70% 이상이 황폐하게 변했으며 1880년에는 이윽고 프랑스 중남부 지역 대부분의 포도밭이 초토화되었다. 워낙 작고 뿌리에 기생하는 까닭에 처음 이런 현상이 일어났을 때 포도재배자들은 날씨와 토양을 탓했고, 그 현상이 너무나 빠르고 원인이 불분명했기에 종교계에서는 '신의 노여움'이라고 결론지었다. 때마침 프랑스의 출산율이 바닥을 칠 때라 불임률과 관련지어 이 문제를 해석하기에 이른다. 1869년 범국가적으로 조사에 착수를 한 후에야 이 작은 벌레가 이 현상의 범인임을 알게 된다. 당시에는 '검역'이라는 시스템이 존재하지 않았다. 포도나무의 실험적 목적을 위해 남부 론에 수입되었던 미국산 포도나무뿌리에 이 벌레가 조용히 꿈틀대고 있었던 것을 몰랐던 것이다. 필록세라는 미국종의 포도나무뿌리와는 공생이 가능했으나 유럽의 포도나무에는 치명적이었다. 미국의 포도종은 '비티스 라부르스카Vitis Labrusca', 유럽종은 '비티스 비니페라Vitis Vinifera로 나뉘는데 미국종은 대체로 우리가 흔히 먹는 식용 포도이며 유럽종은 와인을 만드는데 쓰이는 와인제조용 포도이다.

벌레 퇴치를 위해 포도밭에 독성이 강한 농약을 살포하고 물을 범람시켜 밭을 침수시키기도 하는 등 해결책을 찾기 위한 다양한 시도는 모두 실패한다. 1년만 망쳐도 먹고 살 일이 막막한 것이 농사이기 때문에 포도밭을 송두리째 잃은 와인생산자들은 살 길을 찾아 프랑스를 떠나게 된다. 스페인 등 다른 나라로 건너가 와인을 만들고 양조 기술과 다양한 노하우를 전

파했다. 점차 확대되는 필록세라의 세력을 피해 프랑스를 비롯한 많은 유럽의 와인메이커들은 칠레, 아르헨티나, 호주, 미국, 남아공 등의 와인 산지로 이동하며 신세계의 와인산업을 발전시키게 된다. 유럽의 와인 생산량이 바닥을 치자 당시 하층민들의 술로 천대받던 맥주가 상류층에서도 빛을 보게 되고 와인을 증류시켜 만드는 코냑 같은 브랜디를 대신해 스코틀랜드의 위스키가 세계적으로 알려지기 시작했다. 프랑스에서는 내수용뿐만 아니라 수출용 와인들까지 술에 물을 타거나 포도가 아닌 재료를 이용해 만든 가짜 와인이 판을 쳤다. 1911년 샴페인을 만드는 샹파뉴 지역에서는 폭동이 일어나기도 했으며 이를 해결하고자 정부에서는 원산지명칭표시제도 AOC를 정립하게 된다. 결국, 이 작은 벌레의 목에는 엄청난 현상금이 걸린다. 프랑스 정부는 필록세라의 퇴치법에 오늘날 약 5백만 달러에 달하는 엄청난 금액을 제시한다. '이제 더 이상 와인을 마실 수 없을 지도 모른다'는 두려움이 들 정도로 당시 상황은 참담했다.

그러던 중 저항력이 있는 미국종의 뿌리에 유럽종의 몸통을 접목하는 것으로 이 사태는 일단락된다. 그러나, 미국 포도나무 묘목을 구매하지 못하는 영세한 와인메이커들은 구제되지 못했고 많은 와인메이커들이 사건의 발단인 미국 포도나무를 구매해야 하는 것에 큰 반발심을 가진다. 많은 이들은 와인 맛이 변할 가능성을 걱정했지만 맛에 변화를 가져오지는 않았다고 하니 걱정은 내려놓아도 좋을 것이다. 프랑스의 많은 고유 품종이 이

로 인해 멸종되었고 독일의 모젤과 유럽 몇몇의 포도밭을 제외하고는 아이러니하게도 오리지널 유럽 포도나무는 현재 칠레와 서호주 등에서 재배되고 있다. 필록세라가 창궐하기 전인 1851년 칠레는 프랑스 포도나무를 수입하여 재배하고 있었고 북쪽의 아타카마 사막, 서쪽은 태평양, 동쪽이 안데스산맥 등의 고립된 지리적 위치가 이 벌레를 막아 낸 가장 큰 방패가 되었다. 또한 건조한 날씨와 큰 일교차, 배수가 잘 되는 모래와 구리 성분의 토양은 필록세라에게는 불편한 환경이다. 2004년 개봉했던 영화 「범죄의 재구성」에서 사기꾼인 박신양은 칠레 와인을 극찬한다.

"칠레 와인은 없네? 아니 뭐, 프랑스 거 못 마시는 건 아닌데. 거 2차 대전 때 독일 놈들이 프랑스를 완전히 쑥대밭으로 만들었잖아요? 사람이 얼마나 많이 죽었겠어? 그런데 포도밭은 남아났겠느냐고? 오리지널 그냥 다 타서 없어졌지! 그러고 나서 다시 심었는데 뭐 포도 자라는 데 하루 이틀 걸리나? 근데 칠레에는 오리지널이 남아 있다 이거죠. 잘 모르는 사람들이 프랑스 와인, 프랑스 와인 찾더라고?"

필록세라의 영향은 언급되지 않았지만, 지금도 어떤 와인애호가들은 진짜 와인, 특히 진짜 까베르네 소비뇽은 칠레에 있다고 말하곤 한다. 현재까지도 호주의 빅토리아 주 등지에서 새로운 필록세라가 목격되고 있다. 필록세라의 공격은 아직 끝나지 않았다.

208

스페인 와인 분류

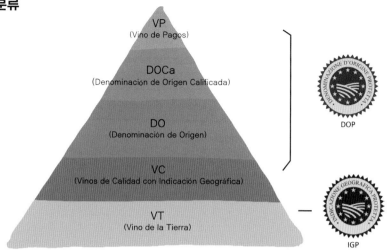

VP
(Vino de Pagos)

DOCa
(Denominación de Origen Calificada)

DO
(Denominación de Origen)

VC
(Vinos de Calidad con Indicación Geográfica)

VT
(Vino de la Tierra)

DOP

IGP

DOP DOP제도

스페인의 원산지 관리 제도인 DO는 이탈리아 DOC 제도와 유사하다. 1970년대 개정되어 더디게 자리를 잡아가다 EU의 유럽 균일화에 대한 노력으로 2016년부터 DOP Denominación de Origen Protegida(데노미나치온 데 오리헨 프로테기다)로 명칭이 변경되며 다른 유럽과 더 유사한 체계를 갖추기 시작했다. 각 DO는 자체적인 콘세호 레굴라도르 Consejo Regulador라는 기관에 의해 통제 및 관리된다.

기존의 분류 중 하위 범주는 다음과 같으며 순서대로 기준과 통제가 더 엄격해진다. 타국가의 테이블 와인과 동일하며 규정을 벗어나 만드는 지리적 명칭이 없는 와인 VdM Vino de Mesa(비노 데 메사), DO 단계의 이하 수준으로 보다 큰 지리적 명칭(예: Castilla y León, Castilla-La Mancha)이 붙는 VT Vino de la Tierra(현 IGP)(비노 델 라 티에라), '지리적 표시가 있는 고급 와인'이라는 뜻의 VC Vinos de Calidad con Indicación Geográfica(비노 데 칼리다드 콘 인디카시온 헤오그라피카)는 DO의 엄격한 기준을 완전히 충족하지 못하지만 VT (IGP) 기준보다 높은

와인에 사용된다. 3개의 상위 단계는 아래와 같으며 낮은 단계부터 순차적으로 소개한다.

» DO Denominación de Origen 데노미나치온 데 오리헨

68개의 고급 와인 산지가 지정되어 있으며 스페인 포도밭의 2/3를 차지한다. 품종, 생산량 등의 엄격한 조건을 충족시켜야 하며 리베라 델 두에로, 후미야 Jumilla, 라 만차 La Mancha 등 친숙한 명칭을 볼 수 있다.

» DOCa Denominación de Origen Calificada(현 DOQ) 데노미나치온 데 오리헨 칼리피카다

DO와인으로 10년 이상 일관된 품질이 인증받은 곳이다. 현재 리오하(1991년)와 프리오랏(2003년) 두 지역만 승인되었다. 2008년 리베라 델 두에로가 DOCa로 승인받았지만 그들

은 현재 DO로 남아 있다.

» **VP** Vino de Pagos(비노 데 파고)

스페인 와인 품질을 더욱 향상시키기 위해 2003년 도입된 분류로 와인 산지 자체에 적용되는 Do, DOCa와 달리 개별적인 포도밭과 직접 소유한 포도밭에서 생산된 와인에만 적용되는 특별한 분류이다. 2020년 기준 20개의 비노 데 파고가 있다.

숙성 기간에 따른 명칭

스페인 와인은 예로부터 장기간의 오크통 숙성을 거쳐 생기는 깊은 풍미를 중시한다. 과거에는 레드 와인뿐만 아니라 화이트 와인까지도 오랜 시간 숙성되었다. 전통적으로 미국산 오크통을 이용했으며 최근에는 프랑스산 오크통의 사용이 증가하는 편이다. 물론, 현대인들의 입맛과 상업적인 면 모두를 잡기 위해 숙성 시기가 짧아지는 추세지만 아직도 레드 와인은 3~4년 이상 숙성 후 출시하며 와인레이블에는 크리안자, 레세르바, 그랑 리제르바와 같은 숙성 기간이 적힌다.

» **크리안자** Crianza

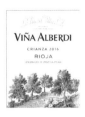

과일과 바닐라 등의 향이 선명하고 부담없이 마시는 와인으로 레드 와인 기준 크리안자는 오크통에서 1년, 총 2년 이상 숙성한다(화이트, 로제는 총 18개월).

» **레세르바** Reserva

더 풍성하고 농축된, 단순한 와인 이상의 특징을 보이며 타닌과 산도의 구조감, 균형감이 발전한다. 레드 와인은 오크통에서 1년 포함 총 3년 숙성한다(화이트, 로제 총 2년).

» **그랑 레세르바** Gran Reserva

최상급 포도밭에서 뛰어난 해에만 생산되는 귀한 와인이다. 오크통 2년, 병에서 3년, 총 5년 이상 숙성한다(화이트, 로제는 총 4년). 실제로는 8년 이상도 숙성되며 좋은 와인일수록 정제된 힘과 우아함이 느껴진다.

스페인 와인 산지

1. 리오하 Rioja

북부에 위치한 스페인 최고의 와인 산지인 리오하는 템프라니요 품종의 감미로운 레드 와인으로 널리 알려져 있다. 해발 450m 이상의 드넓은 고원 지대로 연간 강수량이 500mm에 불과한 따뜻하고 건조한 지역이며 리오하 알타Rioja Alta, 리오하 알라베사Rioja Alavesa, 리오하 오리엔탈Rioja Oriental(이전의 리오하 바하Rioja Baja) 세 개의 하부 지역으로 나뉜다. 알타와 알라베사 지역에서 재배된 우아한 산미가 느껴지는 포도는 고급 와인에 사용되는 편이며 낮은 산도와 높은 알코올을 지닌 바하 지역의 포도는 그보다 질이 떨어진다고 평가받는다.

적포도인 템프라니요 100% 혹은 템프라니요, 가르나차, 마주엘로Mazuelo(=Carignan 까리냥), 그라시아노Graciano가 혼합된 레드 와인이 생산된다. 보르도 블렌딩과 같이 템프라니요를 중심으로 각 품종의 특징들을 잘 녹여낸다. 정교하게 만들어진 와인은 섬세한 붉은 과일 향과 말린 담뱃잎과 같은 은은한 오크 향이 느껴진다. 연간 생산량 7~8%를 차지하는 화이트 와인은 비우라Viura(=Macabeo 마카베오), 가르나차 블랑카Garnacha Blanca, 말바시아Malvasia와 샤르도네 품종 등을 사용한다. 필록세라 때문에 이주해 온 프랑스 생산자들에게 많은 영향을 받았고 오크통에

서 장기 숙성된 깊은 맛을 선호한다. 레드 와인은 4~10년 숙성시켜 출시하는 것이 일반적이며 화이트 와인조차도 숙성 후의 견과류, 꿀 향이 느껴지는 스타일을 많이 볼 수 있다. 2018년 리오하에는 일반 스페인 와인의 분류와는 차별화된, 숙성 기간보다 떼루아에 중점을 둔 새로운 분류 제도가 생겨났다. 부르고뉴의 등급과 유사하게 뛰어난 마을이나 특정 소지역 명칭을 레이블에 기재하게 되었다.

마르께스 드 무리에타Marqués de Murrieta, 라 리오하 알타La Rioja Alta, 무가Muga, 에레. 로페 데 에레디아R. Lopez de Heredia, 콘타도르Contador, 마르께스 데 까세레스Marques de Caceres

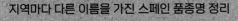

지역마다 다른 이름을 가진 스페인 품종명 정리

동일 품종이지만 여러 개의 이름으로 불려 낯설게 느껴지는 품종명이 있다.

- 가르나차Garnacha (스페인) - 그르나슈Grenache (프랑스)

- 모나스트렐Monastrell (스페인) - 무르베드르Mourvèdre (프랑스) - 마타로Mataro (호주)

- 마주엘로Mazuelo (스페인 리오하) - 까리녜나Carineña (스페인 아라곤) - 까리냥Carignan (프랑스)

- 비우라Viura (스페인 리오하) - 마카베우Macabeu (스페인 카탈로니아) - 마카베오Macabeo (프랑스)

- 템프라니요 (일반 명칭) - 틴토 피노Tinto Fino, 틴타 델 파이스Tinta del Pais (스페인 리베라 델 두에로) - 생시벨Cencibel, 울 데 리브레UII de llebre (기타 스페인 지역들) - 틴타 로리즈Tinto Roriz (포르투갈)

철망으로 감싸진 리오하 와인의 비밀

홀로그램 스티커, 바코드, 마이크로 칩 등 현재는 상품의 위조를 막기 위한 여러 수단이 있지만 과거에는 와인을 보호해 줄 장치가 믿을 만한 상인에게서 구매하는 것뿐이었을 것이다. 19세기 리오하 와인의 명성을 이용하려는 위조범들은 리오하 와인병에 싸구려 와인을 넣어 판매했다. 이를 막기 위한 대책으로 마르께스 데 리스칼 Marques de Riscal 와이너리는 철사로 만든 망으로 와인병을 둘러싸기 시작했다. 곧 다른 리오하의 고급 와인 생산자들이 이를 따라하기 시작했고 점차 보편화되었다. 지금

▲ 마르께스 데 리스칼, 리오하 레세르바 리오하 와인에서 볼 수 있는 철망은 단지 장식용으로 쓰일 뿐이고 와인은 보다 과학적인 방법으로 지켜지고 있다.

2. 리베라 델 두에로 Ribera del Duero

스페인 최고의 레드 와인으로 꼽히는 '베가 시실리아, 우니코Vega Sicilia, Unico'가 태어난 지역이지만 대다수의 생산자들은 협동조합에 포도를 팔거나 대량으로 와인을 만들었다. 이 지역의 잠재력을 알아본 소수의 생산자들에 의해 단기간에 발전하여 새로운

역사를 만들고 있다. 처음 DO로 분류된 1982년에는 단 9
개의 와이너리가 존재했지만 지금은 270여 개의 와이너리
가 생겨났다. 리베라 델 두에로(두에로 강가라는 뜻)의 포도
밭은 두에로강을 따라 다양한 떼루아에 산발적으로 위치
하며 충분한 햇빛과 극심한 일교차는 템프라니요가 숙성
되는 최적의 조건과 개성적인 풍미를 만든다. 25년 수령

이상 된 포도나무가 전체의 약 35%에 달하며 이 오래된 포도나무에 박힌 옹이는 척박한 토양
에서 힘들게 자라나는 것을 잘 보여주는 듯하다. 이 지역에서 틴토 피노, 틴타 델 파이스로도
불리는 템프라니요는 포도 생산량의 95%를 차지하며 품종의 순수한 특징을 강조한 스타일로
만들어진다. 리오하와 마찬가지로 와인을 오크통에서 굉장히 긴 기간 숙성시키며 붉은 과일,
향신료, 가죽, 담뱃잎 등의 향이 특징이다. 과일 풍미가 그득하지만 단순하지 않은 고품질 와
인으로, 숙성을 통해 발전한 복합적인 풍미를 즐기는 것도 좋으며, 풍성한 과일 향과 산도의
균형으로 어릴 때 마셔도 좋은 와인이다.

» 유명생산자

베가 시실리아Vega Sicilia, 알리온Alión, 도미니오 데 핑구스Dominio de Pingus, 알레한드로 페르난데즈Alejandro
Fernandez, 아알토Aalto, 에밀리아 모로Emilio Moro, 아르수아가Arzuaga

213

스페인 최고의 와인이자 상류층들의 와인 베가 시실리아의 우니코

스페인의 최고급 와인을 꼽으라면 단연코 베가 시실리아Vega Sicilia의 우니
코Unico가 그 주인공일 것이다. 1864년 양조가 돈 엘로이 레칸다Don Eloy
Lecanda는 보르도에서 까베르네 소비뇽, 메를로, 말벡 품종을 가져와 심었
고 템프라니요와 함께 최상의 퀄리티를 지닌 블렌딩 와인을 생산하기 시작
한다. 유럽의 상류층과 VIP들을 위한 선물용으로 사용되었고 시중에는 판매
되지 않았다. 그래서 이 와인에는 '오직 우정으로만 살 수 있는 와인'이란 별
칭이 붙었다. 우니코는 좋은 빈티지에만 출시되는 '빈티지 와인'과 좋은 빈
티지만을 블렌딩하여 만드는 논빈티지 '레세르바 에스페샬'
로 나뉜다. 시음 적기가 될 때까지 보관한 뒤 출시하는 와인으
로 기본 10년, 길게는 30년 이상 숙성 후 출시한다. 세컨드 와
인급인 발부에나Valbuena5°(5년 숙성 후 출시되어 붙은 이름)와 베가
시실리아 옆에 따로 설립한 와이너리에서 알리온Alión을, 토로
Toro 지역에서 핀티아Pintia를 만든다.

3. 프리오랏 Priorat

스페인 북동부 카탈로니아 지방의 작은 산지로 바르셀로나에서 차로 2시간 정도 거리에 위치해 있다. 리오하에 이어 스페인의 최상위 DOCa분류에 속하지만 상대적으로 최근에 명성을 얻은 지역이다. 세계 시장에서 생소했던 프리오랏을 지금의 명품 와인 산지로 만든 것은 르네 바비에르René Barbier와 알바로 팔라시오스Álvaro Palacios와 같은 도전 정신을 가진 생산자들이었다.

협곡 지역 해발 약 800m의 가파른 계단식 구릉에 포도나무가 식재되어 있다. 수분을 잘 머금지 못해 척박한 토양, 고목 등의 이유로 단위당 수확량이 적은 스페인 내에서도 가장 낮은 수확량을 보이는 산지 중 하나이다. 점판암과 석영 기반의 척박한 토양에서 물과 양분을 찾기 위해 뿌리를 최대한 깊게 내린 포도나무는 다양한 미네랄을 흡수하며 미네랄리티가 강하게 느껴지는 와인을 만든다. 이는 이 지역의 극심한 일교차와 더불어 프리오랏 와인스타일을 결정짓는 중요한 요소이다.

소량의 화이트와 로제도 생산되지만 가르나차 기반의 매우 드문 스타일을 지닌 세계적 수준의 레드 와인이 각광받았다. 전통적인 품종인 고목Old Vine의 가르나차와 까리녜나Cariñena 품종과 더불어 까베르네 소비뇽, 메를로, 시라 등 국제 품종이 더욱 성장하고 있다. 화이트 와인은 가르나차 블랑카, 마카베오 등의 품종으로 적당한 산도와 잘 익은 과일 향이 느껴지는 와인을 만든다.

» 유명생산자

알바로 팔라시오스Álvaro Palacios, 르네 바비에르René Barbier, 다프네 글로리안Daphne Glorian, 호세 루이스 페레스José Luis Pérez(마스 마르티네Mas Martinet), 까를레스 파스뜨라나Carles Pastrana, 꼬스텔스 델 시우라나Costers del Siurana

4. 헤레즈 Jerez-Xérès-Sherry

스페인 남부의 안달루시아Andalucía 지방의 마을, 헤레즈 델 라 프론테라Jerez de la Frontera에서는 가장 명성 있는 강화 와인, 셰리를 생산한다. 마치 사막을 연상시키는 건조하고 새하얀 알바리자 Albariza 아래로 점토, 모래 등의 토양이 층을 이룬다. 대부분의 셰리는 팔로미노 품종이 95% 이상 들어가며 모스카텔과 페드로 히메네스 품종의 스위트한 셰리가 만들어지기도 한다. 플라멩고, F1 그랑프리, 투우 경기를 볼 수 있는 정열적인 도시인 이곳은 바닷가의 싱싱한 해산물과 더불어 가벼운 타파스Tapas, 최고급 하몽(하몽 데 자부고Jamón de Jabugo)과 셰리 와인을 즐기기에 환상적인 곳이다.

5. 페네데스 Penedès

리오하에 이어 오랫동안 최고의 와인 생산지 중 하나로 여겨졌던 이곳은 유럽에서 가장 오래된 포도 재배 지역 중 하나이다. 카탈루니아 지방에 위치한 페데네스는 전반적으로 따뜻한 지중해성 기후의 영향을 받지만 근접한 해안과 해발 800m 이상의 지대에 생성되는 복잡한 미기후에서 다양한 스타일

의 와인이 생산된다. 1986년 DO를 획득한 스파클링 와인인 까바 생산지로 잘 알려져 있지만 주로 재배되는 청포도 품종뿐만 아니라 높은 평가를 받고 있는 오크 숙성 레드도 일부 생산된다. 가르나차, 까리네나, 모나스트렐 등의 전통적인 품종들이 우세했지만 점점 더 까베르네 소비뇽, 메를로 같은 국제 품종으로 전환되고 있다. 청포도 마카베오와 파레야다Parellada, 자렐로Xarel-lo로 까바를 만들어오다 최근에는 샤르도네와 피노 누아 품종도 각광받고 있다. 까바를 생산하는 프렉시넷Freixenet, 꼬도르니유Codorníu와 같은 대형 업체들이 유명하지만 고품질의 와인을 소량 생산하는 가족 단위 소규모 생산자도 늘고 있다.

▲ 프렉시넷, 카르타 네바다 까바

» 유명생산자

까바(프렉시넷Freixenet, 꼬도르니유Codorniu, 아구스티 토렐로 마타Agusti Torello Mata, 그라모나Gramona, 레카레도Recaredo, 수마로카Sumarroca, 호메 세라Jaume Serra, Torre Oria, 또레 오리아Torre Oria, 보히가스 Bohigas), 스틸 와인(토레스Torres, 장 레옹Jean León, 세구라 비우다스Segura Viudas)

6. 리아스 바이사스 Rías Baixas

대서양 해안을 따라 스페인의 북서부, 포르투갈의 북쪽에 위치해 있으며 레드 와인으로 유명한 스페인의 유일무이한 화이트 와인 전문 산지이다. 이 지역 생산량의 90% 이상을 차지하는 알바리뇨Albariño 품종의 풍부한 과즙과 배, 복숭아, 꽃 향이 느껴지는 신선한 화이트 와인이 상징적이다. 레이블에 리아스 바이사스가 적힌 모든 와인은 70% 이상의 알바리뇨가 함유되며 드물게 트레사두라Treixadura, 토론테스Torrontes 품종이 사용되기도 한다. 온화한 기후의 높은 강수량(연간 1,800mm 이상)을 보이는 산지는 바다의 안개와 어우러져 습하면서도 시원한 기후를 생성한다. 이러한 기후는 곰팡이의 위험을 가져오기도 하지만 포도의 산도를 유지시켜 이 지역의 산뜻한 와인스타일을 만드는데 매우 중요한 역할을 한다. 서쪽의 대서양과 북쪽의 해안, 강줄기가 만나는 이상적인 해산물 생산 지역으로 유럽에서 가장 많은 어획량을 자랑한다. 랍스터, 게, 새우, 각종 조개, 문어 등 군침 도는 해산물 요리가 가득한 이곳에서 화이트 와인이 발전한 것은 너무나 자연스러운 일이다.

» **유명생산자**(국내 수입되는 와인이 적어 만나기 쉽지 않다)

　라울 페레즈Raul Perez, 포르하스Forjas, 자라테Zarate, 파쏘 데 세노란스Pazo de Senorans

▲ 테라스 가우다,
리아스 바이사스 '오 로잘'

7. 라만차 La Mancha

스페인 와인 생산량의 1/3을 생산하는 카스티야 라 만차Castilla La Mancha는 스페인뿐만 아니라 유럽 전체에서 가장 큰 개별 와인 산지이며 가장 오래된 와인 산지이다. 수도인 마드리드에 인접한 스페인 중남부의 광대한 고원 지대로 대부분 브랜디의 원료가 되는 청포도 아이렌 품종의 와인이 다량 생산되며 템프라니요, 까베르네 소비뇽, 메를로 품종이 재배된다.

저품질의 와인을 대량 생산하는 '벌크 와인 산지'라는 이미지가 있지만 9개의 세부 산지 중 라 만차La Mancha (DO)는 가장 중요한 고품질의 와인 산지이니 구별해서

생각해야 한다. 스페인의 주요 산지들과 마찬가지로, 라 만차 와인의 백 레이블에는 라 만차 와인을 식별할 수 있는 마크가 붙는다. 혹한의 겨울과 뜨거운 여름, 건조하고 극심한 일교차를 느낄 수 있는 대륙성 기후로 일조량이 좋아 잘 익은 포도가 고유의 와인스타일을 만든다. 부드럽고 진하며 풀바디한 오크 숙성 레드 와인이 대중들에게 가장 인기 있다.

» 유명생산자

볼베르Volver, 아르수아가Arzuaga(파고 플로렌티노Pago Florentino 추천), 아유소 Ayuso, 알레한드로 페르난데즈Bodegas Alejandro Fernandez(엘 빈쿨로El Vinculo), 토레스Torres

B. 후미야 Jumilla

스페인 남동부 지중해 연안의 작은 지역인 무시아 Murcia의 DO지역 중 양과 품질면에서 가장 중요한 곳으로 여겨지는 지역으로 최근 국내에서도 큰 인기를 끌었던 후안 길Juan Gil, 마초맨Machoman과 같은 모나스트렐 품종의 와인들이 유명한 산지이다. 재배 면적의 80% 이상에서 자라는 모나스트렐로 만드는 강렬한 색과 건포도, 무화과 등 잘 익은 과일의 달콤한 풍미가 느껴지는 레드 와인은 후미야 와인을 대표하는 캐릭터이다. 1990년대부터 와인 산지로서의 잠재력이 조명된 후 스페인 전역의 생산자들과 외국 기업들이 와이너리를 세웠고 최신 기술과 전통을 접목하는 노력을 통해 전 세계에서 인정받는 와인이 생산되고 있다. 건조한 대륙성 기후로 뜨거운 여름에는 약 40°C에 육박하다 보니 고도 약 400~800m의 보다 서늘한 산지를 활용한다.

시라, 까베르네 소비뇽, 메를로 등의 재배가 꾸준히 증가하고 있으며 주로 모나스트렐 와인에 부가적인 특징을 부여한다. 이 지역의 모나스트렐로 만드는 핑크 컬러의 우아하고 신선한 로제 와인 또한 주목받는 와인이다.

» 유명생산자

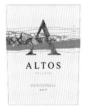

루존Luzón, 까사 가스티요Casa Castillo, 길 패밀리Gil Family(후안 길Juan Gil과 엘 니도El Nido), 핀카 바카라Finca Bacara, 에고Ego, 까사 로호Casa Rojo, 볼베르Volver

독일 Germany

세계에서 가장 북쪽에 있는 와인 산지 중 하나로 포도가 익을 수 있는 북방 한계선에 위치한다. 독일의 와인스타일은 추운 기후에서 기인한 높은 산도와 단일 품종 본연의 특징이 살아 있는 와인으로 정의할 수 있다. 국내에서는 2~5만 원대 리슬링 품종의 새콤달콤한 스위트 와인을 주로 볼 수 있지만 차츰 더 드라이한 와인의 생산이 증가하고 있다. 유럽 내에서 생산량 4위의 국가로 뛰어난 양조장들은 규모가 매우 작고 포도 재배자는 7만 명 이상에 달한다.

대부분의 포도밭은 라인강과 모젤강 부근에 자리하며 최고의 포도밭들은 햇빛 노출이 좋은 남향의 급격한 경사면에 위치한다. 포도의 완숙이 어려운 추운 환경에서 강줄기는 햇빛을 포도에 반사시키고 온도 조절 역할을 하여 포도 숙성에 큰 도움을 준다. 토양 역시 햇빛을 포도에 반사시켜주고 열을 보존하는 점판암과 현무암, 바위 등으로 구성되어 있다. 포도들은 통렬한 산도를 머금고 알코올 도수 역시 7~13% 정도로 낮은 편이다. 와인의 높은 산도와 균형을 맞추는 약간의 당분을 남긴 채로 발효를 끝내거나 수확

후 남겨 놓은 발효되지 않은 포도 즙Süssreserve(쥐스레제르베)을 조금 첨가하기도 한다. 품종의 본질적인 특성을 살리기 위해 블렌딩이나 향이 강한 새 오크통 숙성은 잘 거치지 않으며 정제 과정을 생략하는 경우도 많아 간혹 크리스털이라고 하는 반짝이는 결정을 와인에서 발견할 수 있다. 최근 변화하는 기후에 따라 수패트부르군더Spätburgunder(=Pinot Noir)와 같은 적포도 품종의 와인들이 다양한 산지에서 생산된다.

화이트 와인 생산이 포도밭 면적의 약 66%로 압도적으로 많으며 리슬링의 생산량(23%)이 가장 높다. 독일에서 많이 소비되는 단조로운 와인을 만드는 뮐러 투르가우Müller-Thurgau 품종이 그 뒤를 이으며 생산량은 감소하고 있다. 실바너Silvaner, 바이스부르군더Weissburgunder(=Pinot Blanc), 그라우부르군더Grauburgunder(=Pinot Gris)와 같은 청포도 품종과 수패트부르군더, 돈펠더Domfelder 등의 적포도 품종이 있다. 높은 산도를 지닌 리슬링 와인은 세계에서 가장 오랫동안 보존이 가능한 와인 중 하나이다. 달콤한 와인이라면 훨씬 더 오래 숙성되는데, 어린 와인들의 신선하고 화사한 풍미도 매력적이지만 5년 이상 숙성 후에도 변함없는 생동감과 발전한 풍미를 보여준

다. 그중에는 20년 이상 숙성하는 특별한 와인들도 있다.

스파클링 와인인 젝트Sekt가 생산되며 저가와 고급 와인으로 나뉜다. 대부분의 젝트는 탱크 방식으로 만든 가볍고 단조로운 저가의 와인이고, 주로 독일인들이 즐긴다. 생산량이 적은 고급 젝트는 샴페인과 동일한 전통 방식으로 만들어져 스타일의 큰 차이를 보인다. 리슬링, 바이스부르군더, 그라우 부르군더 등의 품종으로 소규모의 양조장에서 적은 수량을 생산한다. 산도가 높은 해에 더 많이 출시되며 빈티지, 마을과 와이너리 명이 레이블에 기재된다.

독일 와인 산지는 13개로 나뉘며 가장 대표적인 산지는 모젤Mosel, 라인가우Rheingau, 팔츠Pfalz, 라인헤센Rheinhessen이다.

▲ 헨켈 트로켄 젝트

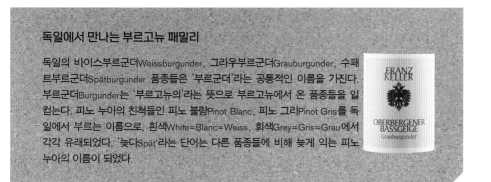

독일에서 만나는 부르고뉴 패밀리

독일의 바이스부르군더Weissburgunder, 그라우부르군더Grauburgunder, 수패트부르군더Spätburgunder 품종들은 '부르군더'라는 공통적인 이름을 가진다. 부르군더Burgunder는 '부르고뉴의'라는 뜻으로 부르고뉴에서 온 품종들을 일컫는다. 피노 누아의 친척들인 피노 블랑Pinot Blanc, 피노 그리Pinot Gris를 독일에서 부르는 이름으로, 흰색White=Blanc=Weiss, 회색Grey=Gris=Grau에서 각각 유래되었다. '늦다Spät'라는 단어는 다른 품종들에 비해 늦게 익는 피노 누아의 이름이 되었다.

독일 와인 분류

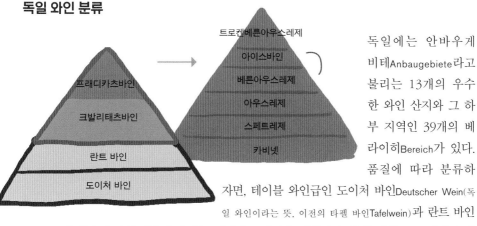

독일에는 안바우게비테Anbaugebiete라고 불리는 13개의 우수한 와인 산지와 그 하부 지역인 39개의 베라이히Bereich가 있다. 품질에 따라 분류하자면, 테이블 와인급인 도이처 바인Deutscher Wein(독일 와인이라는 뜻, 이전의 타펠 바인Tafelwein)과 란트 바인Landwein이 있으며 하위 계층에 속하는 저렴하고 가벼운 와인이다. 독일 와인 95% 이상이 퀄리티가 보장되는 아래의 두 가지 유형에 속한다.

크발리태츠바인 Qualitätswein

특정 지역의 품질 인증 와인, 공식적으로 지정된 13개의 산지에서 생산된다. 포도의 성숙도가 조금 낮은 포도로 만드는 일반적인 수준의 와인이다.

프래디카츠바인 Prädikatswein

특징을 가진 고급 와인, 13개의 산지 내에서만 생산 가능하다. 재배 지역, 면적당 생산량, 가당의 여부 등 엄격한 규제를 거치며 각각의 와인은 품질 테스트인 분석과 관능검사를 통과해야 한다. 와인 양조 전 포도의 당도를 측정하여, 그에 따른 당도 수준을 레이블에 기재한다. 발효 과정에 따라 드라이한 맛과 아주 강한 단맛을 띠는 와인까지 다양하다. 드라이하다는 뜻의 트로켄Trocken과 같은 용어가 붙지 않으면 대부분 선명한 당도를 느낄 수 있는 와인이다. 와인이 아닌 포도 자체의 당도에 따라 6개의 세분화된 등급이 존재한다.

» **카비넷** Kabinett (148–188 g/L sugar)

일반적인 수확 시기에 잘 익은 포도로 만드는 가볍고 높은 산도와 적당한 단맛을 가진 와인으로 드라이한 스타일로 생산 가능하다. 영어 캐비닛 Cabinet(보관함)과 동일한 뜻으로, 생산자가 보관하기에 적합하단 의미로 여겨진다.

» **스페트레제** Spätlese (172–209g/L sugar)

'늦은 수확'을 의미, 일반적으로 카비넷보다 달며 당도가 증가하길 기다렸다가 일반적인 수확 시기보다 늦게 수확하는데, 따뜻한 해에는 수확 시기에도 스패트레제급의 당도가 형성되기도 한다. 풀바디한 드라이 와인으로도 생산 가능하다.

아우스레제 Auslese (191–260g/l sugar)

'선별 수확', 아주 잘 익은 포도송이만을 선별 수확하여 만든 와인으로 약간 혹은 아주 달콤하며 드라이 와인도 생산된다. 경우에 따라 귀부균의 영향을 받을 때도 있다.

» **베른아우스레제** Beerenauslese(BA) (260g/l sugar 이상)

송이가 아닌 각각의 '열매Beeren(Berry)'를 선별 수확했다는 뜻이다. 장기간 나무에 매달려 수분이 증발된 쪼그라든 포도와 때로 귀부병이 생긴 포도를 이용해 아주 풍성하고 달콤한 와인을 만든다.

» **트로켄베른아우스레제**
Trockenbeerenauslese(TBA) (300g/l sugar 이상)

'건조한 Trocken(Dry)' 포도알을 선별 수확해 만드는 이 와인은 과숙하여 쭈글쭈글해진 포도와 귀부병에 걸린 포도로 만든다. 진한 컬러와 높은 밀도를 지닌 아주 스위트한 와인이다.

» **아이스바인** Eiswein(260g/l sugar 이상)

포도나무에서 자연적으로 언 포도로 농축된 스위트 와인을 만든다. 포도의 당도는 베른아우스레제와 유사하다. 기온 상승으로 인해 독일의 아이스와인은 점점 만나보기가 어려워지고 있다.

VDP Verband Deutscher Prädikatsweingüter
(베르반 도이처 프래디카츠바인구터)

VDP. DIE PRÄDIKATSWEINGÜTER

VDP는 '독일 고급 와인 생산자 협회'의 약자로 우수한 품질의 와인을 만드는 소속 회원들의 와인을 위한 분류이다. 드라이한 와인과 스위트 와인 모두 포함되며 와인 병목이나 레이블에서 상징인 독수리 마크를 확인할 수 있다. 떼루아를 기반으로

4단계로 분류된 이 체계는 부르고뉴의 등급 체계와 유사하다.

» **그로스라게**Grosse Lage(스위트 와인)
&그로스 게백스 Grosses Gewächs(드라이 와인)

부르고뉴의 그랑 크뤼 등급과 유사한 최고급 포도밭의 와인을 의미한다. 뛰어난 단일 포도밭이나 소산지에서 생산된다. 그로스 게백스는 드라이한 와인에 붙으며 GG라는 약자로 쓰기도 한다.

» **에르스트라게**Erste Lage

부르고뉴의 프리미에 크뤼 등급 와인과 유사하다. 와인병에는 포도밭 이름과 포도송이 옆에 숫자 '1'이 적힌 로고가 새겨진다. 모젤, 라인헤센 등의 지역에서는 이 분류를 사용하지 않는다.

» **오르츠바인**Ortswein

마을 단위급 와인으로 생산자와 마을 이름, 'VDP. Ortswein'이라는 인증 용어를 병에서 확인할 수 있다.

» **구츠바인**Gutswein

더 큰 단위의 지역에서 생산되는 엔트리급 와인, 생산자와 13개 산지의 이름, 'VDP. Gutswein'이 적힌다.

당도와 관련된 용어들

아주 드라이한 와인인 트로켄부터 잔당이 적은 순서대로의 용어이다.

» **트로켄**Trocken(~9g/l 이내)
셀렉션Selection

트로켄은 잔당이 리터당 9g 이내로 매우 드라이한 와인을 나타낸다. 셀렉션은 개별 포도밭에서 손수확 후 품질 기준을 통과한 와인으로 조화롭게 드라이하다. 마찬가지로 최대 9g/L의 잔당을 함유하며 리슬링의 경우 최대 12g/L까지 포함되기도 한다.

» **할프트로켄**Halbtrocken(18g/l 이내)
클래식Classic(15g/l 이내)

할프 트로켄은 이름 그대로 절반Halb 정도의 단맛을 나타내며 약간의 단맛이 있지만 높은 산도로 인해 드라이하게 느껴지기도 한다. 독일의 전통적인 포도 품종으로 만들어지는 클래식 와인은 레이블에 품종명과 클래식 로고가 적힌다.

» **파인허브**Feinherb

할프트로켄과 비슷한 당도를 나타내는 비공식적인 용어이다.

독일 와인 산지

1. 모젤 Mosel

독일의 가장 유명한 산지로 모젤 강이 구부러져 흐르며 생성된 협곡에 마을이 위치한다. 포도밭 절반이 경사가 30도 이상인 가파른 계단식 부지에 있으며, 전 세계에서 가장 가파른 포도밭으로 경사가 70도 이상인 '칼몬트Calmont'가 있다. 마치 포도나무가 절벽에 수직으로 매달려 있는 듯한데 실제로 작업 중에 사고를 당하는 재배자들도 많은 곳이다. 기계 사용이 불가능하기 때문에 수확을 비롯해 모든 작업은 손으로 한다. 비로 인해 토양이 씻겨 내려가면 다시 토양을 퍼서 밭으로 운반하며 장인 정신이 없다면 와인 생산이 불가능한 곳이다. 이 숭고한 노력을 알게 되면 바닥에 흐른 모젤 와인 한 방울도 아깝게 느껴진다.

본래는 모젤강의 작은 물줄기인 자르Saar와 루버Ruwer를 포함한 이름인 모젤 자르 루버 Mosel-Saar-Ruwer로 불렸으나 지금은 모젤로 변경되었다. 남향의 포도밭들은 강과 가까이 위치하여 포도 숙성에 도움을 받는다. 높은 산도를 지녔고 섬세하며 미네랄이 느껴지는 리슬링(모젤 와인 생산량의 약 60%)을 주로 생산한다.

» 유명생산자

에곤 뮐러Egon Muller, 프리츠 하크Fritz Haag, 닥터 루젠Dr. Loosen, 라인홀트 하트Reinhold Haart, 요한 요셉 프륌Joh. Jos. Prum, 마르쿠스 몰리터Markus Molitor, 클레멘스 부쉬Clemens Busch, 반 폭셈Van Volxem, 생 우어반스-호프St. Urbans-Hof, 페터 라우어Peter Lauer, 칼 뢰벤Carl Loewen, 슐로스 리저Schloss Lieser, 프란쩬Franzen, 칼 에어베스Karl Erbes

2. 라인가우 Rheingau

라인가우는 전통적으로 가장 고급 와인을 생산하던 명성 있는 와인 산지이다. 독일 전체 포도밭 면적의 3%에 불과한 작은 산지에서 품질에 집중한 와인을 생산해왔으며 독일 와인이 세계적인 명성을 갖게 만든 주인공이다. 프라디카츠바인 체계를 비롯해 와인 생산의 다양한 관

222

례를 만드는 데 막대한 영향을 끼쳤다. 대부분의 포도밭에서 재배되는 리슬링은 생산량의 80%에 달하며 피노 누아가 약 12%로 두 번째로 많이 재배되고 있다. 모젤보다 더 남쪽 지역에 위치하며 완만한 경사면에 남향의 포도밭들이 퍼져 있다. 햇빛에 충분히 노출되어 포도가 더 잘 익으며 산도와의 밸런스가 좋다. 농익은 과일 향이 뚜렷하게 느껴지는 보다 무거운 느낌의 진한 리슬링이 생산된다. 마멀레이드 잼, 살구, 꿀과 같은 향이 매력적인 귀부병의 영향을 받은 와인도 대표적이다. 전통적으로 라인가우는 갈색 병에, 모젤은 녹색 병에 와인을 담아왔다.

» **유명 생산자**

슐로스 요하니스베르크Schloss Johannisberg, 라이츠Leitz, 슐로스 볼라즈Schloss Vollrads, 게오르그 브로이어Georg Breuer, 아우구스트 케슬러August Kesseler, 로베르트 바일Robert Weil, 스타아츠바인 구트 클로스터Staatsweingut Kloster

▲ 슐로스 요하니스베르크,
리슬링 트로켄 겔블락

3. 라인헤센 Rheinhessen

13개의 안바우게비테 산지 중 가장 큰 지역인 라인헤센은 가장 오래된 와인 양조의 기록이 발견된 곳이기도 하다. 북쪽의 라인가우, 남쪽의 팔츠 사이에 위치하며 독일의 나머지 지역들에 비해 온화하고 연간 강수량이 500mm에 그치는 건조한 기후를 갖는다. 과거에는 약간 달콤한 저가 화이트 와인인 립프라우밀히Liebfraumilch로 국제적인 인기를 얻었지만 동시에 저가 와인 산지로 알려지며 명성을 잃었다. 품질 지향적인 생산자들은 명성을 잃을까봐 립프라우밀히의 생산을 꺼린다. 리슬링과 *립프라우밀히의 주요 원료인 뮐러 트루가우, 실바너 품종의 화이트 와인 생산이 주를 이루며 적포도는 돈펠더의 비율이 가장 높다. 점점 더 드라이하고 강렬한 스타일의 리슬링 생산이 증가하고 있다. 최근 양조 교육을 받은 젊은 와인 생산자들에 의해 전통과 현대적 기술이 접목된 질 좋은 와인이 생산되고 있다.

▲ J.Koll&Cie, 립프라우밀
히 라인헤센(미수입)

* 립프라우밀히Liebfraumilch는 보름스Worms시에 있는 성모마리아 성당Liebfrauenkirche에서 유래된 이름이다.

» 유명생산자

켈러Keller, 비트만Wittmann, 루이스 군트룸Louis Guntrum, 군터록
Gunderloch, 하일 추 헤른스하임Heyl zu Herrnsheim, 하프Huff

▲ 군터록, 장 밥티스트
리슬링 카비넷

4. 팔츠 Pfalz

무한한 성장 잠재력을 지닌 팔츠는 품질과 생산량에 있어 가장 중요한 지역 중에
하나이다. 다양한 품종과 양조 방식에 새로운 시도를 통한 독창적인 스타일의 와
인이 생산되며 어떤 지역보다 많은 란트바인과 도이처바인을 생산한다. 피노 누아
와 돈펠더로 만든 레드 와인이 인기 있으며 나날이 생산량이 증가하는 추세이다.
특히, 피노 누아 와인은 어느새 독일의 플래그십 와인 중 하나로 떠올라 국제적으
로 주목받고 있다. 비교적 따뜻하고 건조하여 모젤, 라인가우 등 주변 지역의 리슬
링보다 상대적으로 낮은 산도의 잘 익은 향이 강한 와인이 생산된다. 게부르츠트
라미너, 피노 그리, 피노 블랑 등의 화이트 품종도 생산된다.

▲ 프리드리히 베커, 슈바이
겐 피노누아(미수입)

» 유명생산자

닥터 폰 바싸만 요단Dr. von Bassermann-Jordan, 닥터 뷔르클린 볼프Dr. Bürklin-Wolf,
프리드리히 베커Friedrich Becker, 뮐러 카투아Muller-Catoir, 라이히스라트 폰 불
Reichsrat von Buhl

5. 기타지역

서쪽의 최남단에 위치한 바덴Baden 지역은 가장 따뜻하고 일조량이 좋아 상대
적으로 알코올 도수와 당도가 높은 와인이 생산된다. 피노 누아 산지로 각광받
고 있으며 화이트 와인 역시 더 무거운 스타일을 갖는다. 마찬가지로 피노 누
아 레드 와인이 우세한 모젤 북쪽의 아주 작은 산지인 아르Ahr가 있다.

나헤Nahe는 라인헤센의 서쪽에 위치한 다양한 스타일
의 와인 산지로 리슬링 생산은 전체의 1/4에 불과하다. 독
일에서 독특한 산지로 꼽히는 프랑켄Franken은 가장
내륙에 위치하며 아직도 코냑 병과 같은 물방울 모양

▲ 베른하르트 후버,
말터딩어 수패트부르군더

의 복스보이텔Bocksbeutel이라는 전통적인 와인병이 사용된다. 뮐러 트루
가우와 실바너의 생산량이 높은 지역이다.

포르투갈 Portugal

이웃한 스페인과 마찬가지로 포르투갈의 전통적인 와인 산업은 현대화와 투자를 통해 지난 20년간 조용한 혁명을 겪고 있다. 오랫동안 양질의 일반 와인보다 강화 와인인 포트와 마데이라, 그리고 대중적인 화이트 와인인 비뉴 베르드Vinho Verde의 산지로 알려져 왔다. 토착 품종은 250여 개로 그 중 놀랍도록 많은 포도 품종들이 와인 생산에 쓰인다. 유행을 따라 시라와 같은 인기있는 국제 포도 품종을 심기도 했지만 그보다는 토착 품종으로 만든 와인이 새로운 와인을 찾는 소비자들에게 어필하는 비장의 무기가 되고 있다. 특히 도우로 밸리Douro Valley 지역을 시작으로 풍성하고 농후한 레드 와인이 주목받고 있다.

포르투갈 와인의 품질 분류

 Denominação de Origem Controlada(DOP)

프랑스의 AOC와 유사한 원산지 보호 와인으로 EU 기준 DOP에 속한다. 엄격하게 구분된 31개의 지리적 영역에서 생산되며 품종, 최대 수확량 등 품질 관리가 까다롭게 이뤄진다. DOC와인은 일반적으로 우수한 품질을 보장한다.

VR Vinho Regional(또는 IGP)

'지역 와인'. 포르투갈을 14개의 지역으로 나누었으며 DOC보다 덜 엄격한 규제가 적용된다. 규제는 느슨하지만 품질이 떨어지는 와인은 아니다. 창의적이고 선구적인 생산자들이 DOC에서 허용하지 않는 포도나 양조 방식을 이용하여 뛰어난 와인을 만든다.

비뉴 Vinho ('와인'이라는 뜻의 포르투갈어)

포르투갈의 가장 단순한 테이블 와인으로 레이블에서는 생산자와 포르투갈 생산 와인임을 명시한다. 국내에서는 보기 어려우며 아주 간혹 형식에서 벗어난 와인들이 이 범주로 생산되기도 한다.

포르투갈 와인 산지

북부 지역부터 마데이라 섬에 이르기까지 포르투갈의 여러 가지 포도 품종은 다양한 기후, 지형과 결합하여 차별화된 와인을 탄생시킨다.

1. 비뉴 베르데 Vinho Verde

스페인 북서부의 국경 바로 남쪽에 위치한 미뉴Minho 지방의 산지 DOC이자 동명의 와인, 비뉴 베르데로 알려져 있다. 'Verde'는 'Green'이라는 뜻으로 와인 양조에 사용된 포도가 약간 덜 익은 것을 의미하는 데서 이름이 유래했다. 생동감 있는 과일향과 산도, 낮은 알코올 도수를 지닌 드라이하고 가벼운 화이트 와인으로 보통 생선 요리와 함께 곁들인다. 포트와 함께 가장 많이 수출되는 포르투갈 와인으로 알바리뉴Alvarinho(스페인의 Albariño)를 주품종으로 하여 20여 종의 품종을 혼합하여 만든다. 가벼운 레드와 로제, 스파클링 모두 생산하며 화이트 와인이 약 60% 이상을 차지한다.

2. 도우로 Douro

포트와인이 생산되는 가장 잘 알려진 지역으로 빠르게 프리미엄 와인 산지로 부상했다. 도우로 밸리 내에는 엄청나게 다양한 떼루아가 존재하지만 뜨겁고 건조한 지역의 가파른 계단식 경사면에서 대부분의 포도가 재배된다. 잘 익은 과즙이 풍부하게 느껴지는 레드 와인이 대표

적이며 와인에 사용되는 품종은 포트에 쓰이는 품종과 유사하다. 뚜리가 나시오날Touriga Nacional, 뚜리가 프란카Touriga Franca, 틴타 까웅Tinta Cão, 틴타 로리즈 Tinta Roriz(뗌쁘라니요), 틴타 바호카Tinta Barroca가 사용되며 와인은 전반적으로 타닌이 높고 파워풀한 경향이 있다.

3. 다웅 Dão

13% vol.

750 ml

DÃO
Denominação de Origem Controlada
QUINTA DA PELLADA
TOURIGA-NACIONAL

Engarrafado pelo produtor: Álvaro Manuel A. F. Castro
Pinhanços - Portugal
PRODUCE OF PORTUGAL

도우로 밸리 바로 남쪽에 위치한 다웅은 동일한 이름을 가진 레드 와인을 생산하며 도우로 밸리와 함께 양질의 레드 와인 산지로 차츰 성장하고 있다. 산과 강으로 둘러싸여 비교적 온화하고 안정적인 기후를 띠며 포도밭은 해발 150~450m의 산악 지대에 놓여 있어 포도의 산도 유지에 도움이 된다. 띤따 로리즈와 뚜리가 나시오날로 만든 깊고 풍부한 레드 와인이 최고로 꼽히며 성장 가능성으로 주목받고 있다. 다른 산지들과 마찬가지로 변화의 바람이 불고 있다.

4. 기타 지역

다웅 지역보다 서쪽 해안에 위치한 바이하다Bairrada 산지는 바가Baga라는 품종이 지배적으로 생산되는 유일한 곳이다. 풀바디한 레드 와인과 신선한 화이트 와인을 생산하지만 가장 중요한 와인은 스파클링 와인으로 포르투갈 스파클링 와인 생산량의 높은 비율을 차지한다. 수도인 리스본Lisbon이 있는 리스보아Lisboa는 대서양에서 불어오는 바람이 포도밭의 온도를 낮춰주는 역할을 하며 특히 화이트 와인의 신선한 산도와 아로마를 유지시켜 준다. 리스보아 9개의 하위 지역 중 콜라레스Colares의 와인들은 리스본이 도시 확장을 하며 포도밭 면적이 줄어들자 생산량 역시 감소하여 가장 비싼 가격대의 와인 중 하나가 되었다. 포르투갈의 '신세계New World'라고 불리는 알렌테주Alentejo의 진보적인 와이너리가 만드는 풀바디 레드 와인은 정제된 타닌과 풍성한 과일 향이 느껴지는 특색있는 와인이다. 코르크 산업으로도 유명하다.

» **유명생산자**

까사 페헤리냐Casa Ferreirinha, 킨타 도 발레 메옹Quinta do Vale Meão, 킨타 도 노발Quinta do Noval, 니에푸르트Niepoort, 킨타 다 펠라다Quinta da Pellada, 까사 드 산타르Casa de Santar

오스트리아 Austria

국내 대다수의 소비자들에게 아직은 오스트리아의 와인이 생소할 수 있지만(아마도 모차르트와 구스타프 클림트가 먼저 떠오를 것이다.) 이곳의 매력적인 화이트 와인들은 국내에서도 점점 팬덤을 형성해 가고 있다. 전 세계 와인 생산량의 1%를 생산하며 단 30%만 수출하다 보니 만나기 쉽지 않은 것도 사실이다. 그래서 오스트리아의 와인은 '맛을 아는 사람이 찾아 마시는 와인'인 듯하다.

대부분 드라이한 화이트 와인이 만들어지며 달콤한 디저트 와인도 생산된다. 특히 그뤼너 펠트리너Grüner Veltliner 품종으로 만드는 드라이한 화이트 와인은 마치 뉴질랜드의 소비뇽 블랑과 같이 오늘날 오스트리아를 대표하는 품종이다. 공식적으로 약 35가지 품종이 품질 인증 와인에 허용되며 그중 2/3가 청포도이다. 그뤼너 펠트리너와 리슬링이 생산 및 수출량 모두에서 가장 큰 비중을 차지하며 청포도 생산량 2위이자 단순한 드라이 와인을 만드는 벨쉬리슬링Welschriesling(리슬링과 무관한 품종)이 있다. 레드 와인을 만드는 주요 품종은 블라우프랜키쉬Blaufränkisch이며 피노 누아Pinot Noir와 전통 품종인 츠바이겔트Zweigelt가 그 뒤를 따른다.

비교적 온화하고 건조한 대륙성 기후로 연평균 강수량은 약 600mm이며 거의 모든 생산 지역은 동쪽에 집중되어 있다. 도나우 강Danube River을 따라 이어지는 유명 산지인 바카우Wachau와 캄탈Kamptal의 가파른 계단식 밭들은 라인강을 감싸는 독일의 포도밭들을 연상시킨다. 대표적인 지역은 니더외스터라이히Niederösterreich, 부르겐란트Burgenland, 슈타이어마르크Steiermark, 빈Wien(Vienna)이다.

다른 유럽과 마찬가지로 와인 양조의 긴 역사를 갖고 있지만 20세기 들어 전쟁으로 인해 재정적인 어려움이 생기자 묽고 값싼 와인을 대량 생산하기 시작했다. 이후 1985년 오스트리아 와인의 명성을 허물어뜨린 '부동액 사건'이 일어난다. 소수의 와인 중개상들이 와인을 더 달고 묵직하게 만들고자 와인에 부동액의 성분인 디에틸렌 글리콜Diethylene glycol을 소량 첨가한 것이 탄로 난 것이다. 이 여파로 일부 국가에서는 오스트리아 와인의 수입을 전면 금지하며 수출이 가로막히고 말았다. 오스트리아의 와인 산업은 어려워졌지만 이를 기점으로 더욱 엄격한 규제와 품질 지향적인 변화가 생겨났다.

오스트리아의 와인 분류는 세부 조건이 조금 상이하다는 것을 제하고는 독일과 거의 유사하다. 원산지 관리 제도인 DAC Districtus Austriae Controllatus에 속하는 16개의 산지가 있으며 품질 등급은 크게 란트바인과 크발리타츠바인, 프라디카츠바인으로 나뉜다. 포도의 성숙도(당도)에 따라 서열화된 프라디카츠바인의 세부 분류도 거의 동일한데, 다른 점이라면 가장 낮은 당도 등급이 카비네트로 시작하는 독일과는 다르게 스패트레제부터 시작된다는 것이다. 독일과 공통되게 전개되는 5단계(스패트레제, 아우스레제, 베른아우스레제, 트로켄베른아우스레제, 아이스바인) 외에 짚 매트 위에서 말린 포도로 만드는 디저트 와인인 스트로바인Strohwein과 귀부균이 번진 포도로 만드는 아우스브루흐Ausbruch가 추가된다. 당도는 베른아우스레제와 유사하다.

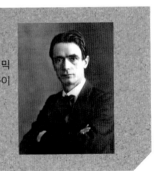

▲ 바인구트 유리스, 스트로바인 부르겐란트

오스트리아는 자연친화적인 와인의 대명사인 바이오다이내믹 Biodynamic 농법이 루돌프 슈타이너Rudolf Steiner에 의해 창시된 곳이며 세계 최고의 와인글라스인 리델 글라스Riedel Glass의 고향이다.

오스트리아 와인 산지

1. 니더외스터라이히 Niederösterreich

슬로베니아, 체코와 맞닿아 있는 북동부의 와인 산지인 이곳은 오스트리아 전체 와인 생산량의 절반을 차지하며 품질에 있어서도 최상급으로 여겨진다. 원산지 보호 제도 DAC에 속하는 16개의 산지 중 8개가 있으며 각 DAC별로 다양한 와인스타일을 만들고 있다. 그뤼너 펠트리너와 리슬링이 지배적이며 피노 누아, 생 로랑Sankt-Laurent 품종의 양질의 레드 와인이 생산된다.

세부 산지인 바카우Wachau, 크렘스탈Kremstal, 캄프탈Kamptal, 트라이젠탈Traisental, 바그람Wagram은 그뤼너 펠트리너, 리슬링의 화이트 와인이 높이 평가되며 국내 시판되는 오스트리아 와인레이블에서 가장 많이 볼 수 있는 명칭이다. 샹파뉴와 비슷한 위도선상에 있는 바인피어텔Weinviertel에서는 신선하고 산도가 살아있는 스파클링 와인, 젝트가 만들어지며 테레멘레기온Thermenregion과 같은 일부 지역들은 레드 와인이 유명하다.

바카우 자체 등급(당도 기준)

» **슈타인페더** Steinfeder

가장 단순하고 가벼운 화이트 와인, 최소 알코올 도수 11.5%

» **페더슈필** Federspiel

카비네트 품질에 해당하며 2년 이상의 숙성이 필요한 조금 더 무거운 와인, 최소 알코올 도수 11.5~12.5%

» **스마라그드** Smaragd

가장 잘 익은 최고급 포도를 사용하여 숙성 잠재력을 지닌 와인으로 아우스레제에 필적함. 최소 알코올 도수 12.5%.

2. 부르겐란트 Burgenland

동남부의 부르겐란트는 전체 포도밭 면적의 28%를 차지하며 레드 와인 생산에 전념하지만 스위트 와인의 명성도 높다. 따뜻하고 건조한 기후와 호수의 영향으로 생기는 가을철의 안개는 귀부균이 발생하기에 좋은 조건을 만들며 아우스브루흐와 베른아우스레제, 트로켄베른아우스레제 등의 디저트 와인이 유명한 이유이다. 츠바이겔트, 블라우프랜키쉬 품종의 레드 와인을 만날 수 있다.

3. 슈타이어마르크 Steiermark

오스트리아 포도밭 면적 10%의 작은 규모의 산지로 향이 풍성한 인기 품종들 외에 현지에서 모리용Morillon이라고 불리는 샤르도네도 재배한다. 특히, 소비뇽 블랑이 전통적으로 유명하며 슬로베니아 국경 지역의 쥐드슈타이어마르크Südsteiermark의 소비뇽 블랑은 세계적인 수준이다.

4. 빈 Wien(Vienna)

세계 유수의 와인 생산국인 프랑스, 이탈리아, 스페인에서도 수도 내 와인 생산은 상업적인 가치가 크지 않다. 그러나 빈은 약 630ha의 포도밭과 상당한 생산량을 보유한 유일한 수도 지역이다. 청포도 품종들을 혼합하여 상쾌하고 향기로운 화이트 와인을 만들며 어릴 때 마셔도 좋다.

» 유명생산자

에프엑스 피클러F.X. Pichler, 슐로스 고벨스버그Schloss Gobelsburg, 로이머Loimer, 브륀들마이어Bründlmayer, 프란츠 히르츠베르거Franz Hirtzberger, 베른하르트 오트 Bernhard Ott

헝가리 Hungary

헝가리 와인을 만나보기란 쉽지 않지만 국내에서도 사랑받는 귀부 와인, 토카이 아쑤Tokaji Aszú는 전 세계의 위대한 디저트 와인 중 하나이다. 역사적으로 찬란한 와인 문명을 꽃피웠던 헝가리는 오스트리아와 함께 동유럽의 으뜸가는 와인 생산국이었다. 그러나, 동유럽의 모든 와인 생산국과 마찬가지로 공산주의 체제에서 차츰 전통과 명성을 잃어갔다. 17세기 이후 양차 세계대전은 포도밭을 황폐화시켰고 1949년부터 약 40년간 공산주의는 와인 산업을 퇴보시켰다. 포도원은 모두 국가에서 징발하여 관리했으며 대규모 협동조합에서 마구잡이로 블렌딩한 저품질의 와인이 주를 이뤘다. 공산주의 붕괴 후 아직도 혼란스러운 변화를 겪고 있으며 자체적인 고품질 와인의 생산보다 세계 와인 산업의 큰 손들이 투자한 와인들이 성장하고 있다. 그러나, 앞으로의 품질 변화를 기대해 볼 만한 산지이다.

전체 생산량의 60%는 화이트 와인으로 비교적 풀바디한 특징을 가지며 점점 증가하고 있는 레드와인은 아직까지 국제적인 주목을 받고 있지는 않다. 샤도네이, 소비뇽 블랑, 까베르네 소비뇽, 메를로, 피노 누아, 뮈스카, 트라미니Tramini(=게뷔르츠 트라미너) 등 방대한 수의 국제 품종이 재배되지만 독특한 특질을 지닌 토착 품종이 더 중요하게 여겨진다.

토카이 아쑤에도 사용되는 푸르민트 Furmint, 하르슐레벨뤼Hárslevelű, 올러즈 리슬링Olaszrizling(=오스트리아의 벨쉬리슬링) 등 품종의 화이트 와인이 생산된다. 적 포도 품종인 카다르카Kadarka는 레드 와인을 만드는 대표 품종이었지만 더 잘 알려진 국제 품종들로 대체되며 고 유성을 잃어갔다. 그 외에는 캐크프란

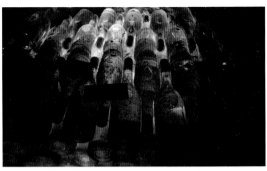

코시Kékfrankos(=오스트리아의 블라우프랜키쉬)와 츠바이겔트도 볼 수 있다.

높은 산들로 둘러싸인 헝가리는 뜨거운 여름과 추운 겨울의 대륙성 기후를 띠며 국토를 관통하는 도나우 강, 소기후의 영향으로 포도의 긴 성장 기간이 요구된다. 와인 산지는 전국에 분산되어 있으며 AOC와 유사한 법규가 존재한다. 22개의 공식적인 와인 산지가 있으며 토카이 아쑤가 생산되는 토카이Tokaji 지역을 포함하여 에게르Eger, 빌라니Villány, 솜로Somló 등의 상위 4개 지역에서 헝가리 와인의 특징을 잘 느낄 수 있다. 에게르 지역의 '황소의 피'라는 뜻을 지닌 레드 와인 에그리 비카베르Egri, Bikavér와 빌라니 지역의 양질의 풀바디 레드 와인, 그리고 솜로에서는 오크통에서 숙성시킨 산화된 풍미의 무거운 화이트 와인이 유명하다.

그리스 Greece

세계에서 가장 오래된 와인 산지(기록에 의하면 4000년 이상) 중 하나인 그리스는 1990년대 이후 상당한 현대화를 거쳐 뛰어난 품질의 와인을 생산하고 있다. 수많은 섬이 있는 지중해, 에게 해와 같은 넓은 바

다로 둘러싸인 이곳은 햇빛이 풍부하고 겨울철에 주로 내리는 비 역시 포도 숙성에 큰 이점으로 작용한다. 오히려 과도한 열기가 포도를 과숙시켜 단순한 와인을 만들 수 있기 때문에 대부분의 포도원이 북향 경사지나 해풍이 부는 바다 인근에 자리 잡았다. 300여 종의 토착 품종이 있고 일부 품종으로는 여전히 매력적인 와인들이 생산되고 있다. 그러나 여느 유럽과 마찬가지로 그 의미가 희미해지고 국제 품종의 생산이 증가하고 있는 추세이다. 스파클링부터 디저트 와인까지 폭넓게 생산되지만 화이트 와인이 70% 이상이다. 산토리니 섬의 청포도 품종인 아시리티코 Assyrtiko가 상징적이다. 에게 해의 화산섬인 산토리니의 거친 화산 토양에서 재배되는 아시리티코는 강한 바람으로부터 포도 나무와 열매를 보호하기 위해 독특한 '바구니' 모양으로 재배한다. 대부분의 포도 나무의 수령은 70년 이상이며 신선하고 미네랄이 가득한 화이트 와인부터 견과류 향이 느껴지는 풍부한 디저트 와인까지 생산한다.

235

과거 와인을 저장했던 암포라Amphora라는 항아리는 송진을 발라 내부를 코팅했는데 여기에 숙성된 와인은 송진과 이색적인 향기를 지녔다. 이런 수지(소나무 점액)로 가공한 레치나Retsina라는 독특한 와인은 오늘날까지도 큰 사랑을 받고 있으며 주로 사바티아노

Savatiano 품종으로 만들어진다. 향기로운 뮈스카 품종도 재배되며 레드 와인은 아기오르기티코Agiorgitiko 및 시노마브로Xynomavro가 주요 품종이다. 대부분의 레드 와인은 산도가 높고 타닌이 다량 함유되어 있다. 그리스의 풍부한 해산물 요리와 신선하고 다채로운 과일 향이 나는 아시리티코 화이트 와인들은 완벽한 조합을 보인다.

이외에도 루마니아는 그리스보다 높은 생산량을 보이며 불가리아는 유럽의 와인 생산국 중 생산량 10위를 차지한다.

3. 신세계 와인

미국 America

미국의 와인이라면 캘리포니아의 와인이 가장 먼저 떠오른다. 잘 익은 부드러운 과일 향과 오크 숙성의 바닐라 향이 은은하게 퍼지는 이곳의 까베르네 소비뇽 와인은 상징적이다. 1990년대 이후 맥주를 즐기던 미국인들에게 찾아온 라이프 스타일의 변화는 와인 산업을 급격하게 발전시킨 원동력이 되었고 현재는 세계 4위의 와인 생산국이 되었다. 미국은 50개 주 전역에 와이너리가 존재하며 다양한 풍토만큼이나 다양한 와인을 생산한다. 그러나, 미국 전체 와인의 85%는 캘리포니아에서 나오며 마찬가지로 서부에 위치한 오리건 주, 워싱턴 주의 명성을 따라올 산지는 많지 않다.

17세기부터 뉴욕과 버지니아 주에서는 미국의 토종 품종으로 와인을 빚으려 노력했으나 우리가 아는 와인과는 전혀 다른 맛을 지닌 질 낮은 와인이 생산되었다. 유럽 포도나무를 들여와 재배하기 위한 시도를 했지만, 필록세라의 문제와 적합하지 않은 풍토에 부딪혀 고급 와인 생산을 어렵게 만들었다. 주요 산지인 서부의 와인 역사는 19세기 중반 시에라 네바다 산맥 인근에서 어마어마한 규모의 금광이 발견되며 일어난 '골드러시Gold Rush'와 함께 번성했다. 미국뿐만 아니라 유럽과 중남미, 중국에서까지 약 10만 명의 이주민들이 일확천금을 꿈꾸며 대륙을 횡단하고 바다를 건너 캘리포니

▲ 강물에서 사금을 채취 중인 모습

아에 몰려 들었고 급증한 인구로 인해 금광이 발견된 약 2년 만에 캘리포니아는 정식으로 '주(州)'로 승인된다. 금광이 고갈된 후 부유층과 넘쳐나는 노동자들은 와인 산업으로 눈을 돌렸고 포도밭과 양조 시설들이 빠르게 생겨나기 시작했다. 번성해가던 와인 산업은 1920년 발효되어 무려 13년간 미국 전역에서 시행된 금주법과 대공황으로 인해 나락에 빠지게 된다. 다음 세대에 전해질만 한 와인 생산의 전통과 축적된 지식은 말살되어갔다. 1960년대에 들어서야 로버트 몬다비Robert Mondavi와 같은 열정 있는 몇몇의 와인 생산자들로 인해 와인 산업은 다시 활기를 띠게 되었다. 캘리포니아의 UC데이비스 대학의 와인 제조 관련 학과의 연구는 양질의 와인 생산에 크게 기여했다.

미국에는 연방주류담배화기단속국 ATF The Bureau of Alcohol, Tobacco, Firearms and Explosives에 의해 정립된 AVA American Viticultural Area 제도가 있다(현재는 TTB The Tax and Trade Bureau로 변경되었다). 현재 AVA로 승인된 산지는 33개 주에 252개가 있으며 절반 이상인 141개가 캘리포니아에 있다. AVA의 크기는 4개 주에 걸쳐 있는 약 770만ha의 어퍼 미시시피 리버 밸리Upper Mississippi River Valley AVA부터 25ha의 콜 랜치Cole Ranch AVA에 이르기까지 다양하다. 프랑스 AOC와 같이 재배 지역, 포도 품종, 양조법까지 세분화된 엄격한 기준 대신 지리적인 재배 지역의 통제와 보증에 중점을 둔다. 어떤 품종을 사용해서 어떻게 양조하는지는 모두 와인 메이커의 재량이기에 더 자유로운 시도가 가능하다.

레이블 표시 방법

원산지 AVA

레이블에 AVA명칭을 쓸 경우 사용 포도의 85%는 이 지역에서 재배되어야 한다. 캘리포니아는 100%이다.

카운티 County

나파 밸리AVA는 나파 카운티에, 소노마 밸리AVA와 알렉산더 밸리AVA는 소노마 카운티에 속하며 때에 따라 카운티 명칭 사용도 가능하다. 이와 같은 카운티를 표시할 때는 포도의 75%는 해

당 카운티에서 재배된 것이어야 한다.

주 州

캘리포니아는 100% 해당 지역에서 생산된 포도
여야 하며 그 외의 주는 최소 75% 이상 사용하여
야 한다.

품종

포도 품종을 표기할 시 해당 품종을 75% 이상 함
유해야 하며 오리건은 90% 이상이어야 한다.

빈티지

95% 이상의 해당 빈티지 포도가 사용되어야 한다.

미국 갱단의 두목, 알 카포네를 탄생시킨 금주법

▲ 양조장의 술을 모두 버리고 있는 모습

▲ 금주법의 폐지를 촉구하는 문구가 달린
차를 타고 시위가 진행되는 모습

미 하원의원 앤드류 볼스테드Andrew J. Volstead가
발의한 '미국 영토 내 알코올음료의 양조와 판매,
유통을 금지시키는 법안'인 금주법은 1920년 발효
된 후 미국 사회를 부정과 부패, 조직범죄의 소굴
로 몰고 갔다. 1차 세계대전의 여파로 부족한 식량
을 절약하기 위한 주된 목적 외에 노동자들의 음주
로 인한 생산성 저하가 불만이던 자본가들의 지지,
반이민주의자와 인종차별주의자들이 아일랜드계
노동자들의 음주를 크게 싫어한 것 또한 큰 이유였
다. 동시에 전범국가인 독일의 맥주산업을 고사시
키기 위한 책략이었으며 보수주의자들의 맹렬한
지지를 받았다.

가난한 시민들은 밀조한 진을 마셨고 일반 가
정에서는 화장실을 본래의 목적과는 다른 불법 술
양조장으로 이용하게 된다. 술을 제조하는 다양한
장비들의 판매량이 폭등하였고 약사는 의약용 알
코올 조제를, 일부 의사들은 알코올을 합법적으로
받을 수 있는 처방전을 경매에 부치기도 했다. 부
자들은 암호를 대면 입장이 가능한 무허가 프라이
빗 클럽을 이용했는데 바로 이것이 전 세계적으로
사랑을 받고 있는 '스픽이지바Speakeasy Bar'의 시
작이었다. 이 무허가 술집은 특유의 아늑함과 특권
층만 누릴 수 있다는 이미지로 굳어졌다. 국내에서도
간판이 없거나 건물 외벽에 아주 작은 상징만을 표시한 바Bar가 몇 년 전부터 성행하고 있다.

합법적으로 술을 얻을 수 있는 경로가 막힌 시민들은 향수, 페인트, 소독용 알코올, 부동액 등
에서 알코올을 추출하여 마셨고 1928년 뉴욕에서는 이들 중 34명이 4일 동안 잇따라 숨지는 사
태가 벌어졌다. 정부에서는 금주법 시행 이후 알코올로 인한 사망자 수가 크게 줄었다고 발표했
지만 금주법이 폐지되기 전인 13년 동안 약 3만 5천 명 이상의 시민들이 이런 독성이 강한 술을
마시고 사망했다.

금주법은 역사상 가장 악명 높은 마피아, '알 카포네Al Capone'를 탄생시킨 주역이기도 하다. 양
지에서의 술 제조와 유통이 금지되니 전국적 규모의 지하 밀주 조직이 생성, 활개를 쳤는데 알 카

238

포네는 이를 이용하여 밀주, 밀매 등으로 엄청난 부를 축적하게 된다. 사회적 부작용과 마피아 같은 갱단의 급성장을 가져온 이 금주법은 1933년 대통령에 취임한 프랭클린 루스벨트에 의해 미시시피주를 마지막으로 폐지된다. 이런 역사적 이유에서일까, 미국 와인의 AVA규제를 담당하는 기관은 ATF(연방주류담배화기단속국)라는 거창한 이름을 가졌었다. 금주법은 여러 음지 문화를 발전시켰을 뿐만 아니라 종교용 미사주 양조 외에는 철저하게 단절되었던 와인 양조 기술의 퇴보로 인해 다음 세대로 전승될 지식과 전통을 말살시켰다.

▲ 알 카포네Al Capone

한국에서도 부족한 식량 보존과 절약 등을 이유로 과거 몇 차례 시행된 바 있다. 특히 쌀과 같은 곡물로 빚는 곡주를 만들던 한국에서는 그만큼 더 절실했다. 조선 영조 때도 가뭄으로 기근이 들자 강력한 금주법을 내렸었고 박정희 정권 시절 주세법을 개정하여 '쌀 막걸리 금지법'을 시행했다.

미국 와인 산지

1. 캘리포니아 California

워싱턴

오리건

캘리포니아

뉴욕

미국의 가장 크고 중요한 산지인 캘리포니아의 포도원은 태평양과 마주한 서해안을 따라 길게 뻗어 있다. 위도의 차이뿐만 아니라 해안과 내륙, 저지대와 고지대의 복잡한 지형과 토양, 기후가 어우러진 복합적인 떼루아를 갖는다. 주요 와인 산지는 태평양 연안과 센트럴 밸리 사이에 위치한다. 대체로 온화하며 풍부하고 밝은 햇살은 포도가 완전하게 익을 수 있는 환경을 조

성한다. 태평양에서 불어온 차가운 바람과 안개가 뜨거운 열기를 식혀 주는 시원한 산지에서 고급 와인이 생산되며 해풍의 통로 역할을 해주는 샌프란시스코만 부근의 나파와 소노마 카운티가 대표적인 산지이다. 내륙에는 무더운 지역이 많아 섬세한 와인 생산이 어렵다. 물 부족으로 고군분투하고 있

는 캘리포니아에서 가뭄은 포도 재배에 위험 요소로 작용할 수 있어 합법적인 관개가 이뤄지며 헬리콥터를 이용하여 물을 뿌리는 모습을 볼 수도 있다.

18세기 스페인의 탐험가와 프란시스코 수도사들이 미사용 와인 제조를 위해 멕시코산 포도나무를 캘리포니아 남부에 심으며 시작된 와인 역사는 캘리포니아 와인을 지금의 세계적인 반열에 올려놓은 1976년의 역사적인 사건 '파리의 심판'에 이르기까지 많은 우여곡절을 겪어왔다. 현재는 소규모의 부티크 와이너리부터 전 세계에 유통하는 대기업에 이르기까지 무려 4,700개의 와이너리가 존재한다.

프랑스 와인의 아성에 도전하는 캘리포니아 와인, '파리의 심판Judgment of Paris'

프랑스 vs 캘리포니아! 황금사과는 과연 누구에게 돌아갈까? 그리스 신화 속, 목동 파리스가 최고의 여신들인 아테나와 헤라, 아프로디테 중 가장 아름다운 여신을 골라 황금사과를 건넸던 '파리의 심판'에서 이름이 유래된 이 사건은 저렴한 와인이라는 인식이 강했던 미국 와인의 이미지를 송두리째 바꿔 놓았다.

1970년대에도 프랑스 와인은 세계 최고의 와인으로 꼽혔고 그에 반해 캘리포니아 와인은 무명에 가까웠다. 1976년 파리에서 와인숍을 운영하던 34세의 영국인 스티븐 스퍼리어Steven Spurrier는 질 좋은 캘리포니아 와인이 평가절하 당하는 것이 안타까웠고 캘리포니아 와인이 프랑스 와인에 비해 어느 수준까지 왔는지 확인하고자 직접 '블라인드 테이스팅' 이벤트를 개최한다. '블라인드 테이스팅'은 말 그대로 어떤 와인인지 평가자가 알지 못하는 상태에서 선입견 없이 시음하는 테이스팅을 말한다. 로마네 꽁띠의 오너인 오베르 드 빌런Aubert de Villaine과 같은 프랑스 와인업계의 거장들이 평가단으로 초청되었고 프랑스와 캘리포니아의 최고급 까베르네 소비뇽 레드 와인, 샤르도네 화이트 와인이 시험대에 올랐다. 두 지역의 와인은 많게는 10배까지도 가격차이가 차이가 났기에 누구나 프랑스 와인이 우세할 것이라 예상했다. 그러나, 당연하게 프랑스 와인이 1등을 차지했다면 아마도 이 사건은 이렇게 긴 시간 동안 회자되지 않았을 것이다. 평가단들은 시음한 와인에 20점 만점의 점수를 매겼고 결과는 예상과는 전혀 다르게 캘리포니아의 완승이었다. 1등을 차지한 레드 와인 '스택스 립 와인셀라Stag's Leap Wine Cellars'와 화이트 와인 '샤또 몬텔레나Chateau Montelena' 모두 캘리포니아의 와인이었던 것이다. 2~3등의 와인이 보르도의 1등급 와인인 샤또 무통 로칠드와 샤또 오브리옹라는 사실은 더욱 경악스러웠다. 프랑스인들로 구성된 평가단

▲ 스티븐 스퍼리어
Steven Spurrier

▲ 파리의 심판의 심사과정을 재현한 그림
(샌프란시스코 현대미술관 전시회)

은 숙성미가 중요한 프랑스 와인들이 아직 너무 어리고 평가에 문제가 있다며 항의했다.

현장에는 스티븐 스퍼리어가 초청한 많은 기자 중 타임지의 조지 테이버George M. Taber라는 단 한 명의 기자가 참석했었지만 그가 보도한 이 사건은 세계적으로, 특히 프랑스에 엄청난 파장을 일으켰다. 평가에 참여한 누구도 인터뷰를 피했으며 한동안 근신해야 했을 정도로 나라가 발칵 뒤집혔고 프랑스 언론에서는 이 사건을 다루지 않고 무시했다. 몇 달 후에야 『르 피가로 Le Figaro』와 『르 몽드 Le Monde』 신문사에서 '대수롭지 않은 사건이며 우스운 결과'라며 기사를 내놓았다. 그러나, 이 사건을 계기로 캘리포니아 와인은 세계적인 관심을 받으며 고급 와인의 반열에 오르게 된다.

▲ 화이트 와인 1위를 차지한 '샤토 몬텔레나'

1976년 파리의 심판 테이스팅 결과

• 레드 와인 순위 (1위~5위)

1 스택스 립 와인 셀러Stag's Leap Wine Cellars 1973(미국)

2 샤토 무통 로쉴드Château Mouton Rothschild 1970(프랑스)

3 샤토 오브리옹Château Haut Brion 1970(프랑스)

4 샤토 몽로즈Château Montrose 1970(프랑스)

5 샤토 레오빌 라스 카즈Château Leoville Las Cases 1971(프랑스)

• 화이트 와인 순위 (1위~5위)

1 샤토 몬텔레나Chateau Montelena 1973 (미국)

2 룰로, 뫼르소 샴므Roulot, Meursault Charmes 1973(프랑스)

3 샬론 빈야드Chalone Vineyard 1974(미국)

4 스프링 마운틴 빈야드Spring Mountain Vineyard 1973 (미국)

5 조셉 드루엥, 본 클로 데 무슈Joseph Drouhin, Beaune Clos Des Mouches 1973(프랑스)

와인 스타일과 주요 품종

캘리포니아의 와인들은 풍성한 과일 향을 지니고, 부드러우면서도 진한 스타일이라 대체로 마시기 편한 와인으로 여겨진다. 시원한 산지에서 생산되는 고급 와인들은 특정 지역의 독특한 느낌이 살아있고 당과 산의 밸런스가 좋으며 복합적인 풍미를 지닌다. 캘리포니아에서 재배되는 100개 이상의 포도 품종 중 가장 널리 재배되는 품종은 샤르도네, 까베르네 소비뇽, 피노 누아, 메를로, 진판델, 시라 순이다. 새로운 와인을 모색하는 생산자들에 의해 차츰 다른 지역의 품종 재배가 증가하고 있다. 특히 그르나슈, 무르베드르, 까리냥과 같은 프랑스 론 지역의 품종은 일부 생산자들에 의해 매력적인 풍미로 만들어지고 있으며 이탈리아의 산지오베제도 재배된다.

» 샤르도네

가장 많이 재배되고 있는 품종으로 보통 젖산 발효와 오크통 숙성을 진행한다. 과거 상당수의 와인이 지나치게 과숙한 과일 향과 달고 강한 버터, 바닐라의 오크 향에 가려졌고 이에 질린 소비자들은 새로운 스타일의 와인을 원했다. 아직까지도 이런 와인이 많이 보이지만 품종 본연의 느낌을 살린 균형좋은 와인 생산이 증가하고 있다. 스타일의 차이는 있지만 최고의 와인들은 부르고뉴의 샤르도네와는 또 다른 매력으로 높이 평가받고 있다.

· 유명 생산자

콩스가드Kongsgaard, 마커신Marcassin Estate, 피터 마이클Peter Michael, 오베르Aubert Wines, 키슬러Kistler, 샤토 몬텔레나Chateau Montelena, 릿지 빈야드Ridge Vineyards, 월터 헨젤Walter Hansel, 파 니엔테Far Niente, 리스 빈야드Rhys Vineyards, 그르기치 힐Grgich Hills, 가이서 픽Geyser Peak, 켄달 잭슨Kendall Jackson, 제이 로어J.Lohr

» 까베르네 소비뇽

캘리포니아 와인에 명성을 가져다준 품종이다. 단독으로 쓰이기도 하고, 메를로, 까베르네 프랑 등과 함께 보르도 블렌딩 와인을 만들거나 시라, 진판델, 쁘띠 시라Petite Syrah와 함께 양조되기도 한다. 타닌이 많은 묵직한 스타일이 다수이며 오크향이 살아 있다. 숙성 잠재력을 가진 와인들도 많다.

· 유명 생산자

스크리밍 이글Screaming Eagle, 할란 에스테이트Harlan Estate, 콜긴 셀라Colgin Cellars, 오퍼스 원Opus One, 슈레더 셀라Schrader Cellars, 도미누스 Dominus Estate, 조셉 펠프스Joseph Phelps, 스택스 립 와인 셀라Stag's Leap Wine Cellars, 피터 마이클Peter Michael, 실버 오크Silver Oak, 케이머스 빈야드Caymus Vineyards, 샤토 몬텔레나Chateau Montelena, 릿지 에스테이트Ridge Estate, 헤이츠 셀라Heitz Cellar, 마야까마 빈야드Mayacamas Vineyards, 샤펠Chappellet, 덕혼 빈야드Duckhorn Vineyards, 루이 엠 마티니 Louis M. Martini Winery

» 피노 누아

보통 부르고뉴의 피노 누아보다 잘 익은 과일 향과 부드러운 타닌, 적정한 산도를 느낄 수 있으며 오크 향이 더 선명하다. 재배가 까다로운 피노 누아는 여전히 어려움을 겪으며 재배되고 있지만 나날이 발전하고 있다. 와인마다 품질과 스타일이 크게 다르다.

· 유명 생산자

칼린 셀라Kalin Cellars, 쿠치Kutch Wines, 도멘 드 라 꼬뜨Domaine de la Cote, 코스타 브라운Kosta Browne, 오베르Aubert Wines, 키슬러Kistler, 월터 헨젤Walter Hansel, 리스 빈야드Rhys Vineyards, 윌리엄 셀리엄Williams Selyem, 씨 스모크Sea Smoke

» 메를로

까베르네 소비뇽과 블렌딩되는 보조 품종의 역할뿐만 아니라 단일 품종으로도 부드러운 와인을 만든다. 진한 농도의 벨벳 같은 질감이 느껴지는 최상급 와인들도 만날 수 있다.

· 유명 생산자

스택스 립 와인 셀라Stag's Leap Wine Cellars, 덕혼 빈야드Duckhorn Vineyards, 마릴린 민로Marilyn Monroe, 루더포드 힐Rutherford Hill, 베린저Beringer Vineyards

「사이드웨이」 효과

와인애호가들에게 잘 알려진, 와인을 소재로 한 미국 영화 「Sideways」(2004)의 주인공 마일즈는 피노 누아 와인애호가이다. 피노 누아에 대한 예찬을 늘어놓으며 평소 싫어하던 메를로 와인에 대해 다소 혐오적이고 강한 어투로 비판한다. 영화가 개봉된 후 실제로 수년 동안 메를로의 판매가 감소했고 상대적으로 피노 누아 판매량은 170% 증가했다.

» 진판델

캘리포니아에서 가장 특색 있는 품종으로 여겨지는 진판델은 핑크 컬러의 스위트한 화이트 진판델부터 고급 레드 와인까지 다양한 범위의 와인을 생산한다. 과거 가장 폭넓게 재배되었던 적포도 품종으로, 농익은 과일 향이 달콤하게 느껴지는 진한 스타일로 만들어진다.

· 유명 생산자

마티넬리 잭 에스Martinelli Jackass, 하트포드Hartford Family, 릿지 빈야드Ridge Vineyards, 털리Turley, 세게지오Seghesio, 베드록Bedrock

» 소비뇽 블랑

구세계 와인보다 감귤류와 열대 과일 풍미를 지닌 와인이 있는 반면, 로버트 몬다비가 프랑스의 소비뇽 블랑 와인 '뿌이 퓌메Pouilly-Fumé'를 본따 만든 '퓌메 블랑Fumé Blanc' 스타일도 있다. 소비뇽 블랑은 일반적으로 오크통에 숙성하지 않지만 퓌메 블랑은 오크통에서 숙성되어 토스트와 향신료 향이 느껴지고 구조감이 더해진다. 미국 법상 소비뇽 블랑과 퓌메 블랑은 동의어로 간주된다.

스크리밍 이글Screaming Eagle, 그르기치 힐Grgich Hills, 케익브레드Cakebread, 로버트 몬다비Robert Mondavi

스파클링 와인

아직 캘리포니아의 스파클링 와인이 낯설 수도 있지만 이 지역의 스파클링 와인 생산량은 상당하다. 대부분이 샴페인과 동일한 샴페인 방식Méthode Champenoise으로 만들어지며 주로 더 시원한 지역에서 피노 누아와 샤르도네 품종을 사용해 만든다. 가장 오래된 생산자는 코벨korbel 와이너리였으나 1960년대 이후 슈렘스버그Schramsberg 와이너리가 샤르도네를 이용한 양질의 와인을 만들며 높은 평가를 받았다. 잠재력을 알아본 많은 프랑스의 샴페인 하우스가 캘리포니아에 와이너리를 설립한다. 모엣 샹동의 도멘 샹동Domaine Chandon, 떼땡저Taittinger의 도멘 카네로스Domaine Carneros, 이 외에도 루이 로데레와 멈 등의 하우스가 이곳에서 와인을 생산한다.

컬트 와인과 메리티지 와인

세계적인 와인평론가, 로버트 파커는 캘리포니아 와인의 열정적인 지지자였다. 이 지역 와인에 끼치는 그의 막강한 영향력은 1990년대 '컬트 와인Cult Wine'이라는 용어를 생겨나게 했다. 컬트 와인은 로버트 파커의 평가 점수가 높고 생산량이 적어 기존의 판매가보다 더 높은 가격으로 팔리게 된 와인을 의미한다. 컬트 와인의 열풍으로 단기간에 50개의 와인이 이 타이틀을 달게 되며 곧 와인들의 평준화를 초래했고 높은 수요를 충족시키기 위해 가격이 급상승했다. 스크리밍 이글Screaming Eagle, 할란 에스테이트Harlan Estate, 콜긴 셀라Colgin Cellars, 씨네 쿼 넌Sine Qua Non, 마카신Marcassin 등이 오늘날 이 타이틀을 유지하는 와이너리이다.

▲ 스크리밍 이글, 까베르네 소비뇽 나파 밸리

잘 익은 과일 향과 강건한 타입의 와인을 선호하는 로버트 파커의 평가가 과거 전통적인 스타일의 와인을 죽였다고 간주하는 사람이 있는가 하면 또 어떤 이들은 그를 캘리포니아 와인의 품질 향상에 불씨를 피운 인물로 평가한다.

'가치Merit'와 유산Heritage'의 합성어인 메리티지 '와인Meritage Wine'은 캘리포니아에서 보르도 스타일로 만들어진 레드와 화이트 와인을 의미한다. 보르도 블렌딩 품종인 까베르네 소비뇽, 메를로, 까베르네 프랑, 말벡, 쁘띠 베르도 등의 적포도와 소비뇽 블랑과 세미용 등의 청포도가 허용된다. 각 와인은 이 중 최소 두 가지를 사용하여 만들어져야 하며 단일 품종 90% 이상의 사용은 금지된다. 레이블에 품종을 기재하려면 해당 품종이 75% 이상 들어가야 하는 법규상 생산자들은 다양하게 블렌딩된 와인을 따로 홍보할만한 수단이 부족했다. 그래서 역사와 품질을 내세운 메리티지라는 브랜드가 생겨나게 된 것이다.

오퍼스 원

보르도의 샤토 무통 로칠드의 오너였던 바론 필립 로칠드Baron Philippe de Rothschild와 미국의 로버트 몬다비Robert Mondavi는 1970년대 하와이에서 처음 만나자마자 자신들의 기술과 명성을 집약한 와인을 만들기로 결정한다. 그렇게 캘리포니아의 떼루아와 보르도의 와인 양조 기술이 융합된 나파 밸리 최초의 부티크 와인인 '오퍼스 원Opus One'이 탄생한다. 와인레이블에서는 두 거장의 얼굴과 서명을 확인할 수 있다. 이 와인은 협력의 의미를 지녀 비즈니스용 선물로도 사랑받았다. 보르도 블렌딩 품종으로 만들어지는 레드 와인으로 마치 크림같이 부드럽고, 검은 과일 향과 오크 향이 조화롭다. 국제적인 명성이 있는 이 와인은 미국의 래퍼 제이지Jay-Z와 국내 아이돌의 노래 가사에도 등장한다.

캘리포니아 와인 산지

피노 누아를 좋아하는 이에게는 소노마Sonoma와 산타 바바라Santa Barbara가, 까베르네 소비뇽을 즐기는 이에게는 나파 밸리Napa Valley가 좋은 선택지가 될 것이다. 이보다 더 다양한 와인을 만날 수 있는 4개의 주요 산지를 만나보자.

» **북부해안** North Coast

잘 알려진 나파와 소노마 외에 노스 코스트의 주요 지역은 멘도시노Mendocino와 레이크Lake County이다.

나파 카운티에는 미국을 대표하는 산지, 나파 밸리 AVA가 있다. 약 500개의 와이너리가 있지만 생산량은 캘리포니아 와인의 4%에 불과한 품질 지향적인 와인 지역이다. 까베르네 소비뇽을 중심으로 한 보르도 스타일의 레드 와인이 가장 사랑받으며 샤르도네, 피노 누아 와인도 인정받는다. 나파의 주목할 만한 하위 AVA는 오크빌Oakville, 루더 포드Rutherford, 스택스 립 디스트릭트Stags Leap District, 욘트빌Yountville로, 정교하게 만들어진 까베르네 소비뇽 와인은 보르도 와인에 비교되기도 한다. 와인레이블에서 이 하위 AVA가 적힌 와인을 본다면 캘리포니아나 나파 밸리가 적힌 와인보다 더 고급, 고가의 와인이다.

나파에 이어 높은 인지도를 지닌 소노마 카운티

는 내륙부터 해안까지 퍼져 있으며 여러 기후의 영향을 받는 13개의 AVA와 500개 이상의 와이너리가 있다. 소노마 밸리Sonoma Valley, 알렉산더 밸리Alexander Valley, 드라이 크릭 밸리Dry Creek Valley의 따뜻한 지역에서는 진판델과 까베르네 소비뇽이 잘 성숙한다. 나파와 소노마는 떼루아에 따른 미묘한 스타일의 차이가 존재한다. 나파 밸리는 강건한 까베르네 소비뇽의 와인을, 소노마의 와인은 보다 섬세하고 절제된 와인의 느낌을 받을 수 있다. 서늘한 기후의 영향으로 피노 누아와 샤르도네, 스파클링 와인이 유명한 러시안 리버 밸리Russian River Valley와 카네로스Carneros가 있으

며 카네로스는 나파와 소노마 지역에 동시에 걸쳐 있다.

북쪽의 멘도시노 역시 내륙과 해안 사이의 AVA에서 다양한 기후의 영향을 받은 폭넓은 스타일의 와인이 생산된다. 오늘날 이곳은 유기농 및 바이오다이내믹 와인으로 유명하며 카운티의 약 25%의 포도원이 유기농 인증을 받았다. 2004년 미국 최초의 유전자 변형 농산물 프리(GMO-free) 지역이 되며 '캘리포니아 유기농 와인의 성지'로 불린다. 주목할 산지는 캘리포니아의 가장 서늘하고 습한 지역 중 하나인 앤더슨 밸리Anderson Valley이다.

캘리포니아에서 가장 큰 호수인 클리어 레이크 Clear Lake에서 명명된 레이크 지역은 캔달 잭슨 Kendall Jackson과 겔로E&J Gallo 등의 대기업들이 와인을 만들고 있으며 레드 힐Red Hills AVA을 중심으로 고품질 까베르네 소비뇽이 알려지고 있다.

» 중앙해안Central Coast

서쪽 해안을 따라 남부 샌프란시스코 만부터 로스앤젤레스의 산타바바라까지 길게 이어진 광범위한 지역이다. 이곳은 다시 북부 센트럴 코스트

와 남부 센트럴 코스트로 나눌 수 있다. 북부의 가장 유명한 AVA는 리버모어Livermore Valley, 몬테레이Monterey County, 산타 크루즈 마운틴Santa Cruz Mountains이고 남부의 유명한 AVA는 산 루이 오비스포San Luis Obispo의 파소 로블스Paso Robles, 산타 바바라 Santa Barbara이다. 산타 크루즈 마운틴은 세계적인 수준의 까베르네 소비뇽 와인인 릿지 빈야드의 '몬테 벨로Monte Bello'가 생산된다. 최근 급성장하고 있는 파소 로블스는 가성비 좋은 와인을 만날 수 있는 추천 지역이다. 부드럽고 잘 익은 시라, 진판델, 까베르네 소비뇽의 레드 와인이 생산된다. 또 다른 AVA인 산타바바라는 영화「사이드 웨이」에 등장하며 더욱 유명해진 피노 누아의 본거지다.

» 남부해안 South Coast

사우스 코스트는 로스앤젤레스 남부와 멕시코 국경까지 뻗어 있다. 35개의 와이너리가 있는 테메큘라 밸리Temecula Valley는 건조하고 따뜻해 시라품종으로 유명하며 와인 관광으로 점점 더 명성을 얻고 있다.

» 중부내륙Central Valley

내륙의 센트럴 밸리Central Valley와 시에라 풋힐 Sierra Foothills 지역을 모두 포함한다. 캘리포니아 와인 양조 포도의 약 75%를 생산하며 주로 큰 통으로 운반되어 팔리는 벌크 와인Bulk Wine을 생산한다. 레이블에 단순히 'California Wine'이 표기된 와인을 본다면 센트럴 밸리에서 왔을 확률이 높다. 80개 이상의 와이너리가 있는 로디Lodi AVA의 고목Old Vine에서 생산된 진판델이 유명하다.

불타고 있는 캘리포니아의 포도밭과 '스모크 테인트'

▲ 전소된 소다락 와이너리

2017년 이래로 매년 발생하고 있는 캘리포니아의 화재는 안타까운 인명 피해뿐만 아니라 와이너리와 포도밭을 불태웠다. 2017년에는 나파와 소노마 지역에 피해가 집중되었고 센트럴 코스트의 몬테레이와 산타바바라까지 불길이 번졌다. 2020년 10월 발생한 화재는 그 전 화재들에 비해 피해 규모는 작았지만 소노마 가이저빌Geyserville의 많은 와이너리들이 직간접적인 피해를 봤다. '소다 락Soda Rock' 와이너리는 전소되었고 영화 「대부」의 감독 프란시스 포드 코폴라Francis Ford Coppola는 트위터에 자신이 설립한 '프란시스 포드 코폴라' 와이너리가 안전하다는 글을 게시하기도 했다.

일반적으로 포도나무의 손실이 화재의 가장 큰 피해일 것이라 생각하지만 치명적인 피해는 포도나무의 성장 기간 동안 서서히 나타난다. 여러 와이너리 오너들이 과거 사례를 들어 경고하는 것은 나뭇잎이 연기를 흡수해 뿌리까지 그 영향이 미치는 것이다. 이렇게 연기를 온몸으로 흡수한 포도나무의 열매로 만든 와인은 겉으로 볼 때는 멀쩡하지만 병입 후 1년이 지나면 다소 불쾌한 담배 향이 나기 시작한다. 피노 누아 와인의 경우 맑고 투명한 외관을 잃고 끈적한 질감으로 변한다. 실제로 포도밭에 심각하게 연기가 퍼진 와이너리들은 포도 수확을 포기한다. 이렇게 직접적인 피해를 입지 않아도 연기와 그을음에 포함된 휘발성 페놀 성분이 포도 품질을 심각하게 훼손하는 현상을 '스모크 테인트Smoke Taint'라고 한다.

2. 오리건 Oregon

1960년대에 들어 현대적인 와인 산업이 시작된 오리건은 캘리포니아, 워싱턴, 뉴욕 주에 이어 미국 4위의 와인 산지이지만 캘리포니아 포도밭의 1/10의 면적에서 상당히 적은 양을 생산한다. 햇빛과 열기가 부족하고 강수량이 높은 지역으로 빈티지의 영향도 상대적으로 많이 받는다. 대신, 부르고뉴와 비슷하다고 평가되는 서늘한 환경에서 섬세하고 우아한 와인을 만들어 내고 있다. 1960년대 UC데이비스의 두 명의 졸업생이 각각 오리건 주에 리슬링과 피노 누아를 심었다. 당시 대학교수들은 유럽의 와인 양조용 포도들은 이곳에서 성공하기 어려울 것이라 조언했다고 한다. 그러나, 현재는 790개의 와이너리에서 100여 개의 포도 품종이 재배되는 가장 유망한 산지이다. 재미있는

워싱턴주

퓨젯 사운드

야키마 밸리

컬럼비아 고지

왈라 왈라 밸리

컬럼비아 밸리

윌라메트 밸리

오리건 주

점은 최근 일부 대기업이 출현하기 전까지 생산자 대부분이 전문 와인 메이커가 아닌 비전문가인들이었다는 점이다. 캘리포니아 와인 산업의 대부분을 오랜 역사를 지닌 몇몇의 대기업이 지배하는 반면, 오리건은 가족 단위로 운영하는 소규모 부티크 와이너리가 많다.

주 와인 산지는 태평양 연안인 서부의 윌라메트 밸리Willamette Valley AVA와 남부 오리건Southern Oregon AVA에 속해있으며 북동부의 내륙 지역에는 오리건과 워싱턴 주 양쪽에 부지가 걸쳐 있는 컬럼비아 고지Columbia Gorge AVA와 컬럼비아 밸리Columbia Valley AVA 등이 있다. 윌라메트 밸리는 790개의 와이너리 중 500여 개가 있는 가장 큰 AVA로 이곳의 피노 누아 와인은 오리건 와인에 지금의 명성을 가져다준 주인공이다. 이곳의 던디 힐Dundee Hills AVA에는 부르고뉴의 대형 생산자, 조셉 드루앵Joseph Drouhin이 도멘 드루앵Domaine Drouhin이라는 와이너리를 설립하고 투자하고 있다.

포도밭 면적의 약 60%에서 생산되는 오리건의 피노 누아는 불과 몇십 년 만에 세계적인 수준의 와인으로 성장했다. 특히 윌라메트 밸리 최고의 피노 누아 와인은 부르고뉴의 와인과 유사하다는 평가를 받기도 한다. 해당 품종을 90% 이상 사용해야 레이블에 품종 표기가 가능하다는 점도 부르고뉴 와인과 같이 품종의 순수성을 살린 스타일을 잘 보여주는 예이다. 전통적인 스타일의 피노 누아는 진한 붉은 체리 색상과 검붉은 체리, 절인 딸기와 흙의 풍미가 느껴진다. 그다음으로 널리 심어진 피노 그리 또한 높은 평가를 받고 있으며 서늘한 기후에 가장 적합한 품종인 샤르도네와 리슬링이 뒤를 잇는다. 적포도는 까베르네 소비뇽, 시라, 메를로와 템프라니요 품종이 주를 이룬다.

▲ 오리건의 '국제 피노 누아 축제', 연어 구이를 기다리고 있는 사람들.

오리건의 맥민빌McMinnville 지역에서는 매년 7월에 3일간 '국제 피노 누아 축제International Pinot Noir Celebration(IPNC)'가 개최된다. 업계 관계자들과 피노 누아 애호가들이 전 세계의 피노누아를 시음하고 와이너리 투어를 즐길 수 있는 꿈같은 축제이다. 최고의 요리사가 준비한 요리, 특히 구운 연어는 피노 누아와 최고의 궁합을 보인다.

» **유명생산자**

아델샤임Adelsheim, 베셀 하이츠Bethel Heights, 도멘 서린Domaine Serene, 아처리 써밋Archery Summit, 폰지Ponzi, 보 프레르Beaux Freres, 디 에어리 빈야드The Eyrie Vineyards, 크리스톰Cristom, 니콜라스 제이Nicolas Jay, 도멘 드루앵Domaine Drouhin, 에라스Erath

3. 워싱턴 주 Washington

오리건의 북쪽에 위치한 워싱턴은 와인 산업의 역사는 비교적 짧지만 미국에서 두 번째로 와인 생산량이 많으며 900개 이상의 와이너리가 있는 주이다. 1860년대 이탈리아 이민자들이 이곳에서 와인 양조를 시작한 것이 시초였으며 1970년대 이후에야 리슬링, 샤르도네를 시작으로 메를로, 까베르네 소비뇽, 시라 와인으로 유명해졌다. 세미용 품종을 대두로 청포도 품종이 최근 각광받고 있으며 현재 70종이 넘는 포도가 재배되고 있다.

워싱턴은 캐스케이드 산맥을 중심으로 동서로 나뉘는데, 서쪽은 습한 해양성 기후를 띠는 반면에 산맥이 비구름을 막아주는 동쪽의 내륙 지역은 건조한 사막과 같은 대륙성 기후를 띤다. 거의 모든 와인 생산이 이뤄지는 동쪽 지역은 캘리포니아보다 2시간 더 많은 일조량과(하루 평균 17시간) 극심한 일교차를 보인다. 결과적으로 생생한 산미를 유지하며 잘 익은 포도는 균형감 있는 와인으로 이어진다. 특히 이곳의 까베르네 소비뇽과 메를로 와인은 적당하게 높은 알코올 도수와 블랙베리, 체리, 라즈 베리 같은 농축된 베리류의 풍미, 입 안을 가득 채우는 질감을 느낄 수 있다. 컬럼비아 밸리Columbia Valley, 왈라 왈라 밸리Walla Walla Valley, 야키마 밸리Yakima Valley와 같은 동쪽의 대표 AVA들은 인근 강에서 관개를 하지 않으면 포도 재배가 불가능할 정도로 건조하다.

주 전체 지역의 1/3에 퍼져 있는 가장 큰 AVA인 컬럼비아 밸리에서 워싱턴 주의 대부분의 포도가 생산되며 이곳은 워싱턴 와인을 생각하면 가장 먼저 떠오르는 지역이기도 하다. 컬럼비아 밸리의 서쪽에는 왈라 왈라 밸리와 함께 오리건 지역과 중첩되는 컬럼비아 고지Columbia Gorge AVA가 있다. 왈라 왈라 밸리에는 컬럼비아 내에서도 가장 유명하고 오래된 와이너리가 있으며 다양한 미기후를 보이는 컬럼비아 고지는 그만큼 다양한 품종과 스타일의 와인이 만들어진다.

캐스케이드 산맥 기준으로 유일하게 서쪽에 위치한 퓨젯 사운드 Puget Sound AVA는 시애틀이 있는 지역으로 워싱턴 주 와인 생산량의 1% 이하를 생산한다. 습하고 시원한 해양성 기후로 피노 누아, 리슬링 및 샤르도네와 같은 추운 기후에 특화된 품종을 전문으로 재배한다.

국내에서도 쉽게 볼 수 있는 샤토 생 미셸 에스테이트Chateau Ste. Michelle Estates는 워싱턴 전체 포도밭의 1/3 이상을 소유한 가장 큰 생산자이다. 워싱턴은 이런 대량 생산 업체부터 프리미엄 와이너리까지 다양한 유형의 생산자와 스파클링, 로제, 강화, 귀부 와인 등 거의 모든 스타일의 와인을 생산하고 있다.

홀스파워Horsepower, 퀼세다 크릭Quilceda Creek, 레오네티 셀라Leonetti Cellar, 카이유스Cayuse Vineyards, 앤드루 윌Andrew Will, 케이 빈트너스K Vintners(찰스 스미스Charles Smith), 샤토 생 미셸Chateau Ste. Michelle, 콜롬비아 크레스트Columbia Crest, 레꼴 넘버41L'Ecole No. 41

4. 뉴욕 New York

뉴욕 주의 와인은 국내에서는 만나보기 힘들지만 미국의 와인 생산량 3위를 차지하는 꽤 큰 규모의 산지이다. 미국 북동부의 캐나다 국경과 대서양 사이에 위치해 있으며 서리가 포도나무에 위협이 될 수 있는 서늘한 지역이다. 포도밭은 상대적으로 온화한 강과 호수, 해안가 근처에 위치하며 이 지역 최고의 품종인 리슬링이 주로 재배된다. 드라이하고 산도가 선명한 스타일부터 풍성하고 스위트한 스타일의 아이스 와인까지 생산되며 고급 와인은 핑거 레이크Finger Lakes 인근에서 생산된다. 그 외에도 추운 지역에 잘 맞는 샤르도네, 피노 누아가 재배되고 캐나다에서 아이스 와인을 만드는 주 품종 비달Vidal, 콩코드Concord 같은 미국 토착 품종Vitis labrusca도 재배된다.

호주 Australia

웨스턴
오스트레일리아

사우스
오스트레일리아

뉴 사우스 웨일즈

빅토리아

태즈매니아

부담 없이 와인을 즐기고 싶을 때 입 안을 꽉 채우는 호주의 진한 레드 와인들은 품질과 가격적인 측면 모두 만족할 수 있는 선택이다. 호주는 전 세계에서 6번째로 큰 와인 생산국이자 미국, 칠레와 함께 가장 대표적인 신세계 와인 산지이다. 1800년대 초반 호주와 뉴질랜드 와인 역사의 선구자이자 호주 와인의 아버지라 불리는 영국인 제임스 버스비James Busby가 프랑스와 스페인에서 600여 종의 와인 양조용 포도나무를 들여왔다. 뉴 사우스 웨일즈New South Wales의 헌터 밸리Hunter Valley 지역 주민들에게 포도 재배와 양조 방법을 전파했고 초반에는 대부분 값싼 와인이나 강화 와인이 생산되었다. 1960년대 이후로 빠르게 발전하여 현재는 약 2300개의 와이너리와 6천 명의 포도 재배업자가 있으며 최대 와인 수출국 중 하나로 전 세계의 열렬한 사랑을 받고 있다.

▲ 제임스 버스비James Busby

광활한 영토만큼 다양한 기후가 존재하는 호주의 북부와 중부 지역은 사막처럼 너무 뜨겁거나 열대 우림처럼 고온다습한 지역이 많아 포도나무가 썩거나 쉽게 죽어 정상적인 재배가 불가능했다. 그래서 호주 대부분의 포도밭은 일조량이 풍부하고(연간 3000시간 이상) 시원한 남부 지역에 집중되어 있다. 질 좋은 와인을 생산하기 위한 많은 생산자들이 보다 높은 고도나 해안가에 근접한 지역에서 포도를 재배하고 있다.

호주의 6개 주인 사우스 오스트레일리아South Australia, 뉴 사우스 웨일즈New South Wales, 빅토리아Victoria, 웨스턴 오스트레일리아Western Australia, 태즈매니아Tasmania, 퀸즈랜드 Queensland까지 모든 지역에서 와인을 만들지만 사우스 오스트레일리아와 빅토리아, 뉴 사우스 웨일즈에서 집중적으로 생산하고 있다. 호주 와인 산지 중 가장 유명한 바로사 밸리Barossa Valley가 있는 사우스 오스트레일리아에서 호주 와인의 절반이 생산되며 생산량은 적지만 웨스턴 오스트레일리아 역시 고급 와인 산지로 성장하고 있다.

아마도 '호주 와인'하면 가장 먼저 떠오르는 것이 쉬라즈일 것이다. 국내 수입되는 절반 이상의 호주 와인 역시 쉬라즈 와인일 만큼 쉬라즈는 호주의 상징적인 존재이다. 프랑스와 대

부분의 국가에서는 시라Syrah로 불리지만, 잘 익은 과일 향이 풍부하고 높은 알코올 도수를 지닌 호주 쉬라즈 와인은 그 개성을 살려 하나의 브랜드를 구축했다. 이 상업적인 성공으로 남아공과 같은 산지에서도 쉬라즈Shiraz라는 명칭을 즐겨 쓰고 있다. 다음으로 인기 있는 샤르도네 외에도 까베르네 소비뇽과 메를로, 피노 누아로 만든 레드 와인 및 리슬링, 세미용, 소비뇽 블랑의 화이트 와인들이 생산된다. 레드와 화이트 와인은 6대 4의 비율로, 화이트 와인 역시 꽤 많은 비중을 차지하며 프랑스 론 지역의 블렌딩 기법인 GSM[그르나슈, 시라, 무르베드르(호주에서는 종종 마타로Mataró)] 와인을 독창적인 스타일로 만날 수 있다. 또한 탱크 방식의 가벼운 와인부터 샴페인 방식의 고급 와인까지 다양한 타입의 스파클링 와인, 포트와 같은 강화 와인, 귀부균의 영향을 받은 디저트 와인도 생산된다.

레이블 표시 방법

품종

단일 품종이 명시된 경우 와인에 해당 품종이 85% 이상 포함되었다는 뜻이다. 둘 이상의 품종이라면 함량이 높은 것부터 적는데, 이때 두 번째로 적은 품종은 5% 이상 사용되었다는 뜻이다. 예를 들어 'Cabernet Shiraz'라고 명시된 와인은 쉬라즈가 5% 이상 사용된 것이고, 미만일 경우 후면 레이블에만 기재된다.

빈티지

기재된 빈티지의 와인이 85% 이상 사용되어야 한다. 보통은 100%로 이뤄진다.

지역

지리적 명칭 제도인 GIs Australian Geographical Indications가 있으며 65개 지역이 포함된다. 단일 지역을 기재하려면 해당 지역의 포도가 85% 이상 사용되어야 하며, 둘 이상의 지역이 표시되는 경우 더 많이 들어간 지역이 앞에 적힌다.

호주 전체 와인 생산량의 약 70%를 차지하는 대형 와인 회사들 (생산량 기준 1~5위)

호주 와인뿐만 아니라 미국, 남아공, 뉴질랜드 등지의 와이너리를 소유하고 있으며 방대한 양의 와인 생산과 수출을 하고 있는 세계적인 그룹들이다. 우리에게도 굉장히 친숙한 와인을 생산하고 있는 이 그룹들이 각각 어떤 브랜드를 가지고 있는지 살펴보자.

-아콜레이드 와인즈Accolade Wines: 호주의 하디스Hardy's, 그랜트 버지Grant Burge, 페탈루마Petaluma, 뉴질랜드의 머드 하우스Mud House를 비롯해 남아공과 미국 등지에 다양한 브랜드를 소유하고 있다.

－카셀라 패밀리Casella Family; 옐로 테일Yellow Tail, 피터 르만Peter Lehmann 등 국내 마트에서도 흔히 볼 수 있는 친숙한 와인들의 생산 업체로 가격 대비 상당히 좋은 품질의 와인을 생산하는 것으로 유명하다.

－트레저리 와인 에스테이트Treasury Wine Estates; 국내외에서 높은 인지도를 자랑하는 와인을 소유한 호주 최대 회사이다. 펜폴즈Penfolds, 린드만Lindeman's, 울프 블라스Wolf Blass, 로즈 마운트Rosemount Estate, 윈즈Wynns Coonawarra Estate, 19크라임스19Chimes 등과 뉴질랜드의 마투아Matua, 미국의 베린저Beringer, 샤토 생 진Chateau St Jean, 스택스 립Stags' Leap을 소유하고 있다.

－페르노리카 와인메이커스Pernod Ricard Winemakers;
　제이콥스 크릭Jacob's Creek
　오스트레일리안 빈티지Australian Vintage; 맥기건McGuigan Wines

랭턴즈 등급 Langton's Classification

LANGTON'S 　호주에는 공식적인 와인 등급 체계가 존재하지 않는다. 대신 와인 전문 경매 회사인 랭턴즈Langton's가 분류를 진행하여 1991년 첫 발표된 '랭턴즈 등급'이 고급 와인에 대한 훌륭한 지표가 된다. 등급은 높은 순서부터 Exceptional, Outstanding, Excellent의 세 가지 범주로 나뉘며 약 5년 간격으로 갱신된다. 가장 최신판은 2018년 개정되었으며 136개의 호주 최고급 와인이 포함되어 있다.

253

Exceptional (22개)

화이트 와인은 3개에 불과하며 쉬라즈와 까베르네 소비뇽 와인이 지배적이다. 꾸준히 호주 최고의 와인으로 여겨 온 펜폴즈 그랜지Penfolds Grange와 헨쉬케스 힐 오브 그레이스Henschke's Hill of Grace, 르윈 에스테이트 아트시리즈 샤르도네Leeuwin Estate Art Series Chardonnay, 마운트 마리 퀸테Mount Mary Quintet, 웬도우리 쉬라즈Wendouree Shiraz 등이 대표적이다.

Outstanding (46개)

다렌버그 데드암 쉬라즈d'Arenberg The Dead Arm Shiraz, 그리녹 크릭 로엔펠드 로트Greenock Creek Roennfeldt Road, 랑메일 1843 프리덤 쉬라즈 Langmeil The 1843 Freedom Shiraz를 비롯해 펜폴즈 와인 다수와 피터 르만이 포함되었다.

Excellent (68개)

킬리카눈 오라클 쉬라즈 Kilikanoon Oracle Shiraz, 토브렉 디센던트Torbreck Descendant, 윈즈 쿠나와라 까베르네 소비뇽Wynns Coonawarra Estate Cabernet Sauvignon 등이 있다.

호주 와인 산지

1. 사우스 오스트레일리아 South Australia(SA)

호주 와인의 52% 이상을 생산하는 주요 산 지인 사우스 오스트레일리아의 명성은 생산 량뿐만이 아닌 고품질 쉬라즈 와인에서 기인 한다. 서늘한 산지의 쉬라즈는 또 다른 매력 을 지니지만, 이곳의 대중적인 쉬라즈 와인 은 검은 과일, 초콜릿 향이 느껴지는 풀바디 한 스타일로 알코올 도수도 높은 편이다. 포 도밭은 가장 큰 도시인 애들레이드Adelaide를 중심으로 펼쳐져 있으며 호주의 가장 유명한 산지인 바로사 밸리Barossa Valley와 맥라렌 베 일McLaren Vale, 애들레이드 힐Adelaide Hills, 랑 혼 크릭Langhorne Creek, 이든 밸리Eden Valley, 클레어 밸리Clare Valley, 쿠나와라Coonawarra 등을 포함한다.

쉬라즈로 만든 강렬한 레드 와인이 널리 알려져 있지만 쿠나와라 지역의 독특한 까베르네 소비뇽 와인도 유명하다. 표면에 산화철 성분이 함유된 테라 로사Terra Rossa(붉은 토양이라는 뜻) 토양에서 생산되며 검붉은 과일, 제비꽃 향과 같은 섬세한 캐릭터와 매끄러운 타닌이 느껴지 는 미디엄 바디의 와인이다. 고도가 높아 상대적으로 서늘한 이든 밸리와 온화한 대륙성 기후 를 띠는 클레어 밸리는 화이트 와인 산지로 잘 알려져 있으며 특히 리슬링이 대표적이다. 클 레어 밸리는 최고급 리슬링 와인이 생산되며 리슬링 본연의 풍미를 보존하기 위해 스크류 캡

▲ 쿠나와라의 테라 로사 토양

을 최초로 도입한 곳이기도 하다.

쉬라즈 와인이 하나의 브랜드처럼 통용되는 바로사 밸리는 세계에서 가장 오래된 포도원이 있는 곳이다. 고립된 지형과 모래 성분의 토양으로 필록세라에 감염된 적이 없어 100살이 넘는 고목도 볼 수 있다. 매우 따뜻하고 건조한 지역이지만 해풍의 영향을 받는 고지대 언덕에서는 샤르도네, 리슬링, 세미용

과 같은 화이트 와인이 생산되며 GSM 와인도 성공을 거두고 있다. 맥라렌 베일과 애들레이드 힐은 바다와 언덕에서 불어오는 차가운 바람이 포도밭의 열기를 식혀 다양한 품종이 성공적으로 재배되며, 보다 섬세한 쉬라즈와 복합적인 풍미의 와인을 만날 수 있다. 이곳 남호주 지역에는 세계에서 가

▲ 남호주의 고목Old Vine

장 오래된 포도나무들이 있으며 일부는 무려 1800년대에 심은 것이다.

255

'블랙 서머Black Summer'는 2019년~2020년에 호주에서 발생한 대형 산불로, 이로 인해 약 2000만ha가 불탔고 최소 34명 이상의 인명 피해와 더불어 수많은 동물들이 멸종 위기에 빠졌다. 사우스 오스트레일리아의 애들레이드 힐은 특히 큰 타격을 입어 20~30%의 포도밭을 잃었다. 캘리포니아의 산불에서와 마찬가지로 화재의 직접적인 피해보다 연기에 휩싸였던 지역의 오염된 포도가 어떤 풍미를 머금게 될지가 문제였다. 다행히도 예상보다 포도원의 피해는 많지 않았고 일부 지역들은 거센 바람이 연기를 날려 보냈다. 많은 와인전문가들이 이 빈티지들의 와인이 크게 영향을 받지 않을 것이라 예측하고 있다. 일부 와인 생산자들은 이 문제를 해결하기 위해 여러 방안을 세웠다. 청포도는 연기로 오염된 포도 껍질을 빠르게 제거하여 와인을 만들거나 적포도는 스모키한 브랜디로 양조하는 등의 돌파구를 찾았다.

2. 뉴 사우스 웨일스 New South Wales(NSW)

제임스 버스비가 포도나무를 심은 호주 최초의 와인 산지이자 사우스 오스트레일리아에 이어 두 번째로 중요한 지역(호주 와인 생산량의 24%)으로 여겨진다. 광범위한 지역에 포도원이 퍼져 있으며 인구가 가장 많은 대도시인 시드니와 수도인 캔버라가 속해 있어 현지에서의 판매량이 상당한 곳이다.

시드니의 북쪽에 위치한 헌터 밸리는 가장 잘 알려진 지역으로, 매우 덥고 다습하지만 몇몇의 생산자들은 장기 숙성이 가능한 세미용과 풍성한 샤르도네의 고급 화이트 와인을 만들며 다

른 지역보다 알코올 함량이 낮은 쉬라즈도 생산한다. 헌터밸리 서쪽에 위치한 머지Mudgee는 많은 포도원이 고지대에 있으며 질 좋은 까베르네 소비뇽 와인을 만든다. 또한, 호주 최초의 유기농 와인 생산자들이 자리 잡은 지역이다.

그러나, 주요 와인 생산은 머레이 달링Murray Darling, 페리코타Perricoota, 리베리나Riverina, 스완 힐Swan Hill을 하위 지역으로 둔 내륙의 빅 리버Big Rivers 존에서 이뤄진다. 빅 리버에서는 박스 와인과 옐로우 테일Yellow Tail 같은 대형 브랜드의 대량 생산 와인을 만든다. 뉴 사우스 웨일스는 최근 몇 년 동안 찾아온 가뭄으로 많은 생산자들이 척박한 스페인에 특화된 품종인 템프라니요와 베르데호 같은 품종 재배에 도전하고 있다.

포도 맛을 알아버린 캥거루

2018년 국내 방송사의 한 뉴스 프로그램에서 '캥거루가 포도에 맛을 들였다.'라는 뉴스를 전했다. 호주의 수도, 캔버라Canberra의 포도밭에서 캥거루가 포도를 뜯어 먹는 영상이 흘러나오는데 캥거루가 먹는 포도가 하필 재배하기 까다로운 피노 누아였다. 원래 포도를 먹지 않던 캥거루가 가뭄으로 인해 주식량인 풀을 찾기가 어려워 포도를 먹게 됐고 이내 맛을 알아버린 것이다. 결국, 이 지역의 한 와이너리에서는 캥거루 200마리에 의해 무려 8만 달러 이상의 피해를 입었다.

3. 빅토리아 Victoria

사우스 오스트레일리아 1/4 크기의 비교적 작은 산지인 빅토리아는 600개 이상의 와이너리가 있지만 대량 생산 지역이 없기 때문에 호주 전체 생산량의 15%를 생산한다. 호주의 남동쪽에 위치하며 바다의 영향을 받는 서늘한 기후로 피노 누아가 각광받지만 다양한 재배 환경에서 모든 종류의 와인을 생산한다.

캘리포니아와 마찬가지로 이 지역의 와인 산업은 1859년대 금광을 발견하며 일어난 골드러시와 함께 시작되었다. 금 채굴을 위해 몰려든 전 세계의 이주민들 중 유럽인들은 포도나무와 양조 기술을 가져와 와인 산업 발전에 크게 기여하였고 금광의 고갈과 함께 일자리를 잃은 광부들은 와이너리 구축을 위해 고용되었다. 한때는 호주 와인의 절반을 생산하며 눈부시게 발전했지만 19세기 후반 경제적 어려움과 필록세라의 침범으로 산업은 나락에 빠졌고 1970년대 이후부터 르네상스를 맞이한다.

뉴 사우스 웨일스와 지리적으로 공유하는 북부의 머레이 달링, 스완 힐이 있으며 주요 산지는 남부에 밀집되어 있다. 멜버른 도시 인근의 바다와 가까운 서늘한 산지, 모닝턴 페닌슐라Mornington Peninsula와 야라 밸리Yarra Valley는 피노 누아와 샤르도네, 까베르네 소비뇽, 쉬라즈도 생산되는 가장 주목받는 산지이다. 빅토리아의 독창적인 와인은 바로 북동부의 루더글렌Rutherglen에서 뮈스카로 만드는 달콤한 강화 와인과 디저트 와인이다. 샤르도네와 피노누아로 만드는 복합적인 풍미의 스파클링 와인 산지로도 알려져 있다.

4. 웨스턴 오스트레일리아 Western Australia(WA)

호주의 가장 큰 주이지만 와인 생산량은 2%에 불과하며 대신 호주의 고급 와인이 주로 생산되는 명성 있는 산지이다. 포도원은 남서쪽의 끝자락, 인도양의 바다로 볼록 튀어나온 지역에 집중되어 있으며 보르도의 기후와 비슷해 까베르네 소비뇽, 샤르도네 품종의 유럽 스타일의 와인을 지향한다. 주 산지는 마거릿 리

버Margaret River, 스완 지구Swan District, 퍼스 힐Perth Hills, 그레이트 서던Great Southern 등을 포함하며 샤르도네, 까베르네 소비뇽, 메를로와 쉬라즈가 지배적인 품종이다. 마가렛 리버 지역은 웨스턴 오스트레일리아 와인의 50% 이상을 생산하며 양과 질을 통틀어 최고의 산지로 꼽

힌다. 인도양의 냉각 효과로 온화한 기후를 띠며 까베르네 소비뇽과 샤르도네 품종이 대표적이다. 특히 뉴질랜드의 클라우디Cloudy Bay를 설립하기도 한 케이프 멘텔Cape Mentelle과 르윈 에스테이트Leeuwin Estate의 와인으로 잘 알려져 있다. 스완 지구는 과거 이 지역의 거의 모든 와인이 생산됐던 지역으로 슈냉 블랑, 베르데호, 샤르도네 품종의 화이트 와인이 유명하다. 그레이트 서던은 호주에서 가장 서늘하고 습한 최대 와인 산지로 리슬링과 상대적으로 섬세한 쉬라즈가 생산되며 특히 피노 누아 재배에 유리한 떼루아를 보유하고 있다.

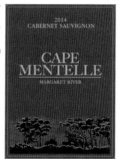

5. 태즈매니아 Tasmania

빅토리아 주 남쪽에 있는 태즈매니아는 호주 본토의 어떤 곳과도 차별화된 가장 서늘한 기후와 지형을 가지고 있으며 독자적인 스타일을 생산한다. 태즈매니안 레인Tasmanian Rain과 같은 빗물을 모아 만드는 생수가 생산될 정도로 깨끗한 공기를 인정받은 청정지역이다. 현재 약 250명의 생산자가 있으며 이 중 25명 정도만이 10ha 이상의 포도밭을 보유하고 있다. 주요 품종은 피노 누아와 샤르도네이며 스파클링 와인으로도 유명하다. 서늘한 기후의 영향으로

소비뇽 블랑과 리슬링, 피노 그리 같은 품종의 재배도 나날이 증가하고 있으며 향기롭고 드라이한 화이트 와인을 만날 수 있다. 대부분의 와인이 높은 산도를 지니며 섬세하고 선명한 과일 캐릭터가 돋보인다. 무릴라 에스테이트Moorilla Estate는 최초의 와이너리이며 프랑스의 와인 회사들, 모엣Moët의 도멘 샹동과 루이 로드레 등이 이곳의 포도로 와인을 만들거나 와이너리 설립을 위해 분투했다. 해산물이 풍부한 섬으로 해산물과 현지의 와인 혹은 맥주를 즐기는 관광객들을 볼 수 있다.

호주의 유명 생산자

쉬라즈

헨시케Henschke, 펜폴즈Penfolds, 그리녹 크릭Greenock Creek, 토브렉Torbreck, 다렌버그d'Arenberg, 킬리카눈Kilikanoon, 몰리두커Mollydooker, 짐 배리Jim Barry, 랑메일Langmeil, 투핸즈Two Hands, 크리스 링랜드Chris Ringland, 롱뷰Longview, 하셀그로브Haselgrove, 쉴드 에스테이트Schild Estate, 브라더스 인 암스Brothers In Arms, 파머스 립Farmers Leap

까베르네 소비뇽

윈즈 쿠나와라Wynns Coonawarra Estate, 케이프 멘텔Cape Mentelle, 헨시케Henschke, 펜폴즈Penfolds, 모스 우드Moss Wood, 오크릿지Oakridge

샤르도네

르윈 에스테이트Leeuwin Estate, 펜폴즈Penfolds(Yattarna), 로즈마운트Rosemount, 지아콘다Giaconda, 바이 파By Farr, 마운트 마리Mount Mary, 하셀그로브Haselgrove

리슬링

SA의 클레어 밸리, 이든 밸리, 빅토리아의 야라 밸리, WA남단과 태즈매니아 등의 서늘한 산지의 와인 추천

막스 슈베르트의 펜폴즈 그랜지

막스 슈베르트Max Schubert에 의해 탄생한 그랜지Penfolds Grange는 2001년 호주 국가 문화재로 지정된 명품 와인이다. 막스 슈베르트는 보르도 스타일의 와인을 만들기 위해 노력했으며 1951년 첫 빈티지를 출시하지만 크게 인정받지 못했다. 그러나 품질을 점점 인정받으면서 1990년대 『와인 스펙테이터』의 Top 100 와인 중 1위와 '20세기 최고의 와인 12'에 선정되는 등 많은 상을 수상하며 최고의 와인으로 떠올랐다. 쉬라즈와 소량의 까베르네 소비뇽(5% 미만)으로 만들어지며 농익은 자두, 블랙베리, 초콜릿 향이 느껴지고 강건하고 집중도 높은 풍미를 지닌다. 2020년 최초의 빈티지인 '1951 펜폴즈 빈 1 그랜지1951 Penfolds Bin 1 Grange'가 랜턴즈 와인 경매에서 10만 3천 호주 달러(한화 약 9천만 원)에 낙찰되며 호주 와인 경매가 중 최고가를 기록했다.

뉴질랜드 New Zealand

호주에서 비행기로 3시간 거리에 있는 뉴질랜드는 국제시장에서 소비뇽 블랑과 피노 누아 와인의 천국으로 여겨진다. 호주와 마찬가지로 19세기 제임스 버스비로 인해 포도 재배를 시작했지만 20세기를 전후로 엄격한 금주 운동이 일어나 와인 산업이 정체되었다가 1990년대 들어 급성장을 이루며 와인 생산자가 10배 가까이 증가한다.

전반적으로 시원한 여름과 온화한 겨울이 있는 해양성 기후지만 길게 뻗은 남섬과 북섬의 지리적 차이로 인해 다양한 기후를 띤다. 북섬은 상대적으로 온난다습하고 남섬은 온도가 낮은 대신 일조량이 풍부하다. 강하고 습한 서풍과 잦은 비가 내려 풋내 나는 와인이 생산될 위험도 있지만 포도밭은 상대적으로 습기가 적은 동쪽 해안가에 몰려 있다. 서늘하면서도 풍부한 일조량으로 포도가 오랜 시간 성숙하고 강한 풍미를 갖게 되는데 이는 뉴질랜드만의 와인 스타일에 큰 기여를 한다.

레이블 표시 방법

품종

해당 품종이 75% 이상 함유되어야 하지만 대부분 100%에 가깝다. 호주와 마찬가지로 두 개의 품종이 사용될 경우 비중이 높은 순서대로 적는다.

지역

해당 산지에서 75% 이상 생산되어야 한다.

뉴질랜드 와인 산지

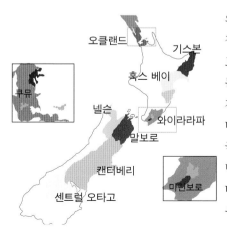

와인 산지는 북섬과 남섬에 고루 걸쳐 있으며 가장 세계적인 산지는 남섬의 북동쪽에 위치한 말보로Marlborough 지역이다. 뉴질랜드 와인의 60%를 생산하는 이곳은 쌀쌀한 밤과 풍부한 일조량, 건조한 가을이 있어 포도 성숙에 이상적인 지역이다. 소비뇽 블랑, 샤르도네, 피노 누아가 우세하며 국내에 수입되는 뉴질랜드 와인레이블에서 가장 빈번히 볼 수 있는 지역(뉴질랜드 와인 수출의 85%)이다. 이 지역이 국제적인 관심을 받게 된 것은 클라우디 베이Cloudy Bay라는 와인의 영향이 크다.

가장 오래된 산지인 북섬의 혹스 베이Hawke's Bay는 다양한 떼루아에서 그만큼 다양한 품종을 재배한다. 샤르도네, 메를로, 소비뇽 블랑과 게부르츠트라미너, 비오니에까지 여러 실험적인 품종을 만날 수 있다. 소비뇽 블랑과 더불어 뉴질랜드 떼루아에 적합한 피노 누아는 북섬 와이라라파Wairarapa가 유명하며 하위 지역인 마틴보로Martinborough는 붉은 과일향이 풍성하고 풍미가 복합적인 최고급 피노 누아가 사랑받는다. 세계 최남단의 와인 산지인 남섬의 센트럴 오타고Central Otago는 와이라라파, 말보로와 더불어 피노 누아의 명산지로 꼽힌다. 그 외에도 레드 와인 산지인 오클랜드Auckland, 샤르도네의 고향인 기즈번Gisborne, 일조량이 좋아 보다 부드러운 와인이 생산되는 넬슨Nelson, 피노 누아부터 리슬링까지 모든 타입의 와인을 생산하는 넓은 산지인 캔터베리Canterbury 등이 있다.

» **유명생산자**

클라우디 베이Cloudy Bay, 마히Mahi, 도그 포인트Dog Point(오크 숙성), 생 클레어 Saint Clair, 빌라 마리아Villa Maria, 마투아Matua, 미션 에스테이트Mission Estate, 킴 크로포드Kim Crawford, 배비치Babich, 러시안 잭Russian Jack, 실레니Sileni, 프레이 밍햄Framingham, 쿠뮤Kumeu, 아타 랑기Ata Rangi, 테 마타Te Mata, 콰츠 리프Quartz Reef

▲ 클라우디 베이, 소비뇽 블랑

가성비 와인, 미션 에스테이트

미션 에스테이트Mission Estate는 가성비가 좋은 뉴질랜드의 수많은 와인들 중 특히 가격에 비해 만족도가 높은 생산자이다. 소비뇽 블랑뿐만 아니라 강한 과일 향을 풍기는 까베르네-메를로 와인과 게부르츠 트라미너, 리슬링, 피노 누아 등 모든 와인이 훌륭한 퍼포먼스를 보여준다. 미션 에스테이트는 170년 전 선교사Missionaries들이 이 지역에 설립한 최초의 와이너리로 이름도 여기서 유래했다. 현재까지도 가톨릭 종교단체인 The Society of Mary(Marists)에서 소유하고 있다.

▲ 미션 에스테이트, 피노 누아

칠레 Chile

16세기 스페인 정복자와 선교사들이 가져온 유럽의 포도 품종을 심기 시작한 칠레는 스페인과 역사적인 관계가 깊지만 와인 양조에 있어서는 '남미의 보르도'라고 불릴 만큼 프랑스 보르도의 영향을 많이 받았다. 19세기 중반 칠레의 부유한 지주와 안데스산맥을 기점으로 한 채광업자들은 그들의 부를 과시하기 위해 보르도의 '샤또'를 본 따 와이너리를 설립했고 프랑스 양조업자를 고용해 프랑스 품종을 재배하기 시작했다. 1980년대 이후 와인 산업의 발전과 함께 세계 7위의 와인 생산국이 되었으며 많은 생산자들은 양에 치중한 값싼 와인에서 세계적인 경쟁력을 지닌 고품질 와인 생산으로 눈을 돌렸다.

칠레는 와인 생산을 위한 천혜의 자연환경을 갖추어 가격 대비 품질이 가장 좋은 와인 산지 중 하나이다. 북쪽의 아타카마 사막, 동쪽의 안데스산맥, 서쪽의 남태평양, 그리고 남쪽으로는 빙하가 떠다니는 남극이 있어 지리적으로 고립되어 있다. 안데스산맥은 구리가 채굴되었던 지역으로 토양에도 구리 성분이 섞여 있으며 배수가 잘 되는 모래 토양 역시 화학비료를 사용하지 않아도 병충해로부터 자유로운 포도 재배를 가능하게 했다. 이와 같은 지리적 고립, 건조한 환경, 토양 성분의 특수한 요인들로 칠레는 매우 친환경적인 산지로 여겨지며 이런 환경은 프랑스를 비롯해 전 세계 와인 산지를 황폐화시킨 필록세라의 침범을 자연적으로 차단하였다.

일조량이 좋아 자칫 더워질 수 있지만 남태평양의 극지방에서 흘러온 차가운 훔볼트 해류, 안데스산맥에서 불어오는 차가운 공기는 고온으로 상승하는 것을 방지한다. 한여름에도 32℃를 잘 넘지 않으며 큰 일교차로 인한 시원한 밤은 포도의 산도를 유지하는데 중요한 역할을 한다. 연간 강수량 380m의 건조한 기후로 과거에는 안데스산맥의 만년설이 녹은 물을 모아났다가 밭을 범람시켜 홍수 관개를 하였는데 이는 수분이 스며든 밋밋한 와인을 만든 원인이 되었다. 이 시절의 칠레 와인은 질 낮은 와인으로 평가되기도 했지만 오늘날은 현대적인 관개 시스템이 구축되어 효율적인 와인 생산이 이뤄지고 있다.

프랑스, 미국과 함께 3대 까베르네 소비뇽 산지로 꼽히는 칠레에서 까베르네 소비뇽은 가장 중요한 품종이다. 다량 함유된 잘 익은 타닌은 입 안에서 부드럽게 느껴지고 산도와 구조감 역시 좋은 균형을 이룬다. 뒤를 이어 메를로와 한때 메를로로 오해받던 까르미네르

Carménère 품종이 칠레를 대표한다. 고향인 보르도에서 필록세라로 인해 멸종되었던 까르미네르지만 칠레에서는 단독으로 혹은 블렌딩에 쓰여 감초 같은 역할을 하며 칠레의 시그니처 품종이 되었다. 몬테스 사의 '폴리 시라Folly Syrah'로 대변되는 칠레의 시라 품종 역시 섬세한 아로마와 복합미를 뿜낸다. 칠레는 레드 와인 산지로 알려져 있으나 북부의 서늘한 곳에서 생산되는 샤도네이, 소비뇽 블랑 등의 화이트 와인도 그 캐릭터를 여실히 보여준다.

레이블 표시 방법

품종

해당 품종을 85% 이상 사용했을 시 기재한다.
(내수용 75%)

빈티지

해당 빈티지의 와인을 최소 85% 포함해야 한다.
(내수용 75%)

지역

해당 산지에서 생산된 와인을 85% 이상 함유하면 지역명 기재가 가능하다.

알코올 도수

화이트 와인은 최소 12%, 레드 와인은 11.5% 이상이다.

» **추가적인 숙성기간 명시**

최소 2년 숙성 시-에스페샬Especial, 4년 숙성 시-리제르바Reserva, 6년 숙성 시-그란 비노Grand Vino 명시 가능. 실제 레이블에 사용되는 '리제르바 에스페샬Reserva Especial'이라는 용어는 법적인 의미가 없다.

칠레인들이 사랑하는 술, '피스코'

칠레는 세계 7위의 와인 생산국이지만 칠레인들의 와인 소비량은 그리 높지 않다. 대신, 칠레 현지들에게는 와인보다 친숙한 술이 있는데 바로 '피스코Pisco'라는 증류주이다. 주로 뮈스카 품종의 와인을 증류한 알코올 도수 40%에 달하는 브랜디로 황금 혹은 호박 색상과 바닐라, 메이플 시럽 같은 약간의 달콤한 향도 느낄 수 있다. 칠레 북부의 와인 산지인 아타카마와 코킴보 지역에서 주로 생산된다.

칠레 와인 산지

남북으로 길게 뻗은 칠레의 와인 산지는 1,300km에 달하며 내륙의 폭은 약 180km에 불과하다. 칠레 산지는 북쪽부터 아타카마Atacama, 코킴보Coquimbo, 아콩카구아Aconcagua, 센트럴 밸리Central Valley, 남부 칠레Southern Chile로 크게 5개 지역으로 나뉜다. 아타카마 지역은 주로 뮈스카로 만들어지는 증류주인 피스코Pisco와 식용 포도로 유명하며 최남단 산지인 남부 칠레 지역은 대량 생산되는 스페인 토착 품종 파이스Pais와 큰 통에 담겨 판매되는 값싼 저그 와인이 생산된다.

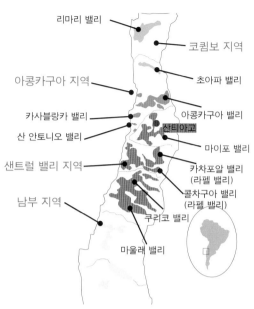

리마리 밸리

코퀸보 지역

아콩카구아 지역

초아파 밸리

카사블랑카 밸리

아콩카구아 밸리

산 안토니오 밸리

산티아고

센트럴 밸리 지역

마이포 밸리

카차포알 밸리
(라펠 밸리)

남부 지역

콜차구아 밸리
(라펠 밸리)

쿠리코 밸리

마울레 밸리

가장 대표적인 산지는 센트럴 지역의 마이포 밸리Maipo Valley와 라펠 밸리Rapel Valley이다. 마이포 밸리는 수도인 산티아고 인근에 위치한 가장 오래된 산지이다. 부드럽고 향이 풍부한 프리미엄 까베르네 소비뇽, 메를로와 까르미네르 와인이 생산되며 수도와의 근접성으로 다양한 대형 와인 회사들이 거점으로 삼는 곳이다. 마이포 밸리의 핵심 지역, 푸엔테 알토Puente Alto에서는 칠레의 아이콘 와인 3인방인 '알마비바Almaviva', '돈 멜초Melchor', '비녜도 채드윅Viñedo Chadwick'이 생산된다. 바로 남쪽에 붙어 있는 라펠 밸리는 칠레 와인의 약 1/4을 생산하는 가장 큰 산지 중 하나이며 두 개의 하위 지역, 카차포알Cachapoal과 콜차구아Colchagua로 나뉜다. 지역 브랜드 홍보를 위해 와인레이블에는 라펠 밸리라는 이름보다 각각의 두 지역명을 기재하고 있으며 마이포와 함께 최고의 레드 와인 산지로 꼽는다. 그 외에 센트럴 지역은 다양한 국제 품종이 다량 생산되는 쿠리코Curicó와 마울레Maule가 포함된다.

보다 서늘한 산지인 코퀸보의 리마리Limari와 아콩가구아의 카사블랑카Casablanca에서는 소비뇽 블랑, 샤르도네와 같은 화이트 와인이 주로 생산되며 정상급 생산자들이 투자를 늘리고 있는 주목할 만한 산지이다.

칠레의 유명 회사와 대표 와인

콘차이토로 Concha y Toro

까시예로 델 디아블로Casillero del Diablo, 마르께스 드 까사 콘차 Marqués de Casa Concha, 돈 멜초Don Melchor

산 페드로 San Pedro

1865, 가토 네그로Gato Negro, 시데랄Sideral, 알타이르Altair

몬테스 Montes

몬테스 알파Montes Alpha와 클래식Classic 시리즈부터 플래그쉽 와인인 퍼플 엔젤Purple Angel, 몬테스 알파 엠Montes Alpha M, 몬테스 폴리Montes Folly까지 생산한다.

라포스톨 Lapostolle

뀌베 알렉상드르Cuvée Alexandre, 최고급 와인인 끌로 아팔타Clos Apalta 등(그랑 마르니에Grand Marnier 브랜드의 창시자, 마르니에 라포스톨Marnier Lapostolle 가문 설립)

에라주리즈 Errázuriz

맥스Max, 돈 막시미아노Don Maximiano 등 다양한 라인이 생산되지만 특히 로버트 몬다비와 합작한 칠레 최초의 명품 와인, 비냐 세나Vina Sena로 유명하다.

미구엘 토레스 Miguel Torres

만소 데 벨라스코Manso de Velasco(스페인의 토레스 Torres 패밀리가 1979년에 설립)

바롱 필립 드 로칠드
Baron Philippe de Rothschild
(샤토 무통 로칠드)

에스쿠도 로호Escudo Rojo, 알마비바
Almaviva(콘차이 토로와 합작)

도멘바롱 드 로칠드
Domaines Barons de Rothschild
(샤또 라피트 로칠드)

로스 바스코스Los Vascos

▲ 바롱 필립 드 로칠드
에스쿠도 로호
그란 리제르바

칠레 와인들의 흥미로운 스토리텔링

국내 유일무이한 TV 광고 와인인 까시예로 델 디아블로Casillero del Diablo는 '악마의 저장소'라는 뜻을 가지고 있다. 일꾼들이 퇴근 후 몰래 와인을 훔쳐 마시는 것에 골치가 아프던 주인이 와인셀러에 악마가 나타난다는 소문을 퍼트린 데서 유래된 이름이다.

성공적인 마케팅의 예를 보여주는 1865 와인은 '골프 18홀을 65타에 쳐라'라는 슬로건으로 2000년대 초반부터 골프 애호가들에게 큰 인기를 끌었다. 또한 '18세부터 65세까지 즐기는 와인', '1865년산 와인으로 알고 훔쳐 간 도둑'까지 다양한 이야깃거리를 가진 와인이다.

국내 몬테스 와인의 판매 수익금은 2005년부터 한국근육병 재단(KMDF)에 기부되고 있다. 몬테스 와이너리의 창립 멤버 4명(아우렐리오 몬테스Aurelio Montes, 더글라스 머레이Douglas Murray, 알프레도 비다우레Alfredo Vidaurre, 페드로 그란드Pedro Grand) 중 알프레도 비다우레가 사망하기 전 약 8년 동안 근육병의 일종인 루게릭병에 시달렸기 때문이다. 또한 시라 품종을 처음으로 몬테스에 도입한 그를 기리기 위해 시라로 만든 로제 와인, 몬테스 슈럽 로제Montes Cherub Ros를 출시하였다(Cherub은 아기천사라는 뜻이다).

▲ 까시예로 델 디아블로
까베르네 소비뇽 리제르바

몬테스 와인의 상징이자 레이블에 그려진 천사는 또 다른 멤버 더글라스 머레이의 수호천사이다. 그는 어릴 때부터 갖은 사고 및 암과 같은 질병을 겪으며 죽을 고비를 수차례 넘겼다. 그 과정에서 수호천사가 자신을 지켜준다는 믿음이 생겼고 이 천사는 곧 몬테스의 상징이 되었다.

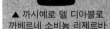

▲ 몬테스 알파 까르미네르

아르헨티나 Argentina

칠레 와인보다 판매점 진열대의 점유율은 낮지만 아르헨티나는 남미의 가장 큰 와인 생산국이며 생산량 세계 5위의 산지이다. 1550년대 스페인의 식민지 통치 기간 동안 들어온 스페인 토착 품종의 재배는 인근 지역으로 점차 확대되었다. 전 세계에서 8번째로 부유한 국가였던 아르헨티나의 황금기, 1920년대에는 자국민들의 엄청난 수요를 감당할 정도로 와인 산업이 뿌리내렸지만 글로벌 대공황과 군사 독재 시기, 1980년대의 경제적 불안정이 이어지며 침체될 수밖에 없었다. 점차 이웃인 칠레를 벤치 마킹하며 양질의 와인을 생산 및 수출하는데 집중하기 시작했다.

아르헨티나의 산지는 서쪽의 안데스산맥부터 동쪽의 비옥한 팜파스Pampas 평원의 저지대까지 이어지며 안데스산맥을 따라 남과 북으로 길게 뻗어 있다. 대부분의 포도밭은 안데스산맥의 산기슭에 자리하며 칠레만큼이나 이상적인 포도 재배 환경을 자랑한다. 적도와 가까운 이곳은 차가운 공기와 풍부한 일조량을 위해 점점 더 높은 고도에 포도밭이 생겨나는 추세로 해발 3,000m의 세계에서 가장 높은 포도밭이 있다. 가장 중요한 산지는 아르헨티

나 와인의 60%를 생산하는 멘도자Mendoza이며 산 후안San Juan과 라 리오하La Rioja 지역이 뒤를 잇는다. 그 외에 살타Salta, 카타마르카Catamarca, 리오 네그로Rio Negro 지역과 최근에는 남부 부에노스아이레스Buenos Aires도 포함된다.

짙은 보라색의 과일과 꽃 향, 집중도와 생기가 느껴지는 말벡 와인은 아르헨티나 와인과 동일어로 여겨질 만큼 대표적이다. 한때는 더 인기 있는 품종을 심기 위해 말벡이 뽑혀 나간 시기도 있었지만 이내 생산자들은 말벡이 그들 와인에 차별성을 준다는 것을 깨닫고 품질 상승을 위한 노력을 기울이고 있다. 아르헨티나의 또 하나의 특별한 품종은 향기롭고 꽃 향이 강한 청포도, 토론테스Torrontes이다. 까베르네 소비뇽, 시라, 샤르도네와 같은 국제 품종도 높은 비중으로 생산되지만 스페인, 이탈리아, 프랑스 등 유럽의 이주민들이 가져온 다양한 품종이 재배된다는 것이 강점이다. 아르헨티나의 와인레이블에 품종을 적을 때는 해당 품종이 85% 사용되어야만 기재할 수 있다.

아르헨티나의 말벡 사랑, 말벡 월드 데이

매년 4월 17일 수백 종의 아르헨티나 와인을 시음할 수 있다면? 아르헨티나 와인의 홍보 기관인 와인즈 오브 아르헨티나Wines of Argentina(WofA)에서 공표한 '말벡 월드 데이Malbec World Day'는 프랑스 품종인 말벡이 최초로 아르헨티나에 식재된 1853년 4월 17일을 기념하는 날이다. 매년 아르헨티나 대사관의 주최하에 국내 수입 및 미수입 아르헨티나 와인의 시음회와 세미나, 정열적인 탱고 공연이 이어지기도 한다. 사전 신청 후 명함을 지참해서 입장하며 주한 아르헨티나 대사관에서 신청 및 문의를 받는다.

마찬가지로 매년 멘도자에서는 전국 포도 수확 축제인 '피에스타 나치오날 데 라 벤디미아Fiesta Nacional de la Vendimia'가 열린다. 생산된 와인과 와인 양조 산업을 기념하는 추수감사제 같은 행사로 마치 올림픽 개막식을 연상시키는 웅장한 규모를 자랑한다. 아르헨티나에서 가장 중요한 축제 중 하나이며 많은 관광객이 이 시기에 멘도자를 찾는다. 또한 이 행사에서는 '레이나 나치오날 데 라 벤디미아Reina Nacional de la Vendimia'라는 수확의 여왕도 뽑는다.

아르헨티나 와인 산지

살타
카타마르카
라 리오하
산 후안
산티아고 (칠레)
멘도자
라 팜파
리오 네그로

아르헨티나 와인의 최대 생산 및 수출 지역인 멘도자는 사막 풍경과 높은 고도가 결합하여 향기롭고 강렬한 맛의 레드 와인을 생산한다. 안데스산맥과 맞닿아 있으며 칠레의 수도인 산티아고를 비롯해 주요 산지들과도 비슷한 위도에 놓여 있다. 높은 고도와 낮은 습도로 인해 아르헨티나 포도밭은 해충이나 곰팡이와 같은 질병과 거의 직면하지 않아 화학적 비료를 쓰지 않는 유기농 와인이 쉽게 생산된다. 고급 포도원은 해발 1,500m에 위치하며 이곳의 풍부한 햇빛과 큰 폭의 일교차로 포도에 균형 잡힌 당과 산도가 생성된다. 말벡 이외에도 까베르네 소비뇽, 샤르도네의 생산량이 높다. 하위 지역 중 고품질 말벡이 생산되는 루한 데 쿠요Luján de Cuyo와 조금 더 부드러운 스타일이 생산되는 우코 밸리Uco Valley도 레이블에서 쉽게 볼 수 있다.

두 번째로 높은 생산량을 자랑하는 곳은 멘도

자 바로 북쪽의 산 후안으로 뜨거운 기후로 인해 브랜디나 거친 맛의 값싼 와인이 생산되었으나 점차 높은 고도에서 잠재력있는 와인 생산에 노력하고 있다. 라리오하 지역은 스페인 선교사들이 포도나무를 심은 최초의 지역 중 하나로 아르헨티나 와인의 가장 긴 역사를 가지고 있다. 토론테스와 같은 화이트 와인으로도 유명한 작은 산지이다.

더 북쪽의 살타 지역은 해발 3,000m의 세계에서 가장 높은 고지대에 포도밭이 있으며 주변의 카타마르카 지역과 함께 바디감이 무거운 토론테스와 까베르네 소비뇽, 따나 등을 재배한다. 멘도자 남부의 파타고니아 지역에 속하는 리오 네그로와 네우켄 Neuquen은 더 시원한 조건에서 피노 누아로 우아한 와인을 만든다.

» 유명 생산자

까테나 자파타Catena Zapata, 아차발 페레Achaval Ferrer, 테라자스 데 로스 안데스Terrazas de los Andes(모엣 샹동 소유), 까로 Caro, 트라피체Trapiche, 차크라Chacra(피노 누아), 멘델Mendel, 알타 비스타Alta Vista, 카이켄Kaiken, 카사레나Casarena, 엘 에스테코El Esteco, 오 프르니에O. Fournier

▲까테나 자파타,
아르젠티노 말벡

남아프리카 공화국 South Africa

300년 이상의 와인 양조 역사를 가진 남아공의 다양한 와인스타일은 국제적으로 큰 관심과 호평을 받아왔다. 1652년 네덜란드 정착민에 의해 처음으로 포도 재배가 시작되었고 약 30년 후 프랑스 정부의 종교 탄압을 피해 망명한 위그노 교도들이 포도 재배와 양조 기술을 전파한 후에 와인 생산이 시작되었다. 18~19세기 콘스

탄시아Constantia라는 디저트 와인이 유럽으로 수출되며 세계적인 명성을 얻었으나 이내 발병한 필록세라와 정치적 이슈 때문에 침체기에 빠진다. 1990년 넬슨 만델라가 석방되어 대통령으로 선출된 후 본격적인 성장의 길을 걷게 되었고 현재는 전 세계 와인 생산량 9위를 차지하게 되었다. 남아공에서는 구세계와 신세계의 스타일이 접목된 와인을 만날 수 있다.

대표적인 품종은 피노 누아와 생소 품종을 교배하여 태어난 이곳의 고유 품종, 피노타지Pinotage이다. 부모 품종인 피노 누아와는 달리 블루베리, 초콜릿, 담배같이 무거운 향이 느껴지는 높은 알코올 도수를 지닌 품종이다. 또한, 구세계와 신세계 와인의 중간쯤 위치한 스타일의 까베르네 소비뇽과 보르도 블렌딩 품종, 초콜릿과 같은

풍부함을 지닌 쉬라즈도 널리 재배된다. 포도밭 면적의 55%에 달하는 청포도 품종은 남아공 화이트 와인의 인기를 잘 보여준다. 슈냉블랑은 생산량 20%에 육박하는 최다 재배 품종이며 이곳에서는 스틴Steen으로 알려져 있다. 대다수의 샤르도네가 브랜디 생산에 사용되지만 점진적인 품질 향상으로 국제적인 인기를 얻어 가고 있다. 소비뇽 블랑 역시 남아공의 대표 품종 중 하나이다. 풀, 라임, 자몽과 같은 과일 향이 풍부하여 마치 뉴질랜드 소비뇽 블랑과 유사하다고 평가받기도 한다. 이 외에도 세미용, 리슬링, 비오니에 등의 재배가 증가하고 있다.

대부분의 포도원은 웨스턴 케이프Western Cape 지역에 분포되어 있으며 서쪽의 대서양, 남쪽의 인도양의 영향으로 온화한 지중해성 기후를 띤다. 산과 계곡으로 이뤄진 고원 지대의 다양한 떼루아에서 다채로운 스타일의 와인이 생산된다.

레이블 표시 방법

각 지역의 떼루아를 보호하고 관리하는 남아공의 지리적 보호 제도는 WO Wine of Origin이다.

포도 품종

해당 품종이 85% 이상 포함되어야 하며 두 포도의 혼합 와인인 경우 각 포도를 별도로 양조한 후 블렌딩하면 두 품종 모두 레이블에 기재 가능하다.

빈티지

해당 연도에 생산된 포도가 85% 이상 포함되어야 한다.

남아프리카 공화국의 상징, 피노타지 품종

피노타지Pinotage는 1924년 스텔렌보쉬Stellenbosch 대학의 페롤드 교수가 피노 누아와 생소 품종을 교배하여 만든 새로운 품종이다. 당시 프랑스 론에서 온 품종인 생소는 에르미따주Hermitage(론의 대표 와인)라고 알려져 있었고 피노 누아와 결합한 이름을 얻게 된다. 남아공의 유일한 고유 품종으로 현재는 남아공의 특산품이 되었다. 스텔렌보쉬의 최고 와이너리 중 하나인 캐논캅 에스테이트Kanonkop Estate 벽면에 익명의 방문자가 남긴 피노타지에 대한 유명한 글귀가 있다.

"피노타지는 사자의 심장과 여자의 혀에서 추출한 즙이다. 충분한 양을 마시고 나면 악마와도 싸울 수 있고 영원히 말할 수도 있다."

남아프리카공화국 와인 산지

비교적 작은 규모의 콘스탄시아는 주로 뮈스카 품종으로 만드는 스위트 와인인 뱅 드 콘스탄스Vin de Constance로 18세기 이후 이미 세계적인 명성을 떨친 지역이다. 두 개의 바다로 둘러싸인 케이프타운 남쪽 반도에 위치하여 포도의 산도를 유지해 주는 시원한 바닷바람의 이점을 갖는다. 그 덕분에 소비뇽 블랑과 리슬링과 같은 품종의 와인도 유명하다. 콘스탄시아에 이어 프란슈후크 밸리Franschhoek Valley와 팔Paarl, 스텔렌보쉬Stellenbosch 등은 케이프타운을 에워싸고 있는 주요 와인지역이다.

스텔렌보쉬는 수출용 고급 와인을 만드는 가장 유명한 지역이다. 국가 와인 생산의 14%를 차지하며 보르도 스타일의 블렌드 와인과 피노타지 품종이 뛰어나다. 와인 산업의 중심지

였던 팔은 조금 더 내륙에 위치한 따뜻한 기후에서 강건한 스타일의 까베르네 소비뇽, 쉬라즈 및 샤르도네를 생산한다. 이외에도 쉬라즈와 까베르네 소비뇽의 풀바디한 레드 와인을 생산하는 프란슈후크 밸리가 있다. 고품질 와인 생산이 가능한 서늘한 산지는 오늘날 점차 중요성이 커지고 있다. 워커베이Walker Bay와 오버베르그Overberg 지역이 대표적이며 샤르도네, 피노 누아, 소비뇽 블랑을 생산한다. 엘긴Elgin에서는 소비뇽 블랑을 성공적으로 재배하고 있다.

콘스탄시아의 전설적인 스위트 와인, '뱅 드 콘스탄스'

19세기 워털루 전투에서 패한 나폴레옹은 백일천하가 끝나고 대서양의 외딴섬 세인트헬레나St. Helena섬에서 유배 중 죽음을 맞는다. 그가 이 섬에서 좌절의 시간을 보내며 마신 와인이 바로 콘스탄시아Constantia에서 운송된 스위트 와인이었다. 콘스탄시아 지역에서 뮈스카Muscat de Frontignan 품종으로 만들어진 와인 '뱅 드 콘스탄스Vin de Constance'는 살구, 오렌지의 풍성한 과일 향과 홍조를 띠는 황금빛 컬러가 인상적이다. 18~19세기 유럽으로 수출되었으며 찰스 디킨스, 제인 오스틴과 보들레르의 작품에도 소개될 정도로 유명해졌다.

▲클렌 콘스탄시아, 뱅 드 콘스탄스'

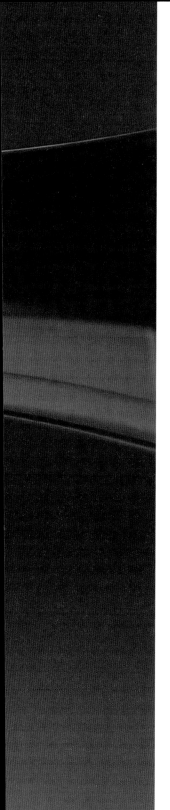

CHAPTER 2
한눈에 보는
와인레이블

레이블은 포도 품종, 빈티지, 산지, 와이너리, 당도, 알코올 도수, 숙성 기간 등 와인의 구체적인 정보를 담고 있다. 앞의 내용들을 잘 이해했다면, 레이블 읽는 것이 한결 수월해질 것이다. 구세계와 신세계의 대표적인 와인레이블을 해독해보자.

1. 와인레이블 해독하기

빈티지란?

와인레이블에서 가장 먼저 눈에 띄는 정보 중 하나가 바로 빈티지Vintage이다. 빈티지는 간단히 말해 와인을 만든 포도를 수확한 해이다. 모든 식재료와 마찬가지로 와인을 만드는 원재료인 포도의 품질이 좋을 때 최고의 와인이 탄생한다. 특히, 매해 기상변화가 큰 곳은 빈티지의 영향을 많이 받는데 프랑스의 보르도나 부르고뉴 같은 산지가 대표적이다. 예를 들어 보르도의 대표적인 1등급 와인인 '샤또 무똥 로칠드Château Mouton Rothschild'의 2000년 빈티지가 해외에서 최소 300만 원대 이상을 호가하고 있는데 반해 2013년 빈티지는 60만 원대로도 구매가 가능했다. 이와 같은 지역의 와인들은 빈티지에 따른 품질뿐만 아니라 생산량의 차이로도 가격이 크게 달라질 수 있다.

　맛있게 마셨던 와인을 재구매 했을 때 실망하게 되는 경우가 있다. 여러 이유가 있겠지만 보통 다른 빈티지를 구매한 경우가 많다. 기존에 시장에서 유통되던 빈티지가 아니라 국내에 갓 들어온 최신 해의 와인들은 어리고 맛이 가볍게 느껴질 수도 있다.

빈티지가 오래될수록 비싸다? NO!

고가의 와인들 중 오래되어 희소성 있는 와인은 가격이 상승할 수 있다. 그러나 일반적으로 매년 수입되는 와인의 공급가는 오르면 올랐지 내려가는 경우는 많지 않다. 편하게 마시는 데일리급 와인들조차 최신 빈티지로 바뀔 때마다 가격이 오르고 있기 때문에 우리가 생활 속에서 마시는 와인의 빈티지는 오히려 어릴수록 비쌀 수도 있는 것이다.

　간혹 영화나 드라마에서 1950년산 와인을 주문하는 경우를 볼 수 있는데 이런 올드 빈티지 와인은 품질을 보장받기 어렵다. 오래 기간 유통되는 과정에서 변질될 위험이 크고 장기보존이 가능한 와인이 생각보다 많지 않기 때문이다. 또한 양조기술이 발달하지 않았던 시기의 와인은 숙성 잠재력이 지금보다 낮은 편이다. 장기 보존이 가능한 와인으로는 천연방부제 역할을 하는 높은 산도의 와인, 다량의 타닌이 함유된 건강한 포도로 만들어진 와인, 포트와 인 같은 높은 도수의 브랜디가 섞인 강화 와인, 고밀도의 스위트 와인 등이 있다.

와인레이블 읽기

샴페인

	레이블에 기재된 내용	의미
1	BRUT	브룻. 스파클링 와인의 당도를 나타내는 명칭, 브룻은 달지 않음을 의미함
2	FONDÉ EN 1838	1838년 설립된 (Fondé) 와이너리
3	Champagne	원산지명: 샹파뉴AOC에서 생산함
4	DEUTZ	생산자명: 도츠(Deutz)가 생산한 와인
5	BLANC DE BLANCS	샴페인의 포도와 컬러에 따른 명칭: '블랑 드 블랑'은 샤르도네 100%로 만든 샴페인이다
6	2011	빈티지: 2011년에 수확한 포도 사용
7	12%vol	알코올 도수
8	750ml	용량
9	ÉLABORÉ PAR DEUTZ	ÉLABORÉ PAR+생산자명: 도츠(DEUTZ)에 의해 생산됨
	AŸ, FRANCE	와이너리 소재지: 프랑스의 아이(Aÿ) 마을에 있는 와이너리
	NM-178-001	생산자 형태와 협회 등록 번호: NM(Négociant-Manipulant) 생산자 178-001

구세계 – 프랑스 보르도 (메독 Médoc)

	레이블에 기재된 내용	의미
1	Baronne Philippine de Rothschild g.f.a	바론 필립 드 로칠드 g.f.a 그룹
2	Château d'Armailhac	생산자명이자 와인명으로 쓰임
3	2012	빈티지: 2012년 수확된 포도 사용
4	PAUILLAC AOC (Appellation Pauillac Contrôlée)	원산지명: 포이약 AOC, 메독의 포이약 마을에서 생산됨
5	Grand Cru Classé	메독 지역 등급 분류(그랑크뤼 클라쎄)에 속한 와인 달마이약은 포이약 마을의 5등급 와인
6	MIS EN BOUTEILLE AU CHATEAU	미정 부테이 오 샤또, 해당 샤토에서 포도 재배부터 양조, 병입까지 했음을 의미

구세계 – 프랑스 보르도 (생 떼밀리옹 Saint-Émilion)

	레이블에 기재된 내용	의미
1	Château Canon	생산자명이자 와인명으로 쓰임
2	1er Grand Cru Classé	생 떼밀리옹의 등급 분류: 생 떼밀리옹의 Premier Grand Cru Classé 등급에 속하는 와인. 해당 와인은 Premier Grand Cru Classé 'B' 등급 와인이며, 'B'는 미기재함
3	SAINT-EMILION GRAND CRU	생 떼밀리옹의 등급 (Grand Crus) 와인임
4	2015	2015년에 수확한 포도 사용

① 2014

② MEURSAULT
PREMIER CRU - LE PORUSOT
APPELLATION MEURSAULT 1ER CRU CONTRÔLÉE

③ BENJAMIN LEROUX

	레이블에 기재된 내용	의미
1	2014	빈티지: 2014년에 수확한 포도 사용
2	MEURSAULT PREMIER CRU -LE PORUSOT	원산지명이자 등급: 뫼르소 마을의 프리미에 크뤼 등급밭 '포루조'에서 생산됨
3	BENJAMIN LEROUX	생산자명: 벤자민 르루 * 메종 와인이므로 도멘 Domaine 을 표기하지 않음

	레이블에 기재된 내용	의미
1	CHIANTI CLASSICO	원산지명: 끼안티 클라시코에서 생산됨
2	DENOMINAZIONE DI ORIGINE CONTROLLATA E GARANTITA	끼안티 클라시코는 이탈리아 와인 분류 중 DOCG에 속한다
3	RISERVA	숙성기간: 최소 2년 이상 숙성됨
4	2015	빈티지: 2015년에 수확한 포도 사용
5	VILLA A SESTA	생산자명: 빌라 아 세스타가 생산함

구세계 - 이탈리아

	레이블에 기재된 내용	의미
1	Jorio	와인명: 요리오라는 이름의 와인
2	Montepuciano d'Abruzzo	몬테풀치아노 다부르쪼. 생산지와 품종명: 아부르쪼 지역에서 몬테풀치아노 품종으로 생산함
3	DENOMINAZIONE DI ORIGINE CONTROLLATA	몬테풀치아노 다부르쪼는 DOC 분류에 속함
4	UMANI RONCHI	생산자명: 우마니 론끼

구세계 - 독일

	레이블에 기재된 내용	의미
1	FRITZ HAAG	생산자명: 프리츠 하그
2	2016	2016년에 수확한 포도 사용
3	Brauneberger Juffer	브라우네베르거 유퍼(원산지명) 모젤 지역의 브라우네베르거 마을의 밭 '유퍼'에서 생산됨
4	Riesling	포도 품종명: 리슬링
5	Spätlese	스패트레제 당도 등급의 와인

신세계 - 미국

	레이블에 기재된 내용	의미
1	Far Niente	생산자명: 파 니엔테
2	ESTABLISHED 1885	와이너리 설립연도: 1885년
3	ESTATE BOTTLED	와이너리에서 병입됨
4	2014	빈티지: 2014년에 수확한 포도 사용
5	NAPA VALLEY	원산지명: 나파 밸리
6	Oakville	포도 재배 구역명: 오크빌에서 재배된 포도(나파 밸리의 하위 구역 오크빌 AVA)
7	Cabernet Sauvignon	포도 품종명: 까베르네 소비뇽

279

신세계 - 호주

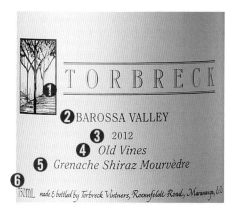

	레이블에 기재된 내용	의미
1	TORBRECK	생산자명: 토브렉
2	BAROSSA VALLEY	원산지명: 바로사 밸리
3	2012	빈티지: 2012년에 수확한 포도 사용
4	Old Vines	올드 바인: 고령의 포도 나무에서 수확한 포도가 사용됨
5	Grenache Shiraz Mourvèdre	포도 품종명: 그르나슈→쉬라즈→무르베드르 순으로 함유량이 높음
6	made & bottled by Torbreck Vintners, ~	토브렉 빈트너스 와이너리에서 와인 제조 및 병입까지 진행함, 이어서 와이너리 소재지 표기

국가별 필수 와인 용어

프랑스

» **Apértif 아페리티프**
식욕을 촉진하기 위해 식사 전에 제공되는 알코올 음료를 의미하며 일반적으로 드라이하다.

» **Appellation d'Origine Controlée(AOC)**
프랑스의 국립원산지명칭협회(INAO)가 와인 및 지역 특산품의 원산지명칭을 보호하고 품질을 관리하기 위해 만든 제도.

» **Assemblage 아쌍블라주**
샴페인 생산과정에서 쓰이는 용어. 2차 발효 전 최종 와인 뀌베Cuvée를 만들기 위해 베이스 와인들을 혼합하는 과정이다.

» **Beaujolais Nouveau 보졸레 누보**
보졸레 지역에서 생산되며 11월 셋째 주 목요일 출시되는 햇 와인, 3개월 정도 가볍게 즐기는 과일향이 강한 레드 와인.

» **Blanc de Blancs 블랑 드 블랑**
White from White, 청포도로 만든 화이트 컬러의 와인. 스파클링 와인에서 주로 쓰이는 용어로 대개 샤르도네로 만들어진다.

» **Blanc de Noirs 블랑 드 누아**
White from Black, 적포도로 만든 화이트 컬러의 와인. 스파클링 와인에서 주로 쓰는 용어. 샴페인은 피노 누아, 피노 뫼니에 품종이 허용된다.

» **Brut 브륏**
달지 않다는 뜻. 드라이한 샴페인과 스파클링 와인을 뜻하는 용어. Extra Dry보다 더 달지 않다.

» **Cave 까브**
와인 숙성 및 보관을 위한 지하 저장소, 전 세계 와인 산업의 필수 시설.

» **Cépages 세빠주**
포도 품종을 의미.

» **Château 샤토**
성Castle이라는 뜻. 보르도에서 주로 사용되는 용어로 생산자 이름 앞에 붙는다. 포도밭, 양조장 등의 모든 시설을 포함한다. 경우에 따라 실제 성이 포함되기도 한다.

» **Climat 끌리마**
부르고뉴에서 사용되는 용어로 다양한 떼루아에 따라 구분된 특정 밭이나 부지를 뜻한다. 벽으로 둘러싸인 특정 끌리마는 끌로Clos라고 불리기도 한다.

» **Clos 끌로**
부르고뉴에서 많이 사용하는 용어, 일반적으로 벽으로 둘러싸인 포도밭을 의미한다. 종종 명성 있는 밭을 다른 밭과 뚜렷하게 구별하기 위해 사용한다.

» **Côte 꼬뜨**
언덕이라는 뜻으로 보통 평지의 포도밭보다 뛰어난 포도밭으로 여겨진다.

» **Crémant 크레망**
샹파뉴 이외의 특정 지역에서 샴페인 방식으로 만드는 스파클링 와인을 지칭한다. 프랑스 내의 7개 지역에서 생산되며 크레망 달자스, 크레망 드 부르고뉴, 크레망 드 리무 등이 대표적이다. 그 외에 프랑스 국경 밖에서 생산되는 유일한 크레망인 크레망 드 룩셈부르크Crémant de Luxembourg가 룩셈부르크에서 생산되고 있다.

» **Cru 크뤼**
우수하고 명성 있는 포도밭이나 포도밭들의 구획을 의미하며 지역마다 차이는 있지만 프리미에 크뤼나Premier Cru 그랑 크뤼Grand Cru와 같은 용어는 품질 수준을 예상할 수 있는 지표가 된다.

» **Cuvée 뀌베**
특정 블렌드(혼합) 와인 혹은 특정 통에 든 와인을 의미 한다. 각 하우스에서 생산되는 최고급 와인을 Prestige Cuvée라 칭한다. 또한, 부드럽게 압착한 첫 번째 즙을 의미하기도 한다.

» **Dégorgement 데고르주망**
샴페인 양조 용어, 샴페인의 2차 발효 후 효모 침전물Lees을 제거하는 과정이며 영어권에서는 Disgorging으로 사용한다.

» Demi-Sec 드미 섹
Half-dry, 샴페인 혹은 스파클링 와인의 당도 단계 중 일반적으로 단맛이 뚜렷하게 느껴지기 시작하는 정도이다.

» Domaine 도멘
와인을 생산하는 와이너리. 부르고뉴에서 주로 쓰이며 생산자명 앞에 포함하여 사용한다.

» Dosage 도자주
샴페인 양조 과정 중 최종적으로 와인을 병입하기 전, 당도 조절을 위해 당분이나 당분과 와인을 섞은 즙(리꿰흐 덱스페디시옹Liqueur d'expédition)을 첨가하는 과정을 의미한다.

» Doux 두
Sweet, 샴페인의 가장 달콤한 당도 수준.

» Étiquette 에티켓
와인레이블을 뜻하는 프랑스어.

» Extra Dry 엑스트라 드라이
스파클링 와인의 당도 용어. 브륏brut보다 약간 더 높은 당도 수준. 매우 드라이한 엑스트라 브륏Extra Brut과 혼동되는 단어이다.

» Jeroboam 여로보암 혹은 제로보암
기본 와인 용량 750ml가 4병 들어간 사이즈(3L)의 샴페인을 의미, 보르도에서는 5L짜리 병을 의미하며 더블 매그넘이라고도 한다.

» Lieux-dits 리우-디
보통 부르고뉴에서 사용하는 말로 지형적 혹은 역사적인 특징을 지닌 특정 밭을 의미한다. 클리마 Climat와는 구별되는 개념으로 보통 한 클리마 안에 여러 리우-디가 있다. 부르고뉴 와인레이블에 프리미에 크뤼나 그랑 크뤼가 아닌 낯선 이름(밭명)이 적혀 있을 때 리우-디의 명칭인 경우가 종종 있다.

» Méthode Champenoise 메쏘드 샹프누아즈
샴페인을 만드는데 사용하는 양조 방식으로 대형 탱크가 아닌 병 속에서 2차 발효를 진행한다. 다른 지역에서는 전통 방식(메쏘드 트라디시오넬 Méthode Traditionnelle)이라는 용어를 사용한다.

» Millésime 밀레짐
빈티지Vintage(포도가 수확된 해)를 의미, 보통 샴페인에 쓰임.

» Mis en bouteille au Château 미정 부테이오 샤토
와인레이블 용어로 해당 샤토에서 포도 재배부터 병입까지 했음을 의미한다.

» Monopole 모노폴
부르고뉴에서 많이 쓰이는 말로 한 와이너리가 독점으로 소유한 포도밭을 의미한다.

» Muselet 뮈즐레
샴페인 혹은 스파클링 와인의 강한 압력으로 코르크가 밀리는 것을 방지하기 위해 감아놓은 철사를 칭한다.

» Négociant 네고시앙
포도나 와인을 재배자로부터 구입하여 자체 브랜드명을 붙여 판매하는 생산자를 뜻한다. 스스로 와인 판매가 어려운 영세한 소규모 생산자들의 와인을 판매하며 생겨났다. 많은 네고시앙들이 자신의 포도밭도 소유하고 있다.

» Noble Rot 노블 롯
'귀부'. 축축한 환경에서 포도에 보트리티스 시네레아 곰팡이가 침투하여 과육의 수분을 증발시키고 건포도를 만드는 과정. 이렇게 농축된 포도로 만들어진 스위트 와인을 귀부 와인이라고 한다.

» Remuage 르뮈아주
병 안에서 효모 침전물과 숙성된 샴페인의 찌꺼기를 제거하는 방법. 병 목에 찌꺼기를 모으기 위해, 푸피트르Pupitre라는 A자형 틀에 병을 꽂고 돌리면서 점차 거꾸로 기울인다.

» Rosé 로제
장밋빛 혹은 주황빛을 띠는 와인으로 일반적으로 적포도의 껍질과 즙이 닿아 있는 시간을 짧게 유지하여 만들어진다. 샴페인은 대부분 화이트 와인에 소량의 레드 와인을 혼합하여 만들며 간혹 전자와 같이 만들어지기도 한다.

» Rouge 후즈
Red, 'Le Vin Rouge'는 레드 와인을 의미한다.

» Sec 섹
Dry와 동일한 프랑스어로 실제 이 용어가 적힌 샴페인이나 스파클링 와인은 약간 달콤한 편이다.

» Vin 뱅
와인Wine

» Terroir 떼루아
와인에 영향을 끼치는 모든 요소들의 결합(포도밭의 방향, 경사, 토양, 강수량과 일조량, 전반적인 기후 등)으로 포도밭마다 고유의 떼루아가 존재한다.

» Vendange 방당주
Harvest, '수확'을 의미한다.

» Vieilles Vignes 비에이 비뉴
Old Vine, '늙은 포도나무'라는 뜻으로 고령의 포도나무에서 생산된 와인레이블에 기재된다. 호주와 같이 100년 이상 된 포도나무도 있지만 상업적인 목적으로 25년 이상의 포도나무에 붙이기도 한다.

이탈리아

» **Abboccato 아보카토**
Semi-Dry, 약간 스위트함.

» **Amabile 아마빌레**
Semi-Sweet, 아보카토보다 조금 더 달콤함.

» **Annata 아나타**
빈티지Vintage를 의미.

» **Appassimento 아파시멘토**
당도와 풍미가 농축된 와인을 만들기 위해 수확 후 포도를 짚 매트나 대나무 선반에 말리고 포도의 수분을 증발시키는 과정.

» **Azienda Agricola 아지엔다 아그리콜라**
직접 재배한 포도로 와인을 만든 경우, 해당 와이너리명과 함께 이 표기를 레이블에 적는다.

» **Bianco 비안코**
흰색, 'Vino Bianco'는 화이트 와인을 의미함.

» **Cantina 칸티나**
와이너리 혹은 와인 저장소를 일컫는다.

» **Castello 카스텔로**
성Castle을 뜻하며 과거 성이었던 건물을 사용하는 일부 와이너리들의 이름 앞에 붙는다. 예) Castello di Ama 카스텔로 디 아마

» **Classico 클라시코**
유명 와인 산지(DOC 분류 지역)의 중심지로 전통적으로 해당 와인을 만들어 왔거나 가장 명성 있는 산지를 의미한다. 예) Chianti Classico 끼안티 클라시코

» **Dolce 돌체**
아주 스위트한 맛. 라 돌체 비타La dolce vita는 '달콤한 인생'이라는 뜻이다.

» **Frizzante 프리잔테**
일반 스파클링 와인보다 기압이 낮은 약발포성 와인. 모스카토 다스티가 이에 해당된다.

» **Grappa 그라파**
와인 양조 시 포도를 압착한 후 남은 포도 찌꺼기를 증류하여 만드는 브랜디.

» **Imbottigliato all'Origine 임보틸리아토 올로리지네**
해당 생산자가 포도 재배, 양조, 병입까지 한 경우에만 레이블에 표기.

» **Imbottigliato da 임보틸리아토 다**
해당 와이너리에서 병입했다는 뜻.

» **Millesimato 밀레지마토**
보통 스파클링 와인에 쓰인 빈티지Vintage를 의미.

» **Rosato 로사토**
로제 와인, Vino Rosato.

» **Rosso 로쏘**
레드 와인, Vino Rosso.

» **Secco 세코**
드라이함.

» **Spumante 스푸만테**
스파클링 와인을 일컫는 일반적인 용어.

» **Superiore 수페리오레**
해당 산지의 요구되는 규정보다 알코올 함량이 높고 숙성 기간이 긴 와인.

» **Tenuta 테누타**
농지Estate 혹은 양조장.

» **Vendemmia 벤데미아**
수확Harvest 혹은 빈티지Vintage(포도가 수확된 해)를 의미.

» **Vigna 비냐 혹은 Vigneto 비네토**
빈야드Vineyard, 포도밭을 의미.

» **Vino 비노**
와인.

스페인

» **Añada 아냐다**
빈티지Vintage를 의미.

» **Blanco 블랑코**
화이트.

» **Bodega 보데가**
와이너리 혹은 와인 저장소.

» Cava 까바
샴페인 방식으로 만든 스파클링 와인. 카탈루니아 지방의 페데네스에서 95% 이상 생산된다.

» Cepa 세빠
포도나무 혹은 포도 품종.

» Cosecha 코세차
빈티지Vintage를 의미.

» Crianza 크리안자
각 와이너리에서 생산하는 기본 품질의 와인으로 보통 일상적으로 마시는 와인을 일컫는다. 레드 와인의 경우 오크통에서 1년, 총 2년 이상 숙성한다.

» Dulce 둘세
스위트하다는 뜻.

» Espumoso 에스프무쏘
스파클링 와인의 일반적인 총칭.

» Gran Reserva 그란 레세르바
보통 작황이 뛰어난 해에만 생산되며 장기 숙성되는 최상급 와인이다. 레드 와인은 오크통 2년, 병에서 3년을 포함하여 최소 5년 이상 숙성된다. 실제로는 8년 이상도 숙성되며 좋은 와인일수록 정제된 힘과 우아함이 느껴진다.

» Reserva 레세르바
작황이 좋은 해에 생산되며 크리안자보다 풍성한 와인으로 레드 와인은 오크통에서 1년 숙성을 포함하여 총 3년 이상 숙성된다.

» Rojo 호조
레드(와인).

» Rosado 로사도
로제(와인).

» Seco 세코
드라이함.

» Vina 비냐 / Vinedo 비녜도
포도밭.

» Vino 비노
와인.

» Viejo 비에호
old, 최소 3년 이상 숙성된 와인에 사용하는 용어.

독일

» Alte Reben 알터 뢰벤
Old Vine, 고령의 나무에서 생산된 와인레이블에서 볼 수 있다.

» Anbaugebiet 안바우게비테
독일 13개의 우수한 와인 생산 지역.

» Bereich 베라이히

13개의 안바우게비테 내의 약 39개의 하위 지역. 베라이히는 163개의 그로스라게Grosslage로, 다시 2500여 개의 아인첼라게Einzellage로 세분화된다.

» Bocksbeutel 복스보이텔
프랑켄Franken지역에서 사용되는 물방울 모양의 전통적인 와인병.

» Gutsabfüllung 구츠압퓔룽
와이너리에서 병입까지 진행함.

» Feinherb 파인허브
Off-dry, 보통 할프트로켄Halbtrocken과 유사한 당도를 가지며 약간 더 단 편이다. 비공식적인 용어로 레이블에 종종 사용된다.

» Rotwein 로트바인
레드 와인.

» Schloss 슐로스
성Castle, 다른 유럽 산지와 마찬가지로 일부 독일의 생산자들은 과거 성이었던 곳에 자리를 잡았다.

» Sekt 젝트
스파클링 와인.

» Trocken 트로켄
드라이Dry 하다는 뜻을 가지고 있으며 스위트, 세미 스위트(할프트로켄)보다는 드라이한 와인을 나타낸다.

» Weingut 바인구트
와이너리.

포르투갈

» Adega 아데가
와이너리.

» Colheita 콜레이타
'Harvest', 빈티지를 의미함과 동시에 단일 빈티지의 포도로 만든 희귀한 장기 숙성 포트 와인의 명칭이기도 하다.

» Doce 도씨
스위트함.

» Espumante 에스푸만치
스파클링 와인의 총칭.

» Quinta 킨타
포도밭 혹은 와이너리를 의미.

» Seco 세코
'Dry'라는 뜻.

» Verde 베르데
'Green'을 뜻하며 비뉴 베르데 Vinho Verde 산지에서 생산되는 가볍고 신선한 화이트 와인을 의미.

» Vinho 비뉴

와인.

» **Vinho Tinto 비뉴 틴토**
레드 와인.

» **Vinho Branco 비뉴 브란코**
화이트 와인.

주요 용어

» **Acidity 산도**
신맛. 상쾌하고 자극적인 특성을 부여하며 다른 요소들과의 균형이 중요하다. 숙성 시 타닌과 함께 와인의 보존과 숙성에 도움을 준다.

» **Aeration 에어레이션**
와인이 산소에 노출되며 화학적 반응이 일어나고 와인의 향과 풍미를 방출하는 과정.

» **Aging 숙성**
더 부드럽고 복합적인 풍미로 발전되는 과정으로 일정 기간 동안 와인을 그대로 둔다. 일반적으로 오크통에서 먼저 숙성한 뒤 병에서 숙성한다.

» **Aroma 아로마**
포괄적으로 와인의 향을 설명하는 용어이지만 와인의 향은 포도에서 비롯된 아로마와 숙성되어가며 생성된 복합적인 향기 다발, 부케Bouquet로 구분된다.

» **Balance 균형**
단맛, 신맛, 알코올 도수, 과일의 풍미, 타닌 등이 튀지 않고 잘 어우러진 와인을 밸런스가 좋은 와인이라고 한다.

» **Blend 블렌드**
와인의 복합미를 주고 균형을 맞추기 위해 각기 다른 품종과 재배 지역 등의 와인을 혼합하여 만드는 것을 의미한다.

» **Body 바디**
입안에서 느껴지는 와인의 무게감을 의미한다. 복합적인 풍미가 느껴지고 알코올 함량, 당도가 높은 경우 풀 바디 Full-Bodied(무거운) 와인이 된다.

» **Botrytis Cinerea 보트리티스 시네레아**

귀부Noble Rot균으로 불리는 곰팡이로 소테른, 토카이 등 전 세계의 스위트 와인을 생산하는데 필수적인 존재이다.

» **Buttery 버터 같은**
버터의 풍미가 느껴지는 와인을 설명하는 용어로 젖산발효Malolactic Fermentation를 진행한 와인에서 종종 느낄 수 있다.

» **Cap 캡**
와인이 발효되는 과정에서 포도껍질, 과육, 씨 등이 과즙 표면을 덮은 층을 일컫는다. '모자'를 의미하며 프랑스어로는 샤뽀Chapeau라 한다. 캡이 굳어 와인과 산소를 완전히 차단하지 않도록 색상, 풍미, 타닌이 추출되는 동안 지속적인 관리가 필요하다.

» **Corked 코키드**
와인에서 느껴지는 젖은 박스, 습한 곳의 곰팡이 냄새와 같은 일련의 불쾌한 냄새가 나는 와인을 의미한다. 코르크의 곰팡이가 염소계 소독액과 만나 생긴 TCA(트리클로로아니솔Trichloroanisole) 화합물로 인해 발생하며 코르키Corky 혹은 부쇼네bouchonnés라고도 표현한다. 인체에는 무해하지만 과일 풍미를 줄이고 밋밋한 와인을 만든다.

» **Crisp 파삭한**
당분이나 강한 과일 풍미가 느껴지기보다 신선한 레몬즙과 같이 적당한 산도가 어우러져 드라이하고 상쾌한 맛을 나타낸다.

» **Decant 디캔트**
와인이 숙성되며 생기는 침전물을 분리하는 과정으로 보통 Decanter라는 용기에 부어 걸러낸다. 때때로 와인을 빠르게 산소와 접촉시켜 풍미를 깨우는 목적으로 행하기도 한다.

» **Estate Bottled 에스테이트 보틀드**
와이너리 소유의 포도밭에서 재배한 포도를 사용하여 해당 와이너리에서 양조, 병입 등을 한 경우를 가리킨다.

» **Filter 여과**
와인 내의 찌꺼기를 제거하는 과정. 최근 와인의 풍부한 풍미와 특유의 질감을 보존하기 위해 최소화하거나 생략하는 생산자가 늘고 있다.

» **Finish 피니쉬**
와인 시음 후 남는 뒷맛과 여운을 의미하며 좋은 와인은 보통 긴 여운을 남긴다.

» **Fortified 강화 와인**
와인에 포도 증류주(브랜디)를 첨가하여 알코올 도수를 높인 와인으로 포트와 셰리가 이에 속한다.

» **Jug Wine 저그 와인**
큰 유리병 혹은 상자 속 비닐 백에 담겨 판매되는 저렴한 와인. 겔로 (Gallo)나 깔로 로씨 (Carlo Rossi) 등이 대표적인 생산자이다.

» **Lees (프랑스어 Lie) 효모 찌꺼기**
와인 발효가 끝나고 남은 효모의 앙금. 이 앙금과 숙성(쉬르 리 Sur Lie)을 진행하면 복합미와 무게감 등을 얻을 수 있다.

» **Magnum 매그넘**
기본 와인병 750ml의 두 배 용량(1.5L)의 병.

» **Malolactic Fermentation 유산발효**
포도의 거친 사과산이 부드러운 젖산으로 바뀌는 과정. 효모가 알코올을 생산하는 일반적인 발효와는 명백하게 다르며 와인에 버터와 같은 특성을 부여하기도 한다.

» **Must 포도 즙**
발효 시작 전의 포도 즙으로 포도 껍질, 씨, 줄기 등이 포함되어 있다.

» **Oxidation 산화**
와인이 공기에 노출되어 화학적 반응을 일으키는 과정. 적정 시간 동안 적당한 산소에 노출되면 와인의 풍미가 열리고 부드러워지지만 장시간 다량의 산소에 노출 시 와인이 갈색으로 변하고 셰리 와인과 같은 풍미를 지니게 된다.

» **Phylloxera 필록세라**
포도나무에 기생하는 진딧물의 일종.

» **Punt 펀트**
와인 바닥면에 파여 있는 홈. 병을 세울 때 안정감을 주고 스파클링 와인의 기압 분산 등의 역할을 한다. 킥업 Kick up 혹은 와인병 바닥의 보조개라고도 표현한다.

» **Sediment 침전물**
와인이 숙성되며 생기는 찌꺼기.

» **Split 스플릿**
일반 와인 750ml의 1/4 가량 되는 사이즈, 약 187ml.

» **Still Wine 스틸 와인**
기포가 있는 스파클링 와인 외의 와인을 의미한다.

» **Tannin 타닌**
폴리 페놀 성분의 일종으로 포도껍질, 씨, 줄기와 오크통 등에서 추출된다. 레드 와인에 구조감을 부여하며 장기 숙성에 도움이 된다. 숙성이 덜 된 영한 와인에서 맛은 쓰게, 질감은 떫게 느껴질 수 있다.

» **Ullage 율라지**
와인이 숙성 도중 증발되며 병 상부에 만든 빈 공간을 의미하며 율라지가 많이 보일수록 산화의 위험이 있다.

가성비 좋은 데일리 와인 추천
(1~4만 원대)

5만 원 이하로 구매 가능한 가성비 좋은 와인을 모았다. 가성비 좋은 와인을 알아두는 것은 와인을 구매할 때 정말 유용한 지표가 된다. 판매점에 동일한 와인이 없다면 동일 생산자의 와인이나 유사한 산지의 와인을 시도해보자. 선명한 산도와 섬세한 과일 향을 즐기는 필자의 개인적인 취향도 반영되었다는 것을 염두에 두면 도움이 될 것이다.

*포도 품종의 블렌딩 비율은 빈티지에 따라 상이하며 함량이 높은 순서대로 기재하였다.

샴페인 방식으로 만든
복합적인 풍미의 스파클링 와인

» 크레망

Vignerons de Buxy,
Cremant de Bourgogne Brut
비네롱 드 뷕시, 크레망 드 부르고뉴 브륏

지역: France 〉 Bourgogne
품종: 로제 Pinot Noir, Gamay
　　　블랑 드 블랑 Chardonnay, Aligote

* 딸기 같은 붉은 과일향이 풍부한 로제 & 풍성한 풍미와 산도가 뒤따라오는 블랑 드 블랑 모두 추천

Monmousseau, Crement de Loire Brut
몽무쏘 크레망 드 루아르 브륏

지역: France 〉 Loire
품종: Chenin blanc, Chardonnay,
　　　Cabernet franc, Pinot Noir

* 와인 만화 신의 물방울에 등장한 몇 안 되는 크레망 중 하나

Rene Mure, Cremant d'Alsace
Cuvee Prestige Brut
르네 뮈레, 크레망 달자스 퀴베 프레스티지 브륏

지역: France 〉 Alsace
품종: Pinot Blanc, Pinot Gris, Pinot Noir,
　　　Riesling, Auxerrois Blanc

* 고품질 크레망, 솔레라 시스템으로 최종 블렌딩 됨

Victorine de Chastenay Cremant de Bourgogne
빅토린 드 샤트네 크레망 드 부르고뉴

지역: France 〉 Bourgogne
품종: Pinot Noir, Gamay, Aligote, Chardonnay

* 협동조합에서 만드는 가성비 좋은 크레망

Veuve Ambal,
Cremant de Bourgogne Grande Cuvee Brut
뵈브 암발, 크레망 드 부르고뉴 그랑 퀴베 브륏

지역: France 〉 Bourgogne
품종: Chardonnay, Pinot Noir, Aligote, Gamay

* 크레망 전문 생산자, '뵈브 암발'

La Chablisienne,
Bailly Lapierre Cremant de Bourgogne
라 샤블리지엔,
바이 라피에르 크레망 드 부르고뉴

지역: France 〉 Bourgogne
품종: Pinot Noir

* 샤블리 지역의 라 샤블리지엔 협동조합에서 생산한 깔끔한 스타일의 크레망

» 기타 프랑스 스파클링

Saint-Hilaire, Blanquette de Limoux Brut
생 힐레르, 블랑케트 드 리무 브륏

지역: France 〉 Languedoc-Roussillon
품종: Mauzac, Chenin Blanc, Chardonnay

* 쉬르 다르크가 생산하는 합리적인 가격의 블랑케트 드 리무

Sieur d'Arques,
Blanquette de Limoux Methode Traditionelle Brut
쉬르 다르크, 블랑케트 드 리무 브륏

지역: France 〉 Languedoc-Roussillon
품종: Mauzac, Chenin Blanc, Chardonnay

* 쉬르 다르크의 버블 넘버원 핑크 라벨Bubble No.1 Pink Label도 추천!

» 까바

Marques de Monistrol, Vintage Cava Brut
마르께스 드 모니스트롤, 빈티지 까바 브륏

지역: Spain 〉 Penedes
품종: Macabeo, Xarello, Parellada

*가성비 좋은 까바 중 하나

Freixenet, Cordon Negro Cava Brut
프레시넷, 꼬든 네그로 까바 브륏

지역: Spain 〉 Penedes
품종: Parellada, Macabeo, Xarello

* 최대 수출 까바 업체, 프레시넷

Anna de Codorniu, Cava Brut
안나 드 꼬도르뉴, 까바 브륏

지역: Spain 〉 Penedes
품종: Chardonnay, Parellada, Macabeo, Xarello
* 스페인 최초로 샴페인 방식(전통 방식)으로 만든 까바 생산자

Bohigas, Cava Brut
보히가스, 까바 브륏

지역: Spain 〉 Penedes
품종: Xarello, Macabeo, Parellada
* 저렴한 가격의 가성비 와인으로 사랑받고 있다

Jaume Serra, Brut Nature Reserva Vintage Cava
호메 세라, 브륏 네이처 레세르바 빈티지 까바

지역: Spain 〉 Penedes
품종: Macabeo, Xarello, Parellada, Chardonnay
* 최소 36개월의 일반 까바보다 긴 숙성 기간을 거치며 '브륏 네이처' 당도로 깔끔한 맛을 느낄 수 있다

Torre Oria, Tempus Cava Brut Reserva
또레 오리아, 템푸스 까바 브륏 레세르바

지역: Spain 〉 Valencia
품종: Macabeo
* 견과류, 구운 빵 등의 향이 강렬한 까바, 보통의 까바 산지인 페네데스가 아닌 발렌시아 Valencia에서 생산된다

Papet del Mas, CAVA Brut Nature
파펫 델 마스, 까바 브륏 나뚜레

지역: Spain 〉 Penedes
품종: Xarello, Macabeo, Parellada
* 신선한 감귤류의 향과 적절한 산도가 느껴지는 가성비 까바, 조금 덜 드라이한 맛을 선호한다면 '브륏' 추천

Federico Paternina 'Banda Azul' Cava Brut
페데리코 파테르니나, '반다 아줄' 까바 브륏

지역: Spain 〉 까바 DO지역
품종: Xarello, Macabeo, Parellada
* 대형마트에서 저렴한 가격으로 판매되고 있는 가성비 까바

» **젝트**

SMW, Dichtertraum Riesling Sekt Brut
에스엠더블유, 디히터트라움 리슬링 젝트 브륏

지역: Germany 〉 Mosel

품종: Riesling
* 국내 수입되는 최고의 젝트 생산자 중 하나로 전통 방식의 젝트이다

Henkell, trocken
헨켈, 트로켄

지역: Germany
품종: Chardonnay, Sauvignon Blanc, Chenin Blanc, Other Grapes
* 편하게 즐기기 좋은 와인으로 조금 더 단맛이 느껴지는 '할브트로켄'도 있다

Schlumberger, Klimt Kiss Cuvee Brut
슐럼베르거, 클림트 키스 뀌베 브륏

지역: Austria 〉 Wien(Vienna)
품종: Welshreisling, Pinot blanc, Chardonnay
* 구스타프 클림트 탄생 150주년 기념 공식 와인으로 레이블과 와인 케이스의 '키스' 그림이 인상적이다

탱크 방식의 신선하고 프루티한 스파클링 와인

287

La Marca, Prosecco
라 마르카 프로세코

지역: Italy 〉 Veneto
품종: Glera
* 2007년 프로세코 와인 최초로 『와인 스펙테이터』 TOP 100에 선정된 와이너리

Zonin, Prosecco Cuvée 1821
조닌, 프로세코 뀌베 1821

지역: Italy 〉 Veneto
품종: Glera
* 1821년부터 이어져온 이탈리아의 가장 큰 가족 경영 와이너리

Corte Giara, Prosecco
코르테 지아라, 프로세코

지역: Italy 〉 Veneto
품종: Glera
* 와인 명가인 알레그리니에서 생산하는 와인

Zardetto, Prosecco Extra Dry
자르데토, 프로세코 엑스트라 드라이

지역: Italy 〉 Veneto
품종: Glera
* 언제든 편하게 마시기 좋은 와인

Val D'oca, Prosecco Extra Dry Millesimato
발도카, 프로세코 엑스트라 드라이 밀레시마토

지역: Italy 〉Veneto
품종: Glera
* 파란색의 병에 담긴 이 와인은 더운 여름철 시원하게 마시기에 좋다

Ca'di Rajo, Prosecco di Valdobbiadene Superiore Extra Dry Millesimato
까디 라오, 프로세코 디 발도비아데네 수페리오레 엑스트라 드라이 밀레지마토

지역: Italy 〉Veneto
품종: Glera
* 뛰어난 프로세코 생산지인 발도비아데네에서 생산되는 와인

La Spinetta, Moscato d'Asti Bricco Quaglia
라 스피네따, 모스카토 다스티 브리코 콸리아

지역: Italy 〉Piemonte
품종: Moscato
* 최고의 모스카토 다스티 와인 중 하나로 꼽힌다(달콤)

Fontanafredda, Le Fronde Moscato d'Asti
폰타나프레다, 르프롱드 모스카토 다스티

지역: Italy 〉Piemonte
품종: Moscato
* 바롤로 와인의 최대 생산자이자 피에몬테의 유명 와이너리 '폰타나프레다'(달콤)

Gancia, Moscato d'Asti
간치아, 모스카토 다스티

지역: Italy 〉Piemonte
품종: Moscato
* 가장 가성비 좋은 모스카토 다스티 중 하나이다(달콤)

Cantina Colli Euganei,
Colli Euganei Fior d'Arancio Spumante
칸티나 꼴리 에우가네이,
꼴리 에우가네이 피오르 다란치오 스푸만떼

지역: Italy 〉Veneto
품종: Glera
* 화려한 병 디자인뿐만 아니라 맛의 밸런스도 좋은 와인으로 추천한다(달콤)

288

화이트 와인

Hugel, Gentil 'Hugel'
위겔, 정띠 '위겔'

지역: France 〉Alsace
품종: Pinot Blanc, Sylvaner, Pinot Gris, Gewurztraminer, Riesling, Muscat
* 리슬링, 피노 그리, 게뷔르츠트라미너 등 단일 품종으로 만든 와인도 훌륭하다

Trimbach, Riesling
트림바크, 리슬링

지역: France 〉Alsace
품종: Riesling
* 알자스의 3대 생산자 중 하나인 트림바크의 와인

Wolfberger, Reserve Selection Gewurztraminer
울프베르제, 리저브 셀렉션 게뷔르츠트라미너

지역: France 〉Alsace
품종: Gewurztraminer
* 리슬링, 피노 그리도 추천한다

Ruhlmann, Riesling Cuvee Jean-Charles
룰만, 리슬링 뀌베 장 샤를

지역: France 〉Alsace
품종: Riesling
* 대형 마트에서 1만 원대로 구매 가능.

Henri Bourgeois, Sancerre Les Baronnes
앙리 부르주아, 상쎄르 레 바론

지역: France 〉Loire
품종: Sauvignon Blanc
* 루아르의 개성 있는 소비뇽 블랑을 합리적인 가격으로 만날 수 있다

Domaine Laporte, Le bouquet Sauvignon Blanc
도멘 라포르트, '르 부케' 소비뇽 블랑

지역: France 〉Loire
품종: Sauvignon Blanc
* 품종 특징을 깨끗하게 살린 와인으로 인기가 상승하고 있는 생산자

Brumont, Gros Manseng-Sauvignon Blanc
부르몽, 그로망상 소비뇽 화이트

지역: France 〉Cotes de Gascogne

품종: Gros Mangseong, Sauvignon Blanc
* 생소한 품종인 그로망상을 경험할 수 있으며 샤토 몽투스의 알랭 브루몽이 만드는 와인

Chateau Pesquie, Terrasses Blanc
뻬스퀴이, 테라세스 블랑

지역: France 〉 Rhone 〉 Ventoux
품종: Viognier, Russane, Clairette
* 높지 않은 산도와 풍부한 과일 향으로 편하게 마실 수 있다

Little James, Basket Press Blanc
리틀 제임스, 바스켓 프레스 블랑

지역: France 〉 Languedoc-Roussillon
품종: Viognier, Sauvignon Blanc
* 샤토 드 생콤 Château de Saint Cosme에서 만드는 가성비 좋은 화이트

Louis Max, Climat Haute Vallee Chardonnay
루이막스, 끌리마 오 밸리 샤르도네

지역: France 〉 Languedoc-Roussillon
품종: Chardonnay
* 부르고뉴 와인을 전문으로 생산하는 루이막스가 랑그도크에서 생산하는 와인

Les Vins de Vienne, Viogner
뱅 드 비엔, 비오니에

지역: France 〉 Rhone   품종: Viogner
* 가격대는 더 높지만 Yves Cuilleron 이브뀌에롱의 비오니에도 기회가 된다면 시도해보자

부르고뉴 와인은 생산자와 빈티지에 따라 가격차가 크다. 규모가 큰 네고시앙의 와인과 와인레이블에 부르고뉴Bourgogne, 오뜨 꼬뜨 드 뉘Cotes 등이 적힌 와인이 상대적으로 저렴하다. 산지별 와인의 대표 생산자들을 참고하여 구매하자.

유명 네고시앙
· Albert Bichot 알베르비쇼
· Bouchard Pere & Fils 부샤 뻬레 에 피스
· Joseph Drouhin 조셉 드루앵
· Joseph Faiveley 조셉 페블레
· Louis Jadot 루이 자도
· William Fevre 윌리엄 페브르

가성비 샤블리 생산자
· La Chablisienne 라 샤블리지엔
· Christian Moreau 크리스티앙모로
· Domaine Laroche 라로쉬
· Le Domaine d'Henri 르 도멘 당리

· Jean Claude Courtault 장 클로드 쿠르토
· Domaine Begue Mathiot 도멘 베그 마티오
· Domaine de la Tour 도멘 드 라 뚜르
· Louis Michel et Fils 루이 미셸
· Pascal Bouchard 파스칼 부샤르
· Samuel Billaud 사뮤엘 빌로
· William Fevre 윌리엄 페브르

» 이탈리아

Michele Chiarlo, Gavi Le Marne
미켈레 끼아를로, 가비 "레 마르네"

지역: Italy 〉 Piemonte
품종: Cortese
* 산뜻한 감귤류의 향과 적당한 산도가 느껴진다

Corte Mainente, Soave Classico 'Tovo al Pino'
꼬르떼 마이넨, 소아베 클라시코 또보 알 삐뇨

지역: Italy 〉 Veneto
품종: Garganega
* 이탈리아의 대표 화이트 와인 소아베를 경험해보자

Tasca d'Alerita, Grillo
타스카 달메리타, 그릴로

지역: Italy 〉 Sicilia
품종: Grillo
* 감귤, 열대 과일 향과 함께 미네랄이 느껴져 해산물과도 궁합이 좋다

Donnafugata, Anthilia
돈나푸가타, 안씰리아

지역: Italy 〉 Sicilia
품종: Catarratto, Ansonica
* 스토리가 있는 레이블로 유명한 돈나푸가타의 와인

» 독일

Karl Erbes, Ürziger Würzgarten Riesling Kabinett
(약간 달콤)
칼 에어베스, 위르찌거 뷔르츠가르텐 카비네트

지역: German 〉 Mosel
품종: Riesling
* 가성비 좋은 독일 리슬링을 맛볼 수 있다

St. Urbans, Hof Estate Riesling (약간 달콤)
상트 우어반스, 호프 에스테이트 리슬링

지역: German 〉Mosel
품종: Riesling
* 칼 에어베스와 더불어 가성비가 가장 좋은 독일 리슬링 와인

Carl Loewen, Alte Reben
칼 뢰벤, 알테 레벤

지역: German 〉Mosel
품종: Riesling

Franzen, Der Sommer war gross
프란쩬, 데어 좀머 바 제어 그로쓰

지역: German 〉Mosel
품종: Riesling

Van Volxem, VV Riesling
반 폭셈 파우파우 리슬링

지역: German 〉Mosel
품종: Riesling

Fritz Haag, Riesling Trocken
프리츠 하그, 리슬링 트로켄

지역: German 〉Mosel 품종: Riesling
* 드라이한 리슬링은 산미가 높고 신선한 과일 향이 강렬하다

Zilliken, Riesling Trocken
찔리켄 리즐링 트로켄

지역: German 〉Mosel
품종: Riesling

Reinhold Haart, Haart To Heart
라인홀트 하트, 하트 투 하트

지역: German 〉Mosel
품종: Riesling
* 마음에서 마음으로라는 뜻을 지닌 하트 Haart 와이너리의 와인

Schloss Vollrads, Riesling Trocken
슐로스 폴라즈, 리슬링 트로켄

지역: German 〉Rheingau
품종: Riesling

Gunderloch, Fritz Riesling Dry
군터록, 프릿츠 리슬링 드라이

지역: German 〉Rheinhessen
품종: Riesling

Donnhoff, Riesling Dry White label
돈호프 리즐링 드라이 화이트 라벨

지역: Germany 〉Nahe
품종: Riesling
* 가격대는 3만 원대 이상이나 산뜻하게 마시기 좋은 와인

» 오스트리아

Domane Gobelsburg Gruner Veltliner
도마네 고벨스버그 그뤼너 벨트리너

지역: Austria 〉Kamptal
품종: Gruner Veltliner
* 산미와 구조감이 좋은 리슬링도 추천한다

Loimer, Kamptal Gruner Veltliner
로이머, 캉탈 그뤼너 벨트리너

지역: Austria 〉Kamptal
품종: Gruner Veltliner
* 리슬링도 시도해보자

Markus Huber, Gruner Veltliner Terrassen
마르쿠스 후버, 그뤼너 펠트리너 테라쎈

지역: Austria 〉Traisental
품종: Gruner Veltliner

» 미국

Kendall Jackson, Vintner's Reserve Chardonnay
캔달 잭슨, 빈트너스 리저브 샤도네이

지역: USA 〉California
품종: Chardonnay
* 대형마트에서 인기리에 판매되고 있으며 캘리포니아 샤도네이의 전형을 보여준다

Duckhorn, Decoy Chardonnay
덕혼, 디코이 샤도네이

지역: USA 〉California 〉Sonoma County
품종: Chardonnay
* 덕혼 빈야드의 디코이 브랜드에서 생산하는 샤도네이

Geyser Peak, Chardonnay
가이서 픽, 샤도네이

지역: USA 〉California 〉Sonoma County
품종: Chardonnay

* 산지의 서늘한 기후의 영향으로 품종의 캐릭터가 뚜렷하고 적당한 산도가 느껴진다

Michael Mondavi Family,
Spellbound Chardonnay
마이클 몬다비 패밀리, 스펠바운드 샤도네이

지역: USA 〉 California
품종: Chardonnay
* 캘리포니아 와인의 선구자 로버트 몬다비의 아들과 가족이 함께 만드는 와인

McManis, Chardonnay California
맥매니스, 샤도네이 캘리포니아

지역: USA 〉 California
품종: Chardonnay
* 비오니에 품종도 추천

Merryvale, Starmont Chardonnay
메리베일, 스타몽 샤르도네

지역: USA 〉 California 〉 Napa Valley
품종: Chardonnay
* 가격은 조금 높은 편이나 섬세함과 복합미가 느껴진다

Columbia Crest, Grand Estates Chardonnay
콜럼비아 크레스트, 그랜드 이스테이트 샤도네이

지역: USA 〉 Washington 〉 Columbia Valley
품종: Chardonnay
* 국내 수입되는 워싱턴 주 와인 중 가장 가성비 좋은 와인 중 하나이다

Chateau Ste. Michelle, Indian Wells Chardonnay
샤토 생 미셸, 인디언 웰스 샤르도네

지역: USA 〉 Washington 〉 Columbia Valley
품종: Chardonnay
* 샤토 생 미셸, 리슬링도 인기가 좋다

Domaine Drouhin,
Dundee Hill Chardonnay 'Arthur'
도멘 드루앵, 던디 힐 샤르도네 '아서'

지역: USA 〉 Oregon 〉 Willamette Valley
품종: Chardonnay
* 부르고뉴의 조셉 드루엥 가문이 오리건 주에 설립한 와이너리

이 외에 잘 익은 열대 과일 향과 강한 오크 향이 나는 무거운 와인을 찾는다면: 롱 반 Long Barn, 서브 미션 Submission, 보글 Bogle, 더 아톰 The Atom 등의 샤도네이 와인이 있다.

» 호주

Formby's Run, Chardonnay
폼비스 런, 샤도네이

지역: Australia 〉 SouthAustralia 〉 Langhorne Creek
품종: Chardonnay
* 1~2만 원대 구매 가능한 가성비 와인

Haselgrove, Staff Chardonnay
하셀 그로브, 스태프 샤도네이

지역: Australia 〉 SouthAustralia 〉 Adelaide Hills
품종: Chardonnay
* 선명한 산도와 자연스러운 오크 향이 잘 어우러진 섬세한 와인

Rosemount, Diamond Label Chardonnay
로즈마운트, 다이아몬드 라벨 샤르도네

지역: Australia 〉 SouthAustralia 〉 McLaren Vale
품종: Chardonnay

Longview, Maccles Field Chardonnay
롱뷰, 매클스 필드 샤도네이

지역: Australia 〉 SouthAustralia 〉 Adelaide Hills
품종: Chardonnay
* 잘 익은 열대 과일 향과 부드러운 오크 향이 어우러진 신세계 스타일의 와인

Lindemans, Bin 65 Chardonnay
린드만, 빈 65 샤도네이

지역: Australia 〉 SouthAustralia
품종: Chardonnay
* 전 세계적으로 높은 판매량을 자랑하는 린드만의 '빈 65' 와인

Peter Lehmann, H&V Eden Valley Chardonnay
피터 르만, H&V 이든 밸리 샤도네이

지역: Australia 〉 SouthAustralia 〉 Eden Valley
품종: Chardonnay
* 화이트 와인으로 유명한 이든 밸리의 깨끗한 샤도네이

Kilikanoon, Killermans Run Riesling
킬리카눈, 킬러맨즈 런 리슬링

지역: Australia 〉 SouthAustralia 〉 Clare Valley
품종: Riesling
* 리슬링으로 유명한 클레어 밸리의 와인으로 호주 리슬링이 궁금하다면 도전해보면 좋은 와인

McGuigan, Bin 9000 Semillon
맥기건, 빈 9000 세미용 18

지역: Australia 〉 NewSouthWales 〉 Hunter Valley
품종: Semillon
* 이 외의 호주 세미용 품종을 시도한다면 Torbreck, Woodcutter's Semillon 토브렉 우드커터스 세미용 추천

» **뉴질랜드**

Mission Estate, Sauvignon Blanc
미션 에스테이트, 소비뇽 블랑

지역: NewZealand 〉 Hawke's Bay
품종: Sauvignon Blanc
* 게뷔르츠트라미너, 리슬링 및 레드 와인도 추천한다

292

Villa Maria, Private Bin Sauvignon Blanc
빌라 마리아, 프라이빗 빈 소비뇽 블랑

지역: New Zealand 〉 Marlborough
품종: Sauvignon Blanc

Saint Clair, Pioneer Block Sauvignon Blanc
생 클레어, 파이오니어 블록 소비뇽 블랑

지역: New Zealand 〉 Marlborough
품종: Sauvignon Blanc

Babich,
Forbidden Vine Malborough Sauvignon Blanc
배비치, 포비든 바인 말보로 소비뇽 블랑

지역: New Zealand 〉 Marlborough
품종: Sauvignon Blanc
* 포비든 바인은 와이너리 설립 100주년 기념으로 출시된 와인으로 여왕이 그려져 있는 레이블도 화려하지만 무엇보다 가성비가 좋다

Russian Jack, Sauvignon Blanc
러시안 잭, 소비뇽 블랑

지역: New Zealand 〉 Marlborough
품종: Sauvignon Blanc
* 최근 가장 사랑받고 있는 소비뇽 블랑 와인 중 하나

Mahi, Sauvignon Blanc

마히, 소비뇽 블랑

지역: New Zealand 〉 Marlborough
품종: Sauvignon Blanc

Kim Crawford, Sauvignon Blanc
킴 크로포드, 소비뇽 블랑

지역: New Zealand 〉 Marlborough
품종: Sauvignon Blanc
* 편의점에서도 쉽게 볼 수 있으며 판매처마다 가격 변동이 크지 않다

Oyster Bay Sauvignon Blanc
오이스터 베이 소비뇽 블랑

지역: New Zealand 〉 Marlborough
품종: Sauvignon Blanc

Greyrock Sauvignon Blanc
그레이락 소비뇽 블랑

지역: New Zealand 〉 Marlborough
품종: Sauvignon Blanc

Allan Scott Sauvignon Blanc
앨런스콧 말보루 소비뇽 블랑

지역: New Zealand 〉 Marlborough
품종: Sauvignon Blanc
* 2020년 와인스펙테이터 TOP100에 이름을 올린 가성비 와인(1~2만 원대)

Pounamu, Sauvignon Blanc.
푸나무, 소비뇽 블랑

지역: New Zealand 〉 Marlborough
품종: Sauvignon Blanc

Sileni, Estate Selection 'Lodge' Chardonnay
실레니, 에스테이트 셀렉션 '랏지' 샤르도네

지역: New Zealand 〉 Marlborough
품종: Chardonnay

» **칠레**

Montes, Classic Chardonnay
몬테스, 클래식 샤도네이

지역: Chile 〉 Rapel Valley 〉 Colchagua Valley
품종: Chardonnay

* 칠레 대표 생산자, 몬테스의 클래식 라인. 소비뇽 블랑도 추천하며 상위 라인인 알파 샤도네이도 판매처에 따라 3~4만 원대로 구매 가능하다

Lapostolle, Cuvee Alexandre Chardonnay
라포스톨, 뀌베 알렉상드르 샤도네이

지역: Chile 〉 Casablanca Valley
품종: Chardonnay
* 잘 만든 신세계 샤도네이를 보여주는 와인

Viu Manent, Secreto Sauvignon Blanc
뷰 마넨, 세크레토 소비뇽 블랑

지역: Chile 〉 Rapel Valley 〉 Colchagua Valley
품종: Sauvignon Blanc
* 품종 특징을 잘 살린 뷰 마넨의 와인들, 레이블도 개성 있다

Yali, Premium Release Unoaked Chardonnay
얄리, 프리미엄 릴리즈 언오크드 샤르도네

지역: Chile 〉 Casablanca Valley
품종: Chardonnay
* 얄리의 와인들은 친환경 와인이자 가성비 좋은 와인으로 유명하다

》 아르헨티나

Catena Zapata, Catena Chardonnay
까테나 자파타, 까떼나 샤르도네

지역: Argentina 〉 Mendoza
품종: Chardonnay
* 하위 라인인 알라모스 샤르도네도 추천

Trapiche, Fincas Chardonnay
트라피체, 핀카스 샤르도네

지역: Argentina 〉 Mendoza
품종: Chardonnay
* 아르헨티나의 대표 생산자인 트라피체의 모던한 와인

Alta Vista, Vive Torrontes
알타 비스타, 비베 토론테스

지역: Argentina 〉 Mendoza
품종: Torrontes
* 아르헨티나의 향기로운 토착 품종 토론테스를 경험할 수 있다

레드 와인

》 프랑스
광범위한 프랑스의 와인은 폭넓은 선택을 위해 국가별 산지 소개와 유명 생산자를 참고하자.

》 이탈리아-토스카나

Banfi, Chianti Classico
반피, 끼안띠 클라시코

지역: Italy 〉 Toscana
품종: Sangiovese
* 합리적인 가격으로 만날 수 있는 끼안티 클라시코

Barone Ricasoli, Brolio Chianti Classico
바론 리카솔리, 브롤리오 끼안띠 클라시코

지역: Italy 〉 Toscana
품종: Sangiovese, Merlot, Cabernet Sauvignon
* 이탈리아에서 가장 오래된 와인 가문 중 하나로 꼽힌다

Bibi Graetz, Le Cicale di Vincigliata Chianti
비비 그라츠, 르 치칼레 디 빈칠리아타 키안티

지역: Italy 〉 Toscana
품종: Sangiovese

Castellare, Chianti Classico
까스텔라레, 끼안티 클라시코

지역: Italy 〉 Toscana
품종: Sangiovese, Canaiolo

San Felice, Chianti Classico Riserva 'Il Grigio'
산 펠리체, 키안티 클라시코 리제르바 '일 그리지오'

지역: Italy 〉 Toscana
품종: Sangiovese

Fontodi, Chianti Classico
폰토디, 키안티 클라시코

지역: Italy 〉 Toscana
품종: Sangiovese

Toscolo, Chianti Classico
토스콜로, 키안티 클라시코

지역: Italy 〉 Toscana

품종: Sangiovese, Cabernet Sauvignon

La Spinetta, Il Gentile di Casanova
라 스피네따, 일 젠틸 디 카사노바

지역: Italy 〉 Toscana

품종: Prugnolo Gentile
(몬테풀치아노 지역의 산지오베제 품종)
* 레이블에 그려진 코뿔소 그림으로 유명해 코뿔소 와이너리라 불리는 '라 스피네따', 가격대는 높은 편이나 뛰어난 품질을 보장한다. 보다 더 저렴한 '일 네로 디 카사노바'도 추천

Tenuta San Guido, Le Difese
테누타 산 귀도, 레 디페제

지역: Italy 〉 Toscana

품종: Cabernet Sauvignon, Sangiovese
* 사시까이아, 귀달베르토에 이어 테누타 산 귀도에서 생산하는 막냇동생 같은 와인

Avignonesi, Cantaloro
아비뇨네지, 깐타로로

지역: Italy 〉 Toscana

품종: Sangiovese, Cabernet Sauvignon, Merlot
* 이탈리아의 프리미엄 와인 '50&50'을 생산하는 아비뇨네지의 합리적인 가격대의 토스카나 와인

Monte Antico
몬테 안티코

지역: Italy 〉 Toscana

품종: Sangiovese, Cabernet Sauvignon, Merlot

» 이탈리아-피에몬테

랑게, 알바, 아스티 등의 지역명과 품종명이 기재된 와인들이 저렴한 가격대에 속한다.

Elvio Cogno, Langhe Nebbiolo Montegrilli
엘비오 코뇨, 랑게 네비올로 몬테그릴리

지역: Italy 〉 Piemonte
품종: Nebbiolo

Michele Chiarlo, Barbera d'Asti 'Le Orme'
미켈레 끼아를로, 바르베라 다스띠 '레 오르메'

지역: Italy 〉 Piemonte
품종: Barbera

Pio Cesare, Dolcetto d'Alba

피오 체사레, 돌체토 달바

지역: Italy 〉 Piemonte
품종: Dolcetto
* 랑게 네비올로, 바르베라 달바 역시 추천한다

Poderi Colla, Nebbiolo d'Alba
포데리 콜라, 네비올로 달바

지역: Italy 〉 Piemonte
품종: Nebbiolo

Camparo, Langhe Rosso
깜빠로, 랑게 로쏘

지역: Italy 〉 Piemonte
품종: Dolcetto, Nebbiolo, Barbera
* 레이블에 그려진 나비가 인상적인 유기농 와인

» 이탈리아-베네토

Allegrini, Corte Giara Valpolicella Ripasso
알레그리니, 꼬르떼 지아라 리파소 발폴리첼라

지역: Italy 〉 Veneto
품종: Corvina, Rondinella

Masi, Campofiorin
마시, 깜포피오린

지역: Italy 〉 Veneto
품종: Corvina, Rondinella, Molinara

Vivaldi, Premium Appassimento Rosso
비발디, 프리미엄 아파시멘토 로쏘

지역: Italy 〉 Veneto
품종: Corvina, Corvinone, Rondinella, Merlot

» 이탈리아-기타지역

Fantini, Montepulciano d'abruzzo
판티니, 몬테풀치아노 다부르쪼

지역: Italy 〉 Abruzzo
품종: Montepulciano

Talamonti, Moda Montepulciano d'Abruzzo
탈라몬티, 모다 몬테풀치아노 다부르쪼

지역: Italy 〉 Abruzzo
품종: Montepulciano

Umani Ronchi, Jorio Montepulciano d'Abruzzo
우마니 론끼, 요리오 몬테풀치아노 다부르쪼

지역: Italy 〉 Abruzzo
품종: Montepulciano

Tasca d'Almerita Cygnus
타스카 달메리타 시그너스

지역: Italy 〉 Sicilia
품종: Cabernet Sauvignon, Nero D'Avola

Trulli, Lucale Primitivo Appassimento
트룰리, 루칼레 트리미티보 아파씨멘토

지역: Italy 〉 Puglia
품종: Primitivo
* 포도를 말리는 공법인 '아파씨멘토'를 이용해 만들어져
부드럽고 감미롭다

Donnafugata, Sedara
돈나푸가타, 세다라

지역: Italy 〉 Sicilia
품종: Nero d'Avola

Luccarelli, Negroamaro
루카렐리, 네그로 아마로

지역: Italy 〉 Puglia
품종: Negroamaro

국내 수입 와인 중 풀리아 Puglia 지역의 프리미티보
품종을 제대로 느껴보고 싶다면, 파팔레 리네아 오로
프리미티보 디 만두리아Papale Linea Oro Primitivo di
Manduria에 도전해보자. (5~6만 원대)

» 스페인

Pagos del Rey, Condado de Oriza Crianza
파고스 델 레이, 콘다도 데 크리안자

지역: Spain 〉 Ribera del Duero
품종: Tempranillo

Alejandro Fernandez, Pesquera Crianza
알레한드로 페르난데즈, 뻬스께라 크리안자

지역: Spain 〉 Ribera del Duero
품종: Tempranillo

Torre de Ona, Finca San Martin Crianza
또레 드 오나, 핀카 산 마르틴 크리안자

지역: Spain 〉 Rioja
품종: Tempranillo
* 유명 생산자인 라 리오하 알타 그룹에서 생산하는 와인

LAN Reserva
란 리세르바

지역: Spain 〉 Rioja
품종: Tempranillo
* 과일 향과 부드러운 오크향이 잘 어우러지며 밸런스가
좋은 와인

Muriel, Crianza
뮤리엘, 크리안자

지역: Spain 〉 Rioja
품종: Tempranillo

Bodegas Borsao, ZARIHS Syrah
보데가스 보르사오, 자리스 시라

지역: Spain 〉 Campo de Borja
품종: Syrah
* ZARIHS는 Shiraz를 거꾸로 한 유쾌한 이름으로 호주의
유명 쉬라즈 생산자 크리스 링랜드가 생산한다

Bodega Matsu, El Recio
마츠, 엘 레시오

지역: Spain 〉 Toro
품종: Tempranillo
* 조금 더 합리적인 가격의 엘 피카로 역시 사랑받고 있으
며 엘 피카로, 엘 레시오, 엘 비에호 순으로 손자부터 할아
버지까지 3대의 얼굴 사진으로 채워진 레이블이 유명하다

Perelada Fabiola
페렐라다 파비올라

지역: Spain 〉 Emporda
품종: Garnacha. Syrah, Monastrell, Samso
* 스페인의 공녀 파비올라와 벨기에 국왕의 결혼식에 사용
되었던 와인

Torres,
Gran Coronas Cabernet Sauvignon Reserva
토레스, 그랑 코로나스 까베르네 소비뇽 리제르바

지역: Spain 〉 Penedes
품종: Cabernet Sauvignon, Tempranillo

Alvaro Palacios, Camins del Priorat
알바로 팔라시오스, 까민스 델 프리오랏

지역: Spain 〉 Priorat
품종: Garnacha, Carinena, Cabernet Sauvignon, Syrah

Bodegas Volver,
'Volver' Single Vineyard Tempranillo
보데가스 볼베르, 볼베르 싱글 빈야드 템프라니요

지역: Spain 〉 La Mancha
품종: Tempranillo

Bodegas ATALAYA, 'La ATALAYA'
보데가스 아딸라야, '라 아딸라야'

지역: Spain 〉 Almansa
품종: Garnacha, Monastrell

Finca Bacara, Time Waits For No One
핀카 바카라, 타임 웨이츠 포 노 원

지역: Spain 〉 Jumilla
품종: Mourvedre

Altos de Luzon
알토스 데 루존

지역: Spain 〉 Jumilla
품종: Monastrell, Tempranillo, Cabernet Sauvignon

Casa Castillo, Monastrell
까사 까스띠요, 모나스트렐

지역: Spain 〉 Jumilla
품종: Monastrell

Bodegas La Purisima, Monastrell
보데가스 라 푸리시마, 모나스트렐

지역: Spain 〉 Yecla
품종: Monastrell

» **미국**
미국 와인의 가격이 나날이 상승하고 있어 추천 와인들

의 가격에 변동이 있을 수 있다. 캘리포니아의 저가 레드 와인의 경우 오크 풍미가 강하게 느껴지는 경우가 많다. 이런 풍미가 부담스럽다면 직원에게 미리 이야기하고 추천받자.

Domaine Drouhin, Dundee Hill Pinot Noir
도멘 드루앵, 던디힐 피노누아

지역: USA 〉 Oregon 〉 Willamette Valley
품종: Pinot Noir
* 부르고뉴의 도멘 조셉 드루앵에서 설립한 와이너리

Erath, Pinot Noir
에라스, 피노 누아

지역: USA 〉 Oregon
품종: Pinot Noir

The Pinot Project
더 피노 프로젝트

지역: USA 〉 California
품종: Pinot Noir 100%
* 산뜻한 과일 향을 지닌 편하게 마시기 좋은 피노 누아

Columbia, Crest H3 Cabernet Sauvignon
콜롬비아, 크레스트 H3 카베르네 소비뇽

지역: USA 〉 Washington 〉 Columbia Valley
품종: Cabernet Sauvignon, Merlot

Chateau Ste. Michelle, Cabernet Sauvignon
샤토 생 미셸, 까베르네 소비뇽

지역: USA 〉 Washington 〉 Columbia Valley
품종: Cabernet Sauvignon

Caymus, Vineyards Conundrum Red
케이머스, 빈야드 코넌드럼 레드

지역: USA 〉 California 〉 Napa Valley
품종: Petite Syrah, Zinfandel, Cabernet Sauvignon

Louis M. Martini,
Sonoma County Cabernet Sauvignon
루이 마티니, 소노마 카운티 까베르네 소비뇽

지역: USA 〉 California 〉 Sonoma County
품종: Cabernet Sauvignon
* 4~6만 원대인 나파 밸리 까베르네 소비뇽도 훌륭하다

Michael Mondavi Family,
Spellbound Cabernet Sauvignon
마이클 몬다비 패밀리, 스펠바운드 까베르네 소비뇽

지역: USA 〉California
품종: Cabernet Sauvignon

Geyser Peak, Cabernet Sauvignon
가이서픽, 까베르네 소비뇽

지역: USA 〉California
품종: Cabernet Sauvignon
* 품종별 특징을 잘 살려내는 가이서 픽은 피노 누아, 샤르
도네 와인 모두 다 만족스럽다

Carnivor, Cabernet Sauvignon
카니버, 까베르네 소비뇽

지역: USA 〉California
품종: Cabernet Sauvignon
* 카니버, 진판델도 가성비가 좋다

Delicato,
1924 Bourbon Barrel Aged Cabernet Sauvignon
델리카토, 1924 버번 배럴 까베르네 소비뇽

지역: USA 〉California 〉San Joaquin County
품종: Cabernet Sauvignon
* 버번 위스키 양조에 사용한 오크통에 숙성시켜 흑설탕,
바닐라, 시가 향이 풍부하다

Cannonball, Sonoma Merlot
캐논볼, 소노마 메를로

지역: USA 〉California 〉Sonoma County
품종: Merlot

Ca'Momi, Napa Valley Merlot
카모미, 나파밸리 메를로

지역: USA 〉California 〉Napa Valley
품종: Merlot

Hahn, Merlot
한, 멜롯

지역: USA 〉California
품종: Merlot

Delicato, Gnarly Head Old Vine Zinfandel
델리카토, 날리헤드 올드바인 진판델

지역: USA 〉California
품종: Zinfandel

* 로디 지역의 고목에서 생산된 진판델

Precision, Navigator Zinfandel
프리시전 네비게이터 진판델

지역: USA 〉California
품종: Zinfandel

» 호주

Langmeil Winery, Valley Floor Shiraz
랑메일 와이너리, 밸리 플로우 쉬라즈

지역: Australia 〉SouthAustralia 〉Barossa
Valley
품종: Shiraz

Longview, Yakka Shiraz
롱뷰, 야카 쉬라즈

지역: Australia 〉SouthAustralia 〉Adelaide
Hills
품종: Shiraz

Haselgrove, First Cut Shiraz
하셀그로브, 퍼스트컷 쉬라즈

지역: Australia 〉SouthAustralia 〉McLaren
Vale
품종: Shiraz

Two Hands, Gnarly Dudes Shiraz
투핸즈, 날리 듀드 쉬라즈

지역: Australia 〉SouthAustralia 〉Barossa
Valley
품종: Shiraz

Schild Estate, Shiraz
쉴드 에스테이트, 쉬라즈

지역: Australia 〉SouthAustralia 〉Barossa
Valley
품종: Shiraz

Kilikanoon, The Lackey Shiraz
킬리카눈, 더 래키 쉬라즈

지역: Australia 〉SouthAustralia 〉ClareValley
품종: Shiraz
* 상위 라인인 킬러맨즈 런 쉬라즈(3~4만 원대)도 추천.

Farmer's Leap, Padthaway Shiraz
파머스 립, 패서웨이 쉬라즈

지역: Australia 〉 SouthAustralia 〉 Padthaway
품종: Shiraz

Haselgrove Primo Taglio-First Cut Shiraz
하셀 그로브 퍼스트 컷 쉬라즈

지역: Australia 〉 SouthAustralia 〉 McLaren Vale
품종: Shiraz

Jim Barry, Lodge Hill Shiraz
짐 베리, 랏지힐 쉬라즈

지역: Australia 〉 SouthAustralia 〉 Clare Valley
품종: Shiraz

d'Arenberg, Footbolt Shiraz
다렌버그, 풋볼트 쉬라즈

지역: Australia 〉 SouthAustralia 〉 McLaren Vale
품종: Shiraz
* 가격이 조금 더 높은 러브 그라스 쉬라즈도 추천한다

Grant Burge, Barossa Ink Shiraz
그랜트 버지, 바로사 잉크 쉬라즈

지역: Australia 〉 SouthAustralia 〉 Barossa Valley
품종: Shiraz

Yellow Tail, Shiraz Reserve
옐로우 테일, 쉬라즈 리저브

지역: Australia 〉 New South Wales
품종: Shiraz
* 국내에서 가장 인지도 높은 옐로우 테일이지만 기본급이 아닌 이 리저브 쉬라즈를 마셔보지 않았다면 옐로우 테일을 마셔봤다고 할 수 없다. 쉬라즈 본연의 풍미를 고스란히 담고 있는 가성비 좋은 와인

Torbreck, Cuvee Juveniles
토브렉, 퀴베 쥬브나일스

지역: Australia 〉 SouthAustralia 〉 Barossa Valley
품종: Grenache, Mourvedre(Mataro), Shiraz
* 비슷한 가격대의 토브렉, 우드커터스 쉬라즈도 고기 요리와 편하게 마시기 좋다

Wynns Coonawarra, Cabernet Sauvignon
윈즈 쿠나와라, 까베르네 소비뇽

지역: Australia 〉 SouthAustralia 〉 Coonawarra
품종: Cabernet Sauvignon

Killibinbin, Seduction
킬리빙빙, 시덕션

지역: Australia 〉 SouthAustralia 〉 Langhorne Creek
품종: Cabernet Sauvignon
* 킬리빙빙 시리즈는 히치콕 감독의 스릴러 영화 혹은 「바람과 함께 사라지다」와 같은 고전 영화의 팬인 감독의 영향으로 독특한 레이블이 인상적이다. 2만 원대로도 만날 수 있다

» **칠레**

Perez Cruz, Cabernet Sauvignon Reserva
페레즈 크루즈, 까베르네 소비뇽 리제르바

지역: Chile 〉 Maipo Valley
품종: Cabernet Sauvignon, Merlot, Carmenere, Syrah

Casa Lapostolle,
Cuvee Alexandre Cabernet Sauvignon
까사 라포스톨, 퀴베 알렉상드르 까쇼

지역: Chile 〉 Rapel Valley
품종: Cabernet Sauvignon, Merlot, Carmenere

Cono Sur, Single Vineyard Cabernet Sauvignon
코노 수르, 싱글빈야드 까베르네 소비뇽

지역: Chile 〉 Maipo Valley
품종: Cabernet Sauvignon

Montes Alpha, Cabernet Sauvignon
몬테스 알파, 까베르네 소비뇽

지역: Chile 〉 Rapel Valley
품종: Cabernet Sauvignon, Merlot
* 하위 라인인 클래식과 상위 라인인 블랙 라벨 모두 가성비 좋은 와인

Morande, Gran Reserva Cabernet Sauvignon
모란데, 그란 리제르바 까베르네 소비뇽

지역: Chile 〉 Maipo Valley
품종: Cabernet Sauvignon

Tarapaca, Gran Reserva Cabernet Sauvignon
타라파카, 그란 레세르바 까베르네 소비뇽

지역: Chile 〉 Maipo Valley
품종: Cabernet Sauvignon

Conchy Toro, Casillero del Diablo Cabernet Sauvignon
콘차이 토로, 까시예로 델 디아블로 까베르네 소비뇽

지역: Chile 〉 Maipo Valley
품종: Cabernet Sauvignon

Marques de Casa Conch,a Carmenere
마르께스 데 까사 콘차, 까르미네르

지역: Chile 〉 Rapel Valley
품종: Carmenere

Santa Rita, Medalla Real Carmenere
산타 리타, 메달야 레알 까르미네르

지역: Chile 〉 Rapel Valley 〉 Colchagua Valley
품종: Carmenere

Montgras, Antu Ninquen Syrah
몽그라스, 안투 닝켄 시라

지역: Chile 〉 Rapel Valley
품종: Syrah
* 몽그라스 와이너리의 가성비 좋은 몽그라스 리제르바 시리즈와 인트리가 까베르네 소비뇽도 추천한다

Escudo Rojo, Reserva Syrah
에스쿠도 로호, 리제르바 시라

지역: Chile 〉 Maipo Valley
품종: Syrah
* 프랑스의 바론 필립 드 로칠드 사가 칠레에서 만드는 와인

» **아르헨티나**

Trapiche, Oak Cask Malbec
트라피체, 오크 캐스크 말벡

지역: Argentina 〉 Mendoza
품종: Malbec

Catena Zapata, Alamos Malbec
까테나 자파타, 알라모스 말벡

지역: Argentina 〉 Mendoza
품종: Malbec

* 상위 라인인 까테나 말벡과 까베르네 소비뇽 모두 마시기 좋은 와인이다

Kaiken Ultra Malbec
카이켄 울트라 말벡

지역: Argentina 〉 Mendoza
품종: Malbec

Trivento, Reserve Malbec 2017
트리벤토, 리저브 말벡

지역: Argentina 〉 Mendoza
품종: Malbec

Tinto Negro, Mendoza Malbec
틴토 네그로, 멘도자 말벡

지역: Argentina 〉 Mendoza
품종: Malbec
* 가성비 좋은 말벡 와인 중 하나이다

Casarena, Reservado Malbec
카사레나, 레제르바도 말벡

지역: Argentina 〉 Mendoza
품종: Malbec

299

Alta Vista, Premium Malbec
알타 비스타, 프리미엄 말벡

지역: Argentina 〉 Mendoza
품종: Malbec
* 상위 라인 떼루아 셀렉션도 4만 원대 이하로 구매 가능하다.

Finca Ferrer, Acordeon Malbec
핀카스 페레, 아코데온 말벡

지역: Argentina 〉 Mendoza
품종: Malbec

Bodega Chacra Barda Pinot Noir
차크라 바르다 피노 누아

지역: Argentina 〉 Rio Negro
품종: Pinot Noir
* 국내에서 만나보기 어려운 아르헨티나 피노 누아 와인으로 풍부한 꽃향기가 인상적이다.

한국인을 위한
슬기로운 와인생활

초판 1쇄 펴낸 날 | 2021년 8월 13일
초판 2쇄 펴낸 날 | 2023년 5월 26일

지은이 | 이지선
펴낸이 | 홍정우
펴낸곳 | 브레인스토어

책임편집 | 김다니엘
편집진행 | 차종문, 박혜림
디자인 | 이예슬
마케팅 | 방경희

주소 | (04035) 서울특별시 마포구 양화로 7안길 31(서교동, 1층)
전화 | (02)3275-2915~7
팩스 | (02)3275-2918
이메일 | brainstore@chol.com
블로그 | https://blog.naver.com/brain_store
페이스북 | http://www.facebook.com/brainstorebooks
인스타그램 | https://instagram.com/brainstore_publishing

등록 | 2007년 11월 30일(제313-2007-000238호)